Estatística decodificada

Blucher

Estatística decodificada

Anderson Rodrigo da Silva

Estatística decodificada

Editora Edgard Blücher Ltda.

Publisher Edgard Blücher
Editor Eduardo Blücher
Coordenação editorial Jonatas Eliakim
Produção editorial Ariana Corrêa
Revisão de texto Maurício Katayama
Capa Leandro Cunha
Imagem da capa David Neri, Anderson Rodrigo da Silva

Blucher

Rua Pedroso Alvarenga, 1245, 4º andar
04531-012 São Paulo – SP – Brasil
Tel.: 55 11 3078-5366
contato@blucher.com.br
www.blucher.com.br

Segundo o Novo Acordo Ortográfico, conforme 6. ed. do *Vocabulário Ortográfico da Língua Portuguesa*, Academia Brasileira de Letras, julho de 2021.

Dados Internacionais de Catalogação na Publicação (CIP)
Angélica Ilacqua CRB-8/7057

Silva, Anderson Rodrigo da
Estatística decodificada / Anderson Rodrigo da Silva. - São Paulo : Blucher, 2023.
418 p. : il.

Bibliografia
ISBN 978-65-5506-357-8

1. Estatística I. Título

22-6934 CDD 310

Índice para catálogo sistemático:
1. Estatística

Para Bárbara, mais uma vez.

Prefácio

Este livro nasce de um compilado de anotações e materiais didáticos construídos em cursos de *computação estatística em* `R`, diria eu que do tipo itinerante pelo Brasil, o que tenho feito com muita satisfação, e em disciplinas de estatística aplicada para graduação e pós-graduação. Por isso mesmo a obra possui alguma elasticidade diante do público.

Ao leitor já experimentado na *ciência de Fisher*, será oportuna a revisita a conteúdos como método delta, TRV e modelos lineares generalizados, com exemplos e sugestões de aplicação. Para os iniciantes em estatística, há um passeio pelos jardins dos fundamentos, não cansativo nem desprovido de ventura. Mas o mais importante é que todo o conteúdo pode ser aproveitado em maior ou menor profundidade, a depender da base de conhecimento. Aliás, o objetivo é dar base e expandir o conhecimento sobre a aplicação dos métodos, clássicos em sua maioria.

Tentei espelhar-me, tanto quanto pude, na atualização da forma de ensino e aprendizado de estatística, em face da velocidade de desenvolvimento científico, inclusive computacional e ferramentista, nesta área da ciência. Nesse sentido, o livro é também um bom guia para uso do software `R` (`r-project.org`) em análise de dados, principalmente dados de experimentos.

Em muitas situações, as fórmulas e as demonstrações foram propositalmente deixadas de lado, sendo substituídas pela verificação computacional, tentando manter um apelo computacional maior que o teórico (ou manual).

Diversas partes de comandos do `R` foram escritas priorizando a didática, para entendimento do método e/ou de sua implementação, não a eficiência computacional ou a prática de análise em si, embora em muitos casos tenham sido dadas sugestões para isso. Dito isso, computacionalmente também há conteúdos úteis para iniciantes e iniciados.

Inseri em praticamente todos os capítulos um *QR code* para acesso a um *Jupyter notebook* (`jupyter.org`) pré-configurado, com o qual se pode executar *em nuvem* os comandos do `R` apresentados durante a leitura. O leitor pode acessá-los por computador ou por dispositivos móveis. Penso que esse mecanismo, além de comodidade, possa trazer mais liberdade para testar novos resultados, o que creio ser necessário para o aprendizado efetivo.

Organizei os capítulos em duas partes. A primeira de fundamentos como probabilidades e variáveis aleatórias, necessários em disciplinas de introdução à estatística, mas também com conteúdos de grande apelo prático, como verossimilhança e bootstrap, essenciais para o entendimento de aplicações de alguns dos principais métodos e modelos apresentados na segunda parte. Nesta, inclui desde análise exploratória, passando pelos modelos lineares, não lineares, lineares generalizados, até os modelos mistos. No primeiro capítulo da segunda parte (Cap. 7) estão as descrições e *links* de acesso aos dados experimentais utilizados.

Parte dos exemplos utilizados são com dados provenientes de pesquisas conduzidas no Instituto Federal Goiano, ao qual reservo uma palavra de gratidão. Registro também agradecimentos aos colegas pesquisadores desta e de outras instituições que gentilmente emprestaram os seus dados, no todo ou em parte. Tive a satisfação de colaborar em alguns desses estudos. E, nesse ponto, é preciso parafrasear J. Tukey: *The best thing about being a statistician is that you get to play in everyone's backyard.*

A propósito, os dados e outros materiais didáticos desta obra estão disponíveis em: `arsilva87.github.io/statsbook`

Em resumo, eu diria que este livro foi escrito com o propósito de *adicionar algumas sinalizações nas estradas que levam à Roma.* Escrevi-o em momentos esparsos, estudando, experimentando, *decodificando*, e espero que você o aproveite com esse mesmo espírito.

A.R.S.

Varsóvia, setembro de 2021

Dizemos que a ciência explica.
Mas, na realidade, apenas descreve.

– F.W. Nietzsche

Conteúdo

Parte I

Fundamentos de Estatística

Capítulo 1

Introdução à probabilidade

Um casal tem dois filhos. Qual é a probabilidade de: O primogênito ser homem? Os dois filhos serem homens? Pelo menos um dos filhos ser homem? A teoria das probabilidades nos fornece ferramentas não só para responder a tais questões, mas também, e provavelmente de forma mais relevante, para a construção de modelos estatísticos relacionados a fenômenos aleatórios de interesse. Por exemplo, um pesquisador interessado em compreender certo fenômeno biológico pode utilizar-se de modelos probabilísticos para descrever o comportamento dos seus dados amostrais e, assim, fazer inferências, isto é, fazer afirmações sobre a população da qual retirou a amostra.

1.1 Noções de conjuntos

Antes de formar o conceito de probabilidade é plausível fazer uma introdução à teoria dos conjuntos.

Um conjunto é uma coleção bem definida de elementos. Por exemplo: $A : \{1, 2, 3, 4\}$. Então $2 \subset A$ (o elemento 2 está contido em A). Um outro conjunto, B, seria igual ao A se e somente se $A \subset B$ e $B \subset A$.

Seja Ω o conjunto universo. Então $A \subset \Omega$ e $B \subset \Omega$.

Operações básicas com conjuntos

- Complemento: $A^c = \bar{A} = \{w \in \Omega : w \notin A\}$ (w não ocorre em A)

- União: $A \cup B = \{w \in \Omega : w \in A \text{ } ou \text{ } w \in B\}$ (w ocorre em pelo menos um deles)

- Intersecção: $A \cap B = \{w \in \Omega : w \in A \text{ } e \text{ } w \in B\}$ (w ocorre em ambos)

- Diferença: $A - B = A \cap B^c = \{w \in \Omega : w \in A \text{ } e \text{ } w \notin B\}$ (w ocorre somente em A)

O *Diagrama de Venn* é um recurso gráfico que pode trazer bastante auxílio quando das operações com conjuntos. A figura 1.1 ilustra cada uma das operações citadas. A região sombreada representa o conjunto sob exame.

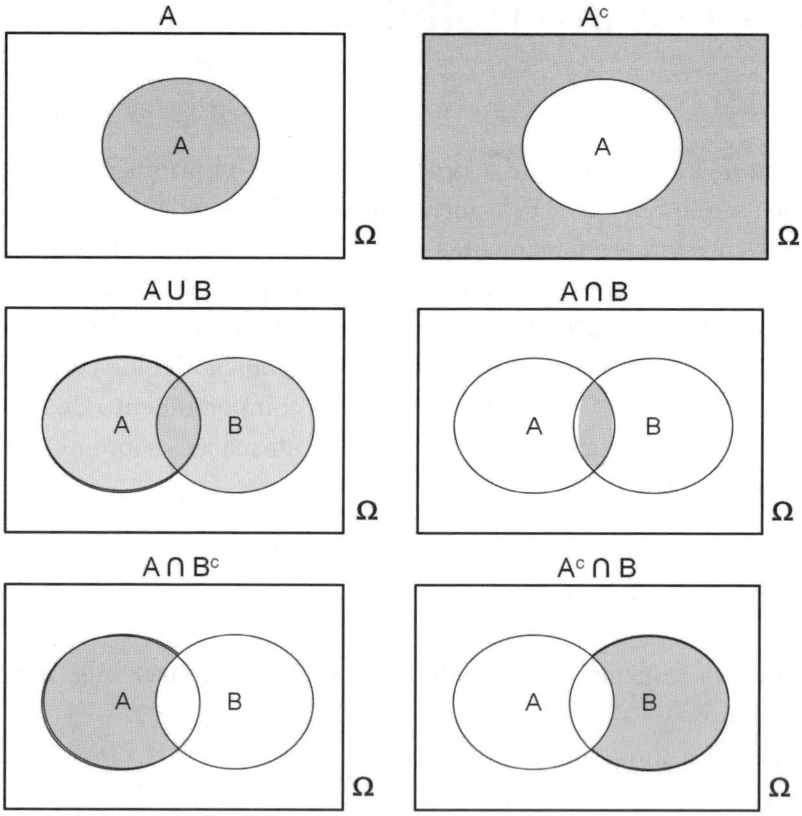

Figura 1.1: Diagramas de Venn ilustrando operações básicas com conjuntos.

Propriedades dos conjuntos

- Comutativa: $A \cup B = B \cup A$, $A \cap B = B \cap A$

- Associativa: $(A \cup B) \cup C = (A \cup C) \cup (B \cup C) = A \cup B \cup C$, $(A \cap B) \cap C = (A \cap C) \cap (B \cap C) = A \cap B \cap C$

- Distributiva: $(A \cup B) \cap C = (A \cap C) \cup (B \cap C)$, $(A \cap B) \cup C = (A \cup C) \cap (B \cup C)$

- Lei de Morgan: $(A \cup B)^c = (A^c \cap B^c)$, $(A \cap B)^c = (A^c \cup B^c)$

  Estes resultados podem ser generalizados, da seguinte forma: seja A_i uma sequência qualquer de conjuntos em Ω, então $(\cup_{i=1}^{n} A_i)^c = \cap_{i=1}^{n} A_i^c$, $(\cap_{i=1}^{n} A_i)^c = \cup_{i=1}^{n} A_i^c$

Definições básicas

Conjunto finito

Um conjunto que tem uma quantidade enumerável de elementos é dito finito. Por exemplo: num lançamento de uma moeda podemos definir o conjunto $A = \{cara,\ coroa\}$.

Conjunto infinito

Aquele que não tem determinado o número de elementos. Por exemplo: lançamentos sucessivos de uma moeda até se obter a face *cara* pela primeira vez.

Partição

Dizemos que os conjuntos $A_1, A_2, ..., A_n$ formam uma partição de Ω se são disjuntos e se sua união é o próprio Ω, ou seja, $\cup_{i=1}^{n} A_1 = \Omega$ e $\cap_{i=1}^{n} A_1 = \emptyset$.

1.2 Definições fundamentais

Experimento aleatório

Experimento ou ensaio aleatório é aquele em que os resultados não podem ser completamente determinados, isto é, podem variar ao acaso, ainda que repetidos sob condições idênticas. Alguns exemplos são:

- Lançar um dado não viciado e observar o valor da face superior

- Lançar uma moeda honesta e observar o resultado da face superior

- Registrar a vida útil em horas de uma lâmpada

- Medir a altura em cm de uma planta de milho
- Identificar o sexo dos dois primeiros filhos de um casal

Comumente denotamos o experimento aleatório por E.

Espaço amostral

É o conjunto de todos os resultados possíveis relacionados a um experimento aleatório. Comumente denotamos o espaço amostral por Ω ou por S.

Para os exemplos supracitados, podemos definir os seguintes espaços amostrais:

- $S = \{1, 2, 3, 4, 5, 6\}$
- $S = \{\text{cara, coroa}\}$
- $S = \{t | t > 0\}$
- $S = \{h | h > 0\}$
- $S = \{\text{MM, FF, MF, FM}\}$

Evento

É qualquer subconjunto do espaço amostral. Frequentemente denotamos eventos por meio das primeiras letras maiúsculas do alfabeto (A, B, C, ...).

Com os espaços amostrais anteriormente descritos, podemos ter (entre outros) os eventos:

- $\text{A} = \{6\}$, $\text{B} = \{\text{um número par}\}$
- $\text{A} = \{\text{cara}\}$, $\text{B} = \{\text{coroa}\}$
- $\text{A} = \{t \in S | t > 1000\}$, $\text{B} = \{t \in S | 500 \leq t < 1000\}$, $\text{C} = \{t \in S | t < 200\}$
- $\text{A} = \{h \in S | h \geq 160\}$, $\text{B} = \{h \in S | 160 \leq h \leq 220\}$
- $\text{A} = \{\text{FF}\}$, $\text{B} = \{\text{MF}\}$

Modelo determinístico

O entendimento da definição de modelo determinístico é fundamental para poder distingui-lo do modelo estatístico. Como o próprio nome diz, com base num modelo determinístico, por vezes chamado de modelo matemático, o resultado de um experimento realizado sob condições conhecidas pode ser completamente determinado, isto é, esse resultado não varia aleatoriamente. Por exemplo: a velocidade média de um veículo pode ser completamente determinada quando a distância percorrida bem como o tempo gasto são conhecidos; de acordo com este modelo $Vm = \Delta_s/\Delta_t$. Este é determinístico, uma vez que Vm é unicamente dependente de Δ_s e Δ_t.

Modelo estatístico

Diferentemente do modelo determinístico, com o modelo estatístico ou probabilístico não é possível determinar integralmente o resultado final de um experimento a partir das suas condições de execução. Há um processo aleatório que influencia este resultado. Entretanto, o comportamento probabilístico do resultado pode ser determinado.

Por exemplo: suponha que um pesquisador cultive plantas de milho em vaso e ao final do experimento deseje verificar a altura das plantas. Sabe-se que as sementes não possuem variabilidade genética relevante. As condições de substrato, irrigação e exposição ambiental são também igualmente controladas. Podemos notar que, embora estas sejam informações importantes, não são ainda capazes de determinar o resultado final de altura dessas plantas, e muito menos que apresentarão a mesma altura. Perceba que nesta situação um modelo determinístico não é conhecido, mas um modelo estatístico seria adequado, pois com este o pesquisador poderia calcular, com certo nível de confiança, não o valor exato da altura de cada planta, mas sim um intervalo provável para uma medida informativa, como a média das alturas.

1.3 Conceitos de probabilidade

Axiomas de probabilidade

No século XX, Kolmogorov conceituou probabilidade por meio de axiomas, formalizando o conceito de probabilidade. De acordo com sua formulação, a cada evento A de um dado um espaço amostral S será associado um valor real $P(A)$, que se refere à probabilidade de ocorrência do evento A desde que sejam satisfeitas os seguintes axiomas:

1. $P(A) \geq 0 \ \ \forall A \in S$

2. $P(S) = 1$

3. Se A e B são dois eventos de S mutuamente excludentes, então $P(A \cup B) = P(A) + P(B)$. De forma equivalente, dada uma sequência finita de eventos mutuamente excludentes, $A_1, A_2, ..., A_n$, temos que:

$$P(A_1 \cup A_2, \cup ..., \cup A_n) = \sum_{i=1}^{n} P(A_i),$$

pois $P(A_i \cap A_j) = 0 \ \ \forall i \neq j$.

Os axiomas, então, nos fornecem não modelos para cálculos de probabilidade, mas sim condições para que estes sejam válidos. Os conceitos de probabilidade que veremos a seguir foram instrumentos para a formulação de Kolmogorov.

Probabilidade clássica

O conceito clássico de probabilidade provém dos estudos de jogos de azar, originado dos estudos de Fermat e Pascal (século XVII), e cuja formulação é devida à Laplace (século XIX).

Considere E um experimento aleatório e S um espaço amostral composto de n pontos amostrais proveniente desse espaço amostral. A probabilidade de ocorrência de um dado evento $A \in S$, $P(A)$, é definida como sendo a razão entre o número de pontos favoráveis, f, à realização de A e o número total de pontos em S:

$$P(A) = \frac{f}{n}$$

A probabilidade de não ocorrência de A, denotada por $\bar{A}$ ou A^c, pode ser então calculada por meio de:

$$P(A^c) = \frac{n - f}{n}$$

Por exemplo: considere o experimento aleatório de se observar o sexo de dois filhos de um mesmo casal. Seja o espaço amostral $S = \{MM, FF, MF, FM\}$. O número de pontos n nesse espaço amostral é de 4. Agora tome A como o evento que corresponde à ocorrência do sexo masculino no primeiro filho. Tem-se assim que $A = \{MM, MF\}$, logo

$$P(A) = \frac{2}{4}$$

Esse conceito, apesar de simples, pode ser utilizado apenas se os eventos forem equiprováveis e o número de pontos amostrais, n, for finito.

Probabilidade frequentista

O conceito de probabilidade frequentista, por vezes chamada probabilidade empírica, surgiu através do trabalho de Richard Von Mises. Nesta formulação utilizamos a ideia de frequência relativa como estimativa de probabilidade, a partir de repetições do experimento aleatório.

Considere E um experimento aleatório sendo repetido n vezes, com n suficientemente grande[1]. Seja S o espaço amostral referente a este E. Se for observado um número m, $m \leq n$, de resultados favoráveis a um dado evento A de interesse, então uma estimativa de $P(A)$ pode ser obtida por

$$P(A) = \frac{m}{n}$$

Por exemplo: se realizarmos o experimento aleatório de jogar uma moeda honesta, e em $n = 50$ vezes observarmos o evento $A = \{face\ cara\}$ um número $m = 23$ vezes, então a estimativa de $P(A)$ seria

$$P(A) = \frac{23}{50} = 0,46$$

Estimativas empíricas de probabilidade são, em geral, mais acuradas quando n aumenta. E chamamos isto de *propriedade assintótica.*

Probabilidade geométrica

Observe a Figura 1.2 e suponha que a probabilidade de selecionar um ponto ao acaso em A seja proporcional a sua área em relação ao plano S no qual está inserido, independente da posição em que esteja nesse plano.

Então, o conceito de probabilidade geométrica nos permite definir que

$$P(A) = \frac{A}{S}$$

[1]Embora seja vaga, essa exigência deve ser entendida de modo a considerar o estudo confiável na prática, isto é, que tenha representatividade.

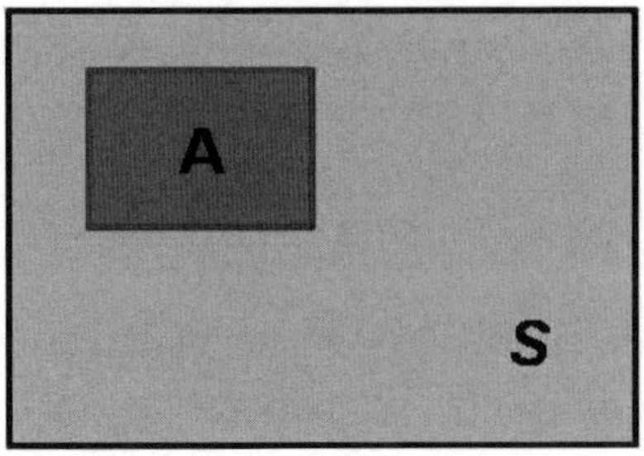

Figura 1.2: Ilustrando o conceito de probabilidade geométrica.

1.4 Teoremas básicos

Com o intuito de facilitar os cálculos de probabilidade, utilizaremos os teoremas a seguir.

Teorema 1 *Seja $\emptyset$ um conjunto vazio. Temos que $P(\emptyset) = 0$.*

Prova. Sabe-se que $A = A \cup \emptyset \Rightarrow P(A \cup \emptyset) = P(A) + P(\emptyset) + P(A \cap \emptyset)$. Uma vez que $A \cap \emptyset = \emptyset$, segue que

$$\begin{aligned} P(A \cup \emptyset) &= P(A) + 2P(\emptyset) \\ P(A) &= P(A) + 2P(\emptyset) \\ P(\emptyset) &= P(A) - P(A) = 0. \end{aligned}$$

■

Cuidado: $P(A) = 0$ não implica em $A = \emptyset$.

Teorema 2 *Seja A^c o evento complementar de A. Temos que $P(A) = 1 - P(A^c)$.*

Prova. Sabe-se que, por definição, $A^c = S - A \Rightarrow S = A \cup A^c \Rightarrow P(A \cup A^c) = 1$. Sabe-e também que $P(A \cup A^c) = P(A) + P(A^c) - P(A \cap A^c)$, mas $A \cap A^c = \emptyset$, logo: $P(A \cup A^c) = P(A) + P(A^c) \Rightarrow P(A) + P(A^c) = 1$. ■

Teorema 3 *Sejam A e B dois eventos quaisquer. Temos que $P(A \cap B^c) = P(A) - P(A \cap B)$.*

Prova. Sabe-se que $A = (A \cap B^c) \cup (A \cap B)$ e, sendo os elementos dessa união mutuamente excludentes, temos que $P(A) = P(A \cap B^c) + P(A \cap B)$, logo $P(A \cap B^c) = P(A) - P(A \cap B)$. ■

Teorema 4 *(Teorema da soma de probabilidades) Sejam A e B dois eventos quaisquer. Temos que $P(A \cup B) = P(A) + P(B) - P(A \cap B)$.*

Teorema 5 *Se $A \subset B$, então $P(A) \leq P(B)$.*

1.5 Probabilidade condicional e independência estocástica

A noção de eventos independentes e probabilidade condicional é muito importante em cálculos de probabilidade. Dois eventos são ditos independentes quando a ocorrência de um deles não influencia no resultado do outro. Por outro lado, quando dois eventos são dependentes, a probabilidade de ocorrência de um deles é afetada pela ocorrência ou não do outro evento.

Por exemplo: considere ainda o experimento aleatório de observar, ao nascer, o sexo de dois filhos de um mesmo casal. Note que a probabilidade de o segundo filho ser do sexo masculino (ou feminino) não é alterada pelo sexo do primeiro filho. Dizemos então que estes são eventos probabilística ou estocasticamente independentes.

Agora suponha que, a partir de dados amostrais, estimou-se que a probabilidade de um aluno do curso de estatística básica ser aprovado é de 0,75. Agora admita que se um estudante tiver obtido nota inferior a 2,0 numa de três provas, então a probabilidade de ser aprovado diminui. Nesse caso dizemos que a probabilidade de ocorrência do evento "ser aprovado" é *condicionada* pela ocorrência ou não do evento "obter nota inferior a 2,0 numa prova".

Probabilidade condicional

Sejam dois eventos, A e B, num mesmo espaço amostral S. A notação comumente utilizada $P(A|B)$ pode ser lida como "a probabilidade de A dado B". Esta probabilidade condicional é definida por

$$P(A|B) = \frac{P(A \cap B)}{P(B)}, \ P(B) > 0$$

Ou, analogamente,

$$P(B|A) = \frac{P(B \cap A)}{P(A)}, \ P(A) > 0$$

Note que quando consideramos probabilidades condicionais, como $P(A|B)$, admtimos que o evento B já ocorreu (ou é suposto ter ocorrido). Então, isso nos conduz ao cálculo da probabilidade do evento A não mais em relação ao espaço amostral S que contém A e B, mas sim em relação a um novo espaço amostral reduzido, o evento B.

Assim, considere novamente o exemplo do aluno de estatística. Definamos o evento $A = \{ser\ aprovado\}$ e o evento $B = \{obter\ < 2\ numa\ prova\}$. Admita agora que apenas 20% dos alunos que tiram nota inferior a 2,0 numa das provas conseguem a aprovação e que $P(B) = 0,30$. Então, qual seria o valor de $P(A|B)$?

$$P(A|B) = \frac{P(A \cap B)}{P(B)} = \frac{0,20}{0,30} \approx 0,67$$

Observe que a probabilidade de ser aprovado diminuiu, de 0,75 para 0,67, devido ao evento B ter ocorrido e de este não ser independente de A. Caso fossem independentes, teríamos que $P(A|B) = P(A)$.

Teoremas especiais

Teorema 6 *(Teorema do produto das probabilidades) Sejam dois eventos, A e B, de um mesmo espaço amostral. Temos que, a partir da regra de probabilidade condicional,*

$$P(A \cap B) = P(A|B) \times P(B)$$

Perceba que esse teorema nos conduz a definir formalmente o conceito de independência estocástica, pois se A e B são independentes, então a seguinte igualdade deve ser verificada:

$$P(A \cap B) = P(A) \times P(B)$$

Teorema 7 *(Teorema da probabilidade total) Considere que os eventos $B_1, B_2, ..., B_n$ formem uma partição do espaço amostral S. Então, para um evento qualquer $A \in S$, temos que:*

$$\begin{aligned} P(A) &= P[(A \cap B_1) \cup P(A \cap B_2) \cup ... \cup P(A \cap B_n)] \\ &= P(A \cap B_1) + P(A \cap B_2) + ... + P(A \cap B_n) \\ &= P(A|B_1)P(B_1) + P(A|B_2)P(B_2) + ... + P(A|B_n)P(B_n) \\ &= \textstyle\sum_{i=1}^{n} P(A|B_i)P(B_i) \end{aligned}$$

Este teorema pode ser mais facilmente entendido quando analisamos o diagrama da Venn apresentado na Figura 1.3.

Em algumas situações, calcular a probabilidade do referido evento A pode ser complicado. Neste caso, obter essa probabilidade por meio da soma apresentada torna-se uma alternativa mais viável. Por exemplo: uma determinada empresa comercializa um produto fabricado **apenas** por duas agroindústrias locais, A_1 e

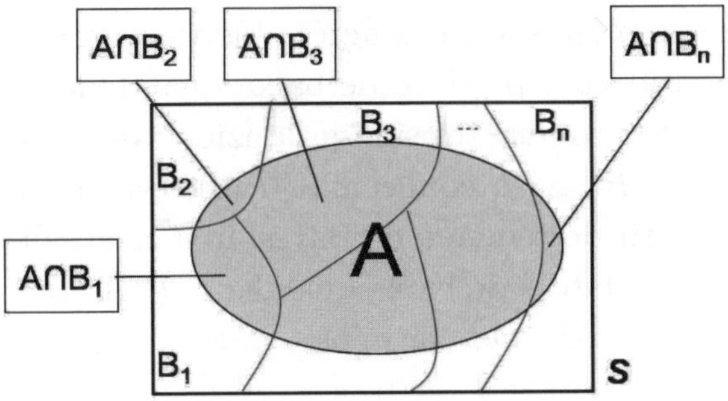

Figura 1.3: Diagrama de Venn ilustrando o teorema da probabilidade total.

A_2, sendo que A_2 produz 60% do total. Alguns produtos estão sendo entregues apresentando baixa qualidade. Em A_1 o gerente de produção diz que apenas 10% de **sua** produção apresenta baixa qualidade. Investigando A_2 foi observado que 15% de **sua** produção apresentou baixa qualidade. Um cliente adquire o produto e fica interessado em saber qual é a probabilidade de um produto de baixa qualidade ser comercializado.

Definamos então o evento $B = \{produto\ de\ baixa\ qualidade\}$. Sabemos que $P(A_2) = 0,60 \Rightarrow P(A_1) = 0,40$, pois A_1 e A_2 formam uma *partição*, e que $P(B|A_1) = 0,10$, enquanto $P(B|A_2) = 0,15$. Usando o teorema da probabilidade total,

$$\begin{aligned} P(B) &= P(B|A_1)P(A_1) + P(B|A_2)P(A_2) \\ &= 0,10 \times 0,40 + 0,15 \times 0,60 \\ &= 0,13 \end{aligned}$$

Teorema 8 *(Teorema da Bayes) Considere os eventos A e B de um mesmo espaço amostral. Então*

$$P(B|A) = \frac{P(B \cap A)}{P(A)} = \frac{P(A|B)P(B)}{P(A)}$$

Agora usando o teorema da probabilidade total, temos que

$$\begin{aligned} P(B_j|A) &= \frac{P(A|B_j)P(B_j)}{P(A)} \\ &= \frac{P(A|B_j)P(B_j)}{\sum_{i=1}^{n} P(A|B_i)P(B_i)} \end{aligned}$$

Este teorema nos permite calcular a probabilidade *a posteriori* de um evento B_j, $j = 1, 2, ..., n$, qualquer. Note que, mesmo conhecendo $P(B_j)$, temos a possibilidade de *atualizar* a informação de B_j a partir do evento A.

Considere o exemplo anterior, das agroindústrias. Imagine agora que o consumidor tenha adquirido um produto de baixa qualidade e deseja saber qual é a probabilidade de este produto ter sido produzido pela agroindústria A_1. Mais uma vez, perceba que $P(A_1)$ é conhecida (0,40), esta é uma probabilidade *a priori*. Contudo, a partir do teorema de Bayes, iremos atualizar $P(A_1)$ usando a informação de que o produto é de baixa qualidade, $P(A_1|B)$. Esta última é uma probabilidade *a posteriori*. Então, façamos

$$\begin{aligned} P(A_1|B) &= \frac{P(B|A_1)P(A_1)}{P(B|A_1)P(A_1)+P(B|A_2)P(A_2)} \\ &= \frac{P(B|A_1)P(A_1)}{P(B)} \\ &= \frac{0{,}10\times 0{,}40}{0{,}13} \\ &\approx 0,307 \end{aligned}$$

1.6 Exercícios

1. Suponha que o conjunto universo seja formado pelos inteiros positivos de 1 a 10. Sejam $A = \{2, 3, 4\}$, $B = \{3, 4, 5\}$, $C = \{5, 6, 7\}$. Enumere os elementos dos seguintes conjuntos:

   a. $A^c \cap B$

   b. $A^c \cup B$

   c. $(A^c \cap B^c)^c$

   d. $(A \cap (B \cap C)^c)^c$

   e. $(A \cap (B \cup C))^c$

2. Suponha que o conjunto universo Ω seja dado por $\Omega = \{x|0 \leq x \leq 2\}$. Sejam os conjuntos A e B definidos da seguinte forma: $A = \{x|1/2 \leq x \leq 1\}$ e $B = \{x|1/4 \leq x < 3/2\}$. Descreva os seguintes conjuntos:

   a. $(A \cup B)^c$

   b. $A \cup B^c$

   c. $(A \cap B)^c$

   d. $A^c \cap B$

3. Sejam dois eventos, A e B, pertencentes a um mesmo espaço amostral, com $P(A) = 1/3$ e $P(B^c) = 1/4$. Os eventos A e B podem ser mutuamente excludentes? Explique com base nos axiomas de probabilidade.

4. Assinale **V** se a proposição for totalmente verdadeira e **F** caso contrário.

   a. ( ) Se A e B são eventos independentes, então $P(A \cup B) = P(A) + P(B)$.

   b. ( ) Para dois eventos quaisquer, A e B, com $P(A) = 1/4$, $P(B) = 1/2$ e $P(A|B) = 1/3$, tem-se que $P(A \cap B) = 1/8$.

   c. ( ) Para dois eventos quaisquer, A e B, em que A^c e B^c são os respectivos eventos complementares, tem-se que $P(A^c \cap B^c) = 1 - P(A \cup B)$.

   d. ( ) Para dois eventos quaisquer, A e B, então $P(A \cap B^c) = P(B) - P(A \cap B)$.

   e. ( ) Se A e B são eventos mutuamente excludentes, então $P(A \cap B) = P(A)P(B)$.

   f. ( ) Um espaço amostral finito consiste de três pontos amostrais, s_1, s_2 e s_3, com probabilidades dadas, respectivamente, por $\frac{1}{2}p$, p^2 e p. Neste caso, $p = 0,5$.

   g. ( ) A probabilidade de que João resolva um problema é $1/3$ e de que Pedro o resolva é $1/4$. Se ambos tentam resolvê-lo independentemente, a probabilidade de que o problema seja resolvido é de $1/2$.

5. Em uma fábrica de peças, as máquinas A, B e C produzem 40, 50 e 10% do total produzido, respectivamente. Da produção de cada máquina, 3, 5 e 2%, respectivamente, são peças defeituosas. O gerente de produção seleciona, ao acaso, uma peça da produção conjunta das três máquinas. Pede-se:

   a. Qual a probabilidade de a peça selecionada ser defeituosa?

   b. Sabendo-se que a peça selecionada é defeituosa, qual a probabilidade de que ela tenha sido produzida pela máquina B?

6. Numa prova há 7 questões do tipo verdadeiro/falso. Calcule a probabilidade de acertarmos todas as questões se:

   a. Escolhermos aleatoriamente as 7 respostas.

   b. Escolhermos aleatoriamente as respostas, mas tendo o professor informado que há mais respostas verdadeiras do que falsas.

7. Um teste usado em indivíduos com suspeita de Covid-19 indica resultado correto em 95% dos casos (resultado + indica dengue e resultado − indica não doente). Suponha que em determinada cidade tenha-se 10% dos moradores infectados com o vírus. Calcule a probabilidade condicional...

a. ...do teste resultar – quando o morador está infectado.

b. ...de um morador testado estar infectado quando o teste resultar –.

8. Sabe-se que a população de uma espécie de inseto é formada por 70% de fêmeas e 30% de machos. Sabe-se também que 90% das fêmeas e 60% dos machos são estéreis. Calcule:

   a. A probabilidade de se amostrar aleatoriamente um inseto não estéril desta espécie.

   b. Quantos insetos devem ser amostrados para que se obtenha pelo menos 5 insetos não estéreis.

9. Suponha que a probabilidade de uma pessoa ser do tipo sanguíneo O é de 0,40, ser A é de 0,30 e de ser B é 0,20. Admita ainda que a probabilidade de Rh+ é de 0,90 e que o fator Rh independe do tipo sanguíneo. Nestas condições, qual é a probabilidade de uma pessoa tomada ao acaso da população ser:

   a. O+?

   b. AB-?

10. Se $P(A) = 0,3$, $P(B) = 0,2$ e $P(A \cap B) = 0,1$, determine as seguintes probabilidades:

    a. $P(A^c)$

    b. $P(A \cup B)$

    c. $P(A^c \cap B)$

    d. $P(A \cap B^c)$

    e. $P(A \cup B)^c$

    f. $P(A^c \cup B)$

11. Um certo tipo de motor elétrico falha se ocorrer uma das seguintes situações: a) emperramento dos mancais, b) queima dos enrolamentos, c) desgaste das escovas. Suponha que o emperramento seja duas vezes mais provável do que a queima, esta sendo quatro vezes mais provável do que o desgaste das escovas. Admita ainda que tais problemas não ocorram simultaneamente. Qual será a probabilidade de que a falha seja devida a cada uma dessas circunstâncias?

12. Três tipos de bico (B_1, B_2 e B_3) estão sendo simultaneamente testados para aplicação automatizada de herbicidas. A precisão (probabilidade de acertar

o alvo) de cada bico é, respectivamente, 0,9, 0,8 e 0,7. Numa passagem do pulverizador numa certa entrelinha de plantio, qual é a probabilidade de os alvos serem atingidos?

13. A detecção de NCS (nematoide do cisto da soja) por meio de câmeras multiespectrais instaladas em drones não é infalível. Um sistema detecta sintomas de NCS, caso haja de fato, com probabilidade 0,9. Se não houver sintoma no campo, o sistema corretamente aponta isso com probabilidade 0,8. Considere que esse sistema de detecção está sendo utilizado em uma propriedade com 10% de incidência de NCS.

    a. Calcule a probabilidade de um dado talhão aleatoriamente selecionado estar realmente infectado se o sistema indicou que estava.

    b. Se dois talhões quaisquer forem sobrevoados e avaliados, qual seria a probabilidade de errar um dos diagnósticos?

Respostas

1) **a.** $\{5\}$ **b.** $\{1, 3, 4, 5, 6, 7, 8, 9, 10\}$ **c.** $\{2, 3, 4, 5\}$
d. $\{1, 5, 6, 7, 8, 9, 10\}$ **e.** $\{1, 2, 5, 6, 7, 8, 9, 10\}$
2) **a.** $\{x|0 \leq x < 1/4\} \cup \{x|3/2 \leq x \leq 2\}$
3) Não, pois $P(A) + P(B) > 1$.
4) **a.** F **b.** F **c.** V **d.** F **e.** F **f.** V **g.** V
5) **a.** 0,039 **b.** 0,641
6) **a.** 1/128 **b.** 1/64
7) **a.** 0,05 **b.** $1/172 \approx 0,006$
8) **a.** 0,19 **b.** $n \geq 5/0,19 \approx 26,32$
9) **a.** 0,36 **b.** 0,01
10) **a.** 0,7 **b.** 0,4 **c.** 0,1 **d.** 0,2 **e.** 0,6 **f.** 0,8
11) **a.** 8/13 **b.** 4/13 **c.** 1/13
12) 0,994
13) **a.** 0,3333 **b.** 0,3078

Capítulo 2

Variáveis aleatórias

Em experimentos aleatórios cujo espaço amostral contém alguns eventos de interesse é, em geral, mais fácil lidar como uma variável aleatória, isto é, é mais fácil sumarizar a informação do espaço amostral em valores associados a eventos. Por exemplo, em um estudo ecológico pode haver o interesse em determinar se certa espécie vegetal está ou não presente em n locais de um continente. Atribuindo 1 à presença e 0 à ausência, o espaço amostral teria 2^n elementos. Não obstante, se a informação de interesse for o número de locais que contêm a espécie, então poderia ser definida a variável X representando o número de locais onde a espécie está presente, captando assim a essência do problema.

Em outro exemplo, tome o ato de identificar o sexo de duas crias de uma égua como sendo um experimento aleatório. O espaço amostral associado é definido por $S = \{MM, MF, FM, FF\}$. Seja X a variável aleatória que representa o número de machos obtidos nas duas crias. Tem-se então: $X(MM) = 2$, $X(MF) = 1$, $X(FM) = 1$ e $X(FF) = 0$.

Ao especificar a quantidade X, definimos uma transformação a partir de cada elemento pertencente ao espaço amostral S para um novo espaço amostral $\Re$, um conjunto de números reais (no último exemplo, os valores: 0, 1 e 2). Essa função a partir do espaço amostral nos reais é o que chamamos de *variável aleatória*, como ilustra a Figura 2.1.

Probabilidades podem então ser associadas aos valores ou intervalo de valores de uma variável aleatória, constituindo assim a distribuição de probabilidades dessa variável. Muitas das técnicas estatísticas são baseadas em modelos de distribuição de probabilidades, os quais podem, obviamente, ser utilizados para

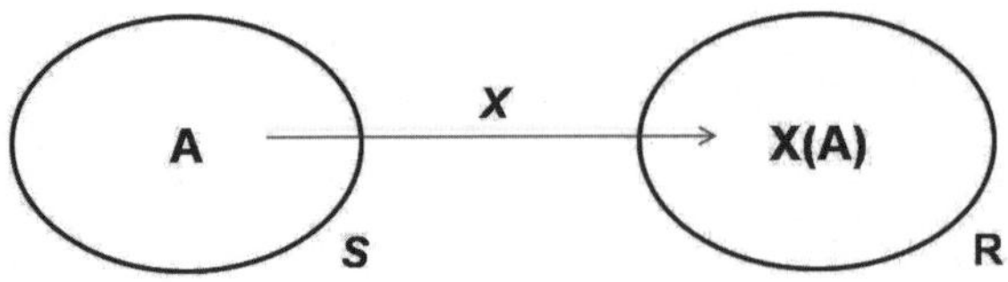

Figura 2.1: Ilustrando a definição de variável aleatória, função com domínio em S e contradomínio em $\Re$

calcular probabilidades de interesse. Um exemplo clássico dessa aplicação é o cálculo do valor-p nos testes de hipóteses.

O uso de variáveis aleatórias equivale a descrever os resultados de um experimento aleatório por meio de valores numéricos em vez de palavras, o que nos permite um tratamento matemático.

Uma variável aleatória quantitativa pode ser *discreta* ou *contínua.*

2.1 Variável aleatória discreta

Uma variável aleatória X é considerada discreta se o conjunto de valores dessa variável, seu *espaço amostral,* for enumerável. Em geral, os valores assumidos são números inteiros, por exemplo: número de animais doentes, número de insetos-praga por planta, tamanho da leitegada etc.

A distribuição de probabilidades de uma variável aleatória discreta X pode ser caracterizada pela sua *função de probabilidade* (f.p.), de modo que a probabilidade de X assumir um certo valor x é determinada pela f.p., denotada por $P_X(X = x)$ ou simplesmente $P_X(x)$.

A função P_X é dita f.p. de X se e somente se satisfizer:

1. $P_X(X = x) \geq 0 \ \forall \ x$;

2. $\sum_x P_X(X = x) = 1$.

Formalmente, denominamos *distribuição de probabilidades da v.a.d.* a coleção de pares $[x_i, \ P_X(x_i)]$, $i = 1, 2, ..., n$, que pode ser apresentada por meio de tabelas ou gráficos.

Revisitando o exemplo das duas crias de uma égua, poderíamos definir a seguinte distribuição de probabilidades da variável discreta X (número de machos):

X_i	0	1	2
$P(X_i)$	1/4	1/2	1/4

Assim, podemos calcular probabilidades do tipo $P(X \geq 1)$, ao menos 1 macho:

$$\begin{aligned} P(X \geq 1) &= P_X(X = 1) + P_X(X = 2) \\ &= 1/2 + 1/4 \\ &= 3/4 \end{aligned}$$

Calcule $P(X > 1)$.

Média e variância

O valor esperado ou média e a variância de uma variável aleatória discreta são obtidos fazendo

$$\begin{aligned} E(X) &= \textstyle\sum_x x P_X(X = x) \\ Var(X) &= E[X - E(X)]^2 \\ &= E(X^2) - [E(X)]^2 \end{aligned}$$

Para a distribuição de probabilidades apresentada, temos:

$$\begin{aligned} E(X) &= \textstyle\sum_x x P_X(X = x) \\ &= x_1 P(x_1) + x_2 P(x_2) + x_3 P(x_3) \\ &= 0 \times 1/4 + 1 \times 1/2 + 2 \times 1/4 \\ &= 1 \end{aligned}$$

e também

$$\begin{aligned} Var(X) &= E(X^2) - [E(X)]^2 \\ &= [x_1^2 P(x_1) + x_2^2 P(x_2) + x_3^2 P(x_3)] - 1^2 \\ &= [0^2 \times 1/4 + 1^2 \times 1/2 + 2^2 \times 1/4] - 1 \\ &= 1/2 \end{aligned}$$

2.2 Variável aleatória contínua

Uma variável aleatória é do tipo contínua se puder assumir todo e qualquer valor em algum intervalo $[a, b]$. Em geral, tais valores são obtidos por um processo de medição, por exemplo: altura das plantas (em cm), peso dos animais (em kg), rendimento de grãos (em kg/ha) etc.

A distribuição de probabilidades de uma variável aleatória contínua X é caracterizada pela sua *função densidade de probabilidade* (f.d.p.), denotada por

f_X, de modo que probabilidades de X assumir valores num dado intervalo podem ser determinadas integrando f_X.

A função f_X com domínio real e contradomínio no intervalo $[0, \infty)$ é dita f.d.p. de X se e somente se satisfizer

1. $f_X(x) \geq 0 \ \forall \ x$;
2. $\int_{-\infty}^{\infty} f_X(x)dx = 1$;
3. $P_X(a \leq X \leq b) = \int_a^b f_X(x)dx$.

Exemplo: Seja a variável aleatória contínua X denotada pela função densidade de probabilidade a seguir, representada na figura 2.2:

$$f(x) = \begin{cases} 3x^2, & \text{se } 0 \leq x < 1 \\ 0, & \text{para outros valores de } x \end{cases}$$

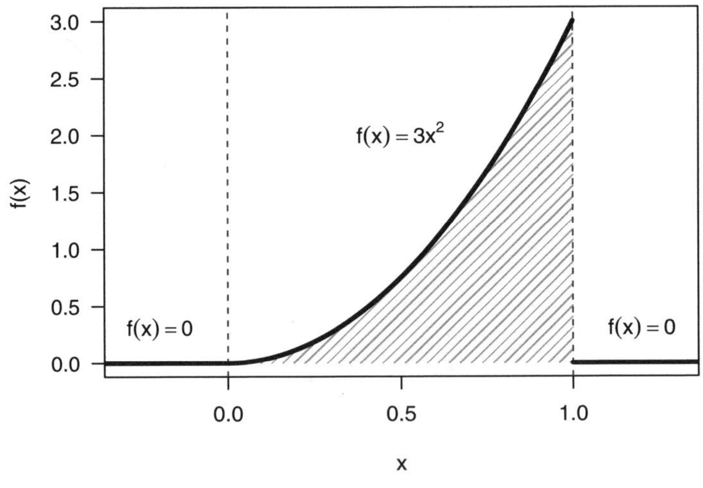

Figura 2.2: Função densidade de probabilidade de X.

Com $f(x)$ podemos calcular, por exemplo,

$$\begin{aligned} P(X > 0,5) &= \int_{0,5}^{1} f_X(x)dx \\ &= \int_{0,5}^{1} 3x^2 dx \\ &= 7/8 \end{aligned}$$

A figura 2.3 indica a área sob a curva referente a esta probabilidade. Calcule $P(0,3 \leq X < 0.5)$.

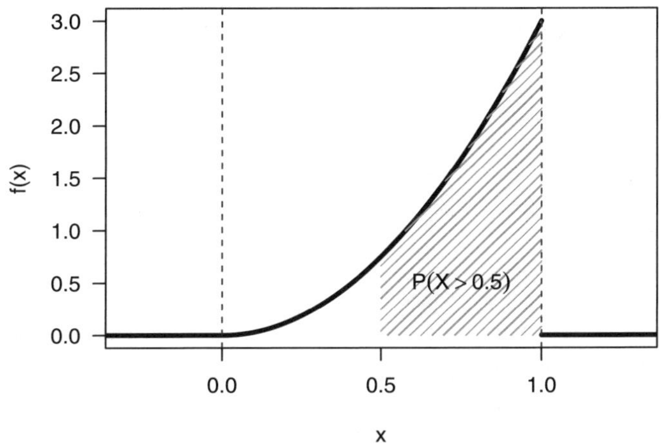

Figura 2.3: $P(X > 0,5)$.

Observações

- Se X é variável aleatória contínua no intervalo $[a, b]$, então $P_X(X = x) = 0 \ \forall \ x \in [a, b]$, isto é, probabilidades pontuais são consideradas nulas. Assim, por exemplo, $P(X \geq 2) = P(X > 2)$.

- Diferentemente do caso discreto, a f.d.p. não determina probabilidades diretamente, como ocorre com a f.p.

Média e variância

O valor esperado ou média e a variância de uma variável aleatória contínua são obtidos fazendo

$$\begin{aligned} E(X) &= \int_{-\infty}^{\infty} x f_X(x) dx \\ Var(X) &= E(X^2) - [E(X)]^2 \\ &= \left[\int_{-\infty}^{\infty} x^2 f_X(x) dx\right] - [E(X)]^2 \end{aligned}$$

Com $f(x)$ dada no exemplo anterior, temos que:

$$\begin{aligned} E(X) &= \int_{-\infty}^{\infty} x f_X(x) dx \\ &= \int_0^1 x 3x^2 dx \\ &= 3/4 \end{aligned}$$

e a variância de X:

$$\begin{aligned} Var(X) &= E(X^2) - [E(X)]^2 \\ &= \left[\int_0^1 x^2 3x^2 dx\right] - [3/4]^2 \\ &= 3/5 - 9/16 \\ &= 3/80 \end{aligned}$$

Dica computacional

A partir deste ponto do livro você encontrará, na maioria das seções, sugestões para realizar no `R` os procedimentos estatísticos apresentados. Para iniciar, vamos utilizar a funcionalidade `integrate()` para calcular integrais numéricas de fdps. Façamos isto com a última trabalhada, $f(x) = 3x^2$, para calcular $P(X > 0.5)$, $E(X)$ e $Var(X)$.

```
# P(X > 0.5)
> integrate(f = function(x) 3*x^2, lower = 0.5, upper = 1)
0.875 with absolute error < 9.7e-15
# E(X)
> integrate(f = function(x) x*3*x^2, lower = 0, upper = 1)
0.75 with absolute error < 8.3e-15
# E(X^2)
> integrate(f = function(x) x^2*3*x^2, lower = 0, upper=1)
0.6 with absolute error < 6.7e-15
# Var(X)
0.6 - 0.75^2
[1] 0.0375
```

2.3 Função de distribuição acumulada

A função de distribuição acumulada (f.d.a.) ou simplesmente função de distribuição de uma variável aleatória X é

$$F_X(x) = P(X \leq x), \quad \forall x$$

desde que atenda as seguintes condições:

1. $\lim_{x \to -\infty} F_X(x) = 0$ e $\lim_{x \to \infty} F_X(x) = 1$
2. $F_X(x_1) \leq F_X(x_2)$, para todo $x_1 < x_2$
3. $F_X(x)$ é contínua à direita.

F_X possui relação direta com f_X (ou P_X, caso discreto), pois

$$\frac{d}{dx}F_X(x) = f_X(x)$$

se f_X for contínua. Então,

$$F_X(x) = \int_{-\infty}^{x} f_X(x)dx = 1 - \int_{x}^{\infty} f_X(x)dx$$

isto é, $F_x(x)$ fornece probabilidades *acumuladas*, como seu próprio nome diz. No caso discreto, o somatório das probabilidades pontuais $P_X(X = x_i)$ substitui a integral.

Exemplo 1. A função de distribuição de X com f.d.p $f_X(x) = 3x^2$, para $0 \leq x < 1$, é

$$F_x(x) = \int_{0}^{x} 3x^2 dx = x^3$$

Exemplo 2. A função de distribuição de X com f.d.p $f_X(x) = 0.4e^{-0.4x}$, para $x > 0$, é

$$\begin{aligned} F_X(x) &= P(X \leq x) \\ &= 1 - P(X > x) \\ &= 1 - \int_{x}^{\infty} 0.4e^{-0.4x} dx \\ &= 1 - e^{-0.4x} \end{aligned}$$

Observe na Figura 2.4 ambas as funções, f.d.p. e f.d.a., deste último exemplo.

2.4 Função de quantis

Quantis são valores x de uma variável aleatória associados a probabilidades acumuladas, do tipo $P_X(X \leq x) = F_X(x)$. Pelo *teorema da transformação integral de probabilidade*, tem-se a função de quantis:

$$F_X^{-1}(u) = x$$

sendo $u \in [0, 1]$, que corresponde a uma probabilidade acumulada, desde que a inversa F_X^{-1} exista.

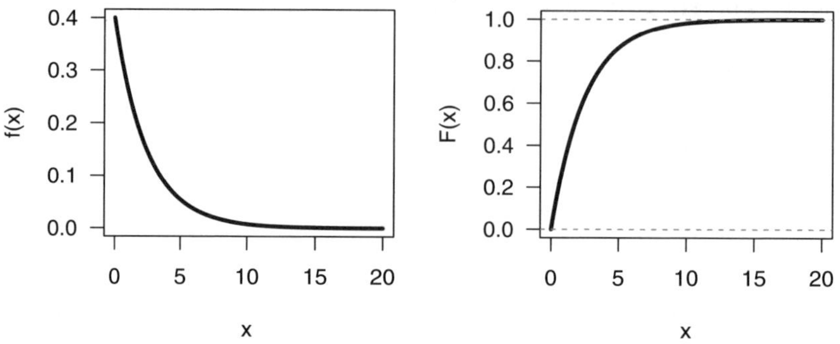

Figura 2.4: Função densidade de probabilidade (à esquerda) e função de distribuição acumulada.

Prova. *Considere uma variável aleatória contínua U uniformemente distribuída no intervalo $[0, 1]$, e X uma variável aleatória qualquer tal que $U = F_X(X)$. Então,*

$$\begin{aligned} P_U(U \leq u) &= P_X(F_X(X) \leq u) \\ &= F_X(F_X^{-1}(u)) \\ &= u \end{aligned}$$

■

Por exemplo, a partir da f.d.a. $F_X(x) = 1 - e^{-0.4x}$, trabalhada anteriormente, podemos obter a sua inversa fazendo

$$\begin{aligned} u &= 1 - e^{-0.4x} \\ F_X^{-1}(u) &= -\log(1-u)/0.4 \end{aligned}$$

que gera valores de X no intervalo $[0, \infty)$. E assim, para obter, por exemplo, o quantil 0.5, isto é, o valor de x tal que $F_X(x) = 0.5$, calcula-se:

$$x = -\log(1 - 0.5)/0.4 \approx 1.73$$

Diversas são as aplicações das funções de quantis, seja para a obtenção de valores tabelados em testes de hipóteses ou intervalos de confiança, no uso como funções de ligação em modelos lineares generalizados ou mesmo para a geração (simulação) de variáveis aleatórias de acordo com algum modelo de distribuição de probabilidades desejado.

2.5 Distribuição conjunta

Diversos métodos estatísticos consistem de procedimentos envolvendo mais de uma variável aleatória. Ou ainda novas variáveis aleatórias são obtidas como função de outras. Por exemplo, sejam X e Y variáveis que representam, respectivamente, a maior e a menor contagem de germinação de amostras de mesmo tamanho tomadas de um lote de sementes. Inferências sobre a homogeneidade do lote podem ser feitas a partir da nova variável $R = X - Y$, como mostra Silva (2020). Mas para isso é necessário conhecer a distribuição conjunta de X e Y.

A função conjunta $f_{XY}(x, y)$ descreve a distribuição de probabilidades dos pares (x, y) e compartilha das mesmas propriedades das respectivas funções unidimensionais, isto é,

1. $f_{XY}(x, y) \geq 0, \forall\ (x, y)$
2. $\int_{-\infty}^{\infty} \int_{-\infty}^{\infty} f_{XY}(x, y)dxdy = 1$

assumindo somatório em vez de integral quando se tratar de variável discreta.

Tome como exemplo a seguinte f.d.p. conjunta:

$$f_{XY}(x, y) = \begin{matrix} x + y, & 0 < x < 1, \quad 0 < y < 1 \\ 0, & \text{para outros valores de } x \text{ e } y \end{matrix}$$

A partir da função conjunta, pode-se obter as *funções densidade de probabilidade marginais*:

$$\begin{aligned} f_X(x) &= \int_{-\infty}^{\infty} f_{XY}(x, y)dy \\ f_Y(y) &= \int_{-\infty}^{\infty} f_{XY}(x, y)dx \end{aligned}$$

Destas, um resultado importante é referente à relação entre X e Y, pois duas variáveis aleatórias são ditas independentes se e somente se a função densidade conjunta for igual ao produto das marginais:

$$f_{XY}(x, y) = f_X(x)f_Y(y)$$

caso contrário, X e Y possuem algum grau de associação.

Para o exemplo anterior, tem-se as marginais:

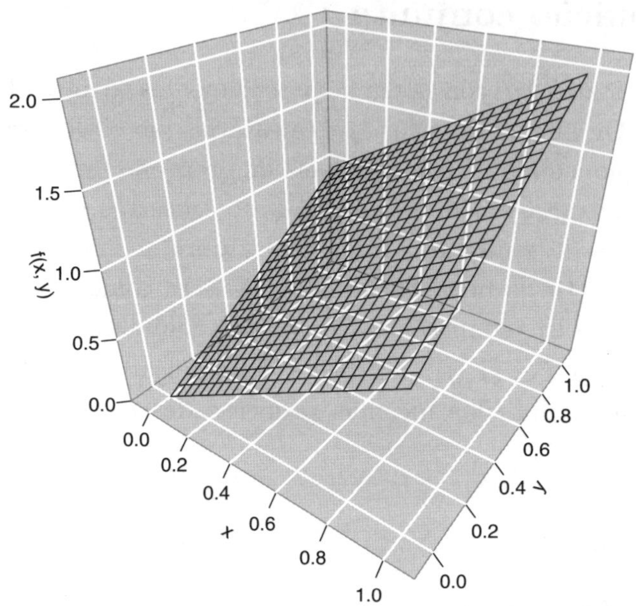

Figura 2.5: Função densidade de probabilidade conjunta: $f_{XY}(x, y) = x + y$

$$\begin{aligned} f_X(x) &= \int_0^1 (x+y)dy = x + \frac{1}{2} \\ f_Y(y) &= \int_0^1 (x+y)dx = y + \frac{1}{2} \end{aligned}$$

com o que se pode concluir que X e Y não são independentes, pois

$$f_{XY}(x, y) \neq \left(x + \frac{1}{2}\right)\left(y + \frac{1}{2}\right)$$

O grau de associação entre X e Y é mensurado através da *covariância*, isto é, uma medida de variação *conjunta*, cuja definição é

$$\begin{aligned} Cov(X, Y) &= E\{[X - E(X)][Y - E(Y)]\} \\ &= E(XY) - E(X)E(Y) \\ &= \int_{-\infty}^{\infty}\int_{-\infty}^{\infty} xyf_{XY}(x, y)dxdy - E(X)E(Y) \end{aligned}$$

A relação entre variáveis aleatórias será vista com mais detalhes no capítulo sobre covariância e correlação.

2.6 Propriedades de esperança

Algumas propriedades de esperança e variância a seguir mostram-se úteis em estratégias de análise de dados e estão relacionadas a uma função qualquer $g(X)$, linear ou não, da variável aleatória X. As demonstrações feitas considerando X contínua podem ser estendidas para variável discreta, substituindo integral por somatório.

$$E[g(X)] = \int_{-\infty}^{\infty} g(x) f_X(x) dx$$

Corolário 1 *Seja a uma constante e X uma v.a.,*

$$E(X \pm a) = E(X) \pm a$$

Prova.

$$\begin{aligned} E(X \pm a) &= \int_{-\infty}^{\infty} (x \pm a) f_X(x) dx \\ &= \int_{-\infty}^{\infty} x f_X(x) dx \pm a \int_{-\infty}^{\infty} f_X(x) dx \end{aligned}$$

■

Corolário 2 *A esperança de uma variável aleatória X centrada em sua média μ_X é nula. (prova vide corolário anterior)*

$$E(X - \mu_X) = 0$$

Corolário 3 *Seja a uma constante e X uma v.a.,*

$$E(aX) = aE(X)$$

Prova.

$$E(aX) = a \int_{-\infty}^{\infty} x f_X(x) dx$$

■

Corolário 4 *Seja a uma constante e X uma v.a.,*

$$Var(X \pm a) = Var(X)$$

Prova.

$$\begin{aligned} Var(X \pm a) &= E(X \pm a)^2 - [E(X \pm a)]^2 \\ &= E(X^2 + a^2 \pm 2aX) - [E(X) \pm a]^2 \\ &= E(X^2) + a^2 \pm 2aE(X) - [E(X)]^2 - a^2 \pm 2aE(X) \\ &= E(X^2) - [E(X)]^2 \end{aligned}$$

■

Corolário 5 *Seja $P(X = k) = 1$, então $Var(X) = 0$ e X é dita variável degenerada.*

Prova.

$$\begin{aligned} Var(X) &= \sum_x x^2 P(X = x) - \left[\sum_x xP(X = x)\right]^2 \\ &= k^2 \times 1 - [k \times 1]^2 = 0 \end{aligned}$$

■

Corolário 6 *Sejam X e Y variáveis aleatórias,*

$$E(X \pm Y) = E(X) \pm E(Y)$$

Prova.

$$\begin{aligned} E(X \pm Y) &= \int_{-\infty}^{\infty} \left[x \int_{-\infty}^{\infty} f_{XY}(x,y)dy\right] dx \pm \\ & \int_{-\infty}^{\infty} \left[y \int_{-\infty}^{\infty} f_{XY}(x,y)dx\right] dy \\ &= \int_{-\infty}^{\infty} xf_X(x)dx \pm \int_{-\infty}^{\infty} yf_Y(y)dy \end{aligned}$$

■

Corolário 7 *Sejam X e Y variáveis aleatórias,*

$$Var(X \pm Y) = Var(X) + Var(Y) \pm 2Cov(X,Y)$$

Prova.

$$
\begin{aligned}
Var(X \pm Y) &= E(X \pm Y)^2 - [E(X \pm Y)]^2 \\
&= \int\int (x \pm y)^2 f_{XY}(x,y)dxdy - [E(X) \pm E(Y)]^2 \\
&= \int_{-\infty}^{\infty}\left[x^2 \int_{-\infty}^{\infty} f_{XY}(x,y)dy\right]dx + \\
&\quad \int_{-\infty}^{\infty}\left[y^2 \int_{-\infty}^{\infty} f_{XY}(x,y)dx\right]dy \pm \\
&\quad 2\int_{-\infty}^{\infty}\int_{-\infty}^{\infty} xy f_{XY}(x,y)dxdy - \\
&\quad [E(X)]^2 - [E(Y)]^2 \pm 2E(X)E(Y) \\
&= \left\{E(X^2) - [E(X)]^2\right\} + \left\{E(Y^2) - [E(Y)]^2\right\} \pm \\
&\quad 2\left\{E(XY) - [E(X)E(Y)]\right\}
\end{aligned}
$$

■

2.7 *Jupyter notebook*

Faça a leitura do *QR code* a seguir para executar em nuvem os comandos apresentados neste capítulo com um *Jupyter notebook* com kernel do software R. A propósito, se ainda não conhece o projeto Jupyter (`jupyter.org`), eis a oportunidade.

2.8 Exercícios

1. Um pesquisador amostrou 10 plantas de alho da área útil de cada uma das parcelas de um experimento para realizar a contagem de plantas apresentando superbrotamento. Seja X uma v.a.d. denotada pelo número de plantas que apresentaram superbrotamento, conforme distribuição de probabilidades apresentada na tabela a seguir:

   a. $P(X = 0)$

x_i	0	1	2	3	4
$P(x_i)$	0,20	0,30	0,20	0,15	0,07
5	6	7	8	9	10
0,05	0,02	0,01	0,00	0,00	0,00

b. $P(X > 0)$

c. $P(X \leq 2)$

d. $P(1 \leq X < 5)$

e. $E(X)$

f. $E(X^2)$

g. $Var(X)$

h. $Mo(X)$, a moda de X

2. Suponha que $f(x) = 1,5x^2$ seja uma função densidade de probabilidade (f.d.p.) para $-1 < X < 1$. Determine:

   a. $P(X > 0)$

   b. $P(-0,5 \leq X \leq 0,5)$

   c. O valor de k tal que $P(X < k) = 0,05$

3. A função densidade de probabilidade do peso líquido X, em libras, de um pacote de herbicida químico é $f(x) = 2$ para $49,75 \leq X \leq 50,25$ libras. A empresa empacotadora decide verificar a precisão com que os pacotes estão sendo distribuídos e, para isso, amostra 50 pacotes. Qual é a quantidade estimada de pacotes pesando mais que 50 libras?

4. O acréscimo anual na área atingida por certa praga numa certa região produtora de frutas pode ser modelado por uma variável aleatória contínua, medida em hectares, com densidade de probabilidade:

$$f(x) = \begin{cases} \frac{2}{3}x, & \text{se } 0 < x < 1 \text{ ha} \\ 1 - \frac{x}{3}, & \text{se } 1 \leq x < 3 \text{ ha} \\ 0, & \text{para outros valores de } x \end{cases}$$

a. Qual é a probabilidade de a praga atingir mais que 2 hectares neste ano?

b. Qual é o tamanho da área a ser atingida com 50% de certeza?

c. Qual é o valor médio do acréscimo (X), em hectares?

d. Qual é o desvio padrão de X?

5. Admita que uma v.a.c. Y que representa o diâmetro do colmo de uma certa variedade de cana-de-açúcar tem a seguinte função densidade de probabilidade (f.d.p.):

$$f(y) = \begin{cases} ky^2, & \text{se } 2 \leq y < 5 \\ k(8-y), & \text{se } 5 \leq y \leq 8 \\ 0, & \text{para outros valores de } y \end{cases}$$

Calcule:

a. O valor da constante k para que $f(y)$ seja uma f.d.p.

b. $P(2 \leq Y < 4)$

c. $P(4 \leq Y < 6)$

d. $P(Y \geq 6)$

e. $E(Y)$

f. $E(Y^2)$

g. $Var(Y)$

6. O coeficiente de variação (CV) é uma medida de variabilidade relativa,

$$CV(X) = \frac{100\sqrt{Var(X)}}{E(X)}$$

Considerando a uma constante, obtenha:

a. $CV(X + a)$

b. $CV(aX)$

Respostas

1) **a.** 0,2 **b.** 0,8 **c.** 0,7 **d.** 0,72 **e.** 1,87 **f.** 6,03 **g.** 2,5331 **h.** 1
2) **a.** 1/2 **b.** 1/8 **c.** $\approx -0,965$
3) 25 pacotes
4) **a.** 1/6 **b.** $\approx 1,268$ **c.** $\approx 1,33$ **d.** $\approx 0,39$
5) **a.** 6/261

Capítulo 3

Distribuições de probabilidade

Auch der Zufall ist nicht unergründlich,
er hat seine Regelmäßigkeit.

– **Georg von Hardenberg**

A distribuição de probabilidades de uma variável aleatória é uma descrição das probabilidades associadas aos valores ou intervalos de valores possíveis dessa variável (Montgomery & Runger, 2008). Uma variável aleatória é completamente caracterizada pela sua distribuição de probabilidades (Cecon et al., 2012).

Os modelos de distribuição permitem não só o cálculo de probabilidades, mas também a determinação de medidas como média e variância dessa variável, seja ela do tipo *discreta* ou *contínua*. Tais modelos são funções de um ou mais parâmetros, isto é, quantidades populacionais que nos permitem variar certas características da distribuição (Casella & Berger, 2002).

A escolha de um modelo de probabilidades apropriado para os dados pode ser de muita importância em métodos inferenciais (*e.g.* testes de significância), podendo alterar drasticamente as conclusões sobre o estudo.

Alguns dos principais modelos, discretos e contínuos, de probabilidade são apresentados. Algumas dicas computacionais são dadas para estudo das distribuições com o software R. Para mais detalhes sobre as implementações disponíveis, execute `help(Distributions)`.

3.1 Modelos discretos

Distribuição uniforme discreta

Uma variável aleatória discreta X terá distribuição uniforme discreta se todos os seus N valores $x_1, x_2, ..., x_N$ forem equiprováveis. Então, a sua função de probabilidades pode ser assim representada:

$$P_X(X = x_i|N) = \frac{1}{N}, \quad i = 1, 2, ..., N$$

em que N é o parâmetro da distribuição. Utiliza-se a notação: $X \sim U_d(N)$.

É importante ressaltar que os valores que essa variável pode assumir não necessariamente têm que ser números inteiros, mas podem ser qualquer número real, desde que a quantidade desses valores (N) seja finita.

Média e variância

Se $X \sim U_d(N)$ com valores no intervalo $[a, b]$, $a \leq b$, então a média e a variância da distribuição são dadas por

$$\begin{aligned} E(X) &= \tfrac{a+b}{2} \\ Var(X) &= \tfrac{N^2-1}{12} \end{aligned}$$

Aplicações

O conceito de valores equiprováveis, isto é, com a mesma probabilidade de ocorrência, é bastante usado em estudos de *distribuição empírica* de probabilidades e em estudos de reamostragem, tal como a técnica bootstrap (Efron, 1979), na qual cada um dos n valores da amostra toma a probabilidade $1/n$ de ocorrência.

Distribuição Bernoulli

Uma variável aleatória X segue distribuição Bernoulli se sua função de probabilidade. puder ser assim representada:

$$P_X(X = x|\pi) = \pi^x(1 - \pi)^{1-x}, \quad x = 0,\ 1$$

em que $\pi \in [0, 1]$ é o único parâmetro da distribuição e representa a probabilidade de *sucesso* ($X = 1$). Logo, o complemento $1 - \pi$ representa a probabilidade de *fracasso* ($X = 0$).

Denota-se $X \sim B(1, \pi)$.

Média e variância

$$\begin{aligned} E(X) &= \pi \\ Var(X) &= \pi(1-\pi) \end{aligned}$$

Aplicações

Um experimento ou ensaio de Bernoulli tem como resultado um valor discreto dicotômico (0 ou 1). Assim sendo, uma grande quantidade de variáveis agronômicas e zootécnicas podem ser modeladas pela distribuição Bernoulli, tais como: presença ($X = 1$) ou ausência ($X = 0$) de insetos praga numa planta, animal doente ($X = 1$) ou sadio ($X = 0$), controle ($X = 1$) ou não ($X = 0$) das plantas daninhas de uma parcela experimental etc.

Dica computacional

No `R` há implementações da função de probabilidade Bernoulli/binomial (`dbinom()`), da função de probabilidade acumulada ou função de distribuição (`pbinom()`), da inversa da função de distribuição para obter quantis (valores) da variável aleatória Bernoulli/binomial (`qbinom()`) e de um simulador de valores aleatórios (`rbinom()`)[1] dessa variável. Execute o comando `help(rbinom)` para ver a descrição delas e exemplos. Façamos aqui a simulação de 10 valores Bernoulli com $\pi = 0.7$.

```
> rbinom(n = 10, size = 1, prob = 0.7)
[1] 1 1 1 0 0 0 1 1 1 1
```

Note que Bernoulli é um caso especial da distribuição binomial, por isso informamos o argumento (`size = 1`).

Distribuição binomial

Considere uma variável aleatória discreta X que represente o número de sucessos obtidos em N ensaios independentes de Bernoulli. Então, diz-se que X segue

[1] A cada vez que se executa o simulador de variáveis aleatórias, o resultado pode ser diferente, já que a *semente* utilizada pelo gerador de números aleatórios muda. No entanto, para garantir o mesmo resultado da simulação, pode-se fixar a semente com a função `set.seed()`. Por exemplo, execute o comando `set.seed(321)` antes de usar o simulador da binomial/Bernoulli.

distribuição binomial com a seguinte função de probabilidade:

$$P_X(X = x|N, \pi) = \frac{N!}{x!(N-x)!}\pi^x(1-\pi)^{N-x}, \quad \begin{cases} x = 0, 1, 2, ..., N \\ 0 \leq \pi \leq 1 \end{cases}$$

Utiliza-se a notação $X \sim B(N, \pi)$, em que N e π são os parâmetros da distribuição, sendo N o número total de ensaios e π a probabilidade de sucesso, que é assumida ser a mesma em cada ensaio independente de Bernoulli.

Média e variância

$$\begin{aligned} E(X) &= N\pi \\ Var(X) &= N\pi(1-\pi) \end{aligned}$$

Aplicações

Em experimentos agrícolas envolvendo testes de produtos fitossanitários há o interesse não só de verificar se há parasitas presentes na planta após a aplicação do produto, mas também em saber quantos estão mortos e quantos ainda estão vivos. É o caso dos estudos de dose letal, frequentemente realizados em experimentos entomológicos cuja variável resposta é, comumente, um dado de proporção que pode ser modelado pela distribuição binomial.

Dados de proporção, isto é, números de sucesso e de fracassos de um total N de ensaios, são muito comuns também em estudos de ecologia. Por exemplo, pesquisadores podem estar interessados em determinar a proporção de plantas de um determinado gênero em N diferentes locais de uma reserva de mata.

Dica computacional

No R, as mesmas implementações utilizadas nas seção anterior para a variável Bernoulli podem ser utilizadas para trabalhar com uma variável binomial. Veja, por exemplo, como calcular $P(X = 4)$ e a probabilidade acumulada $P(X \leq 4)$ de uma distribuição $B(N = 6, \pi = 0.7)$.

```
> dbinom(x = 4, size = 6, prob = 0.7)
[1] 0.324135
> pbinom(q = 4, size = 6, prob = 0.7)
[1] 0.579825
```

Qual seria o quantil (percentil) 0.1 da referida distribuição?

```
> qbinom(p = 0.1, size = 6, prob = 0.7)
[1] 3
```

isto é, $P(X \leq 3) = 0.1$.

Veja agora como simular $n = 10$ dados da mesma distribuição:

```
> rbinom(n = 10, size = 6, prob = 0.7)
[1] 3 4 4 4 5 2 5 5 5 5
```

Note que o argumento `size` refere-se ao parâmetro N do modelo binomial.

Na Figura 3.1 uma ilustração da distribuição $\text{B}(N = 6,\ \pi = 0.7)$.

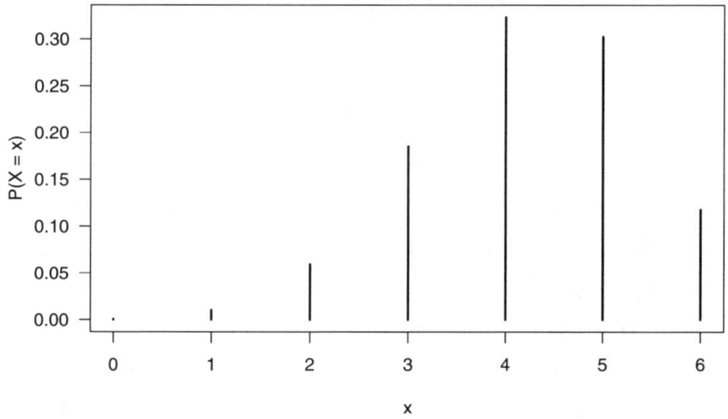

Figura 3.1: Distribuição binomial($N = 6,\ \pi = 0.7$).

Distribuição multinomial

A distribuição multinomial consiste numa generalização da distribuição binomial pelo fato de permitir considerar mais de dois resultados (sucesso e fracasso) em cada ensaio independente.

Considere N ensaios independentes, cada um com K resultados possíveis e mutuamente excludentes. Definem-se as variáveis aleatórias $X_1, X_2, ..., X_K$ como o número de vezes que o i-ésimo resultado ocorreu nos N ensaios, sendo $i = 1, 2, ..., K$. Então a função de probabilidade conjunta das K variáveis X_i é dada por

$$P(X_1 = x_1, ..., X_K = x_K | N, \pi_1, ..., \pi_K) = \frac{N!}{x_1!...x_K!} \pi_1^{x_1} ... \pi_K^{x_K}$$

em que $0 \leq \pi_i \leq 1$, $\sum_{i=1}^{K} x_i = N$ são os parâmetros da distribuição.

Caso: Quando $K = 2$, então tem-se a distribuição binomial.

Média e variância

Para cada X_i tem-se que

$$E(X_i) = N\pi_i$$
$$Var(X_i) = N\pi_i(1 - \pi_i)$$

em que $i = 1, 2, ..., K$. Pode também ser mostrado que

$$Cov(X_i, X_{i'}) = -N\pi_i\pi_{i'}.$$

Aplicações

A distribuição multinomial pode ser útil em problemas que envolvem classificações, isto é, para modelar variáveis categóricas, como: cor do fruto (verde, amarelo, vermelho, roxo), forma da folha (deltoide, ovalada, lanceolada) ou da arquitetura foliar de plantas (prostrada, intermediária, ereta), contagens de germinação (plântulas normais, anormais, sementes duras, sementes mortas), escores sensoriais (café duro, mole, muito mole), e também para variáveis numéricas categorizadas, como grau de controle de plantas daninhas (baixo, médio ou alto).

Dica computacional

Simulemos $n = 10$ vetores aleatórios de uma distribuição trinomial com probabilidades de sucesso $\pi_1 = 0.1, \pi_2 = 0.5, \pi_3 = 0.7$ e $N = 6$ ensaios.

```
> rmultinom(n = 10, size = 6, prob = c(0.1, 0.5, 0.7))
     [,1] [,2] [,3] [,4] [,5] [,6] [,7] [,8] [,9] [,10]
[1,]    0    0    1    2    2    1    0    0    1     0
[2,]    1    1    3    1    4    2    2    2    3     2
[3,]    5    5    2    3    0    3    4    4    2     4
```

Agora veja como calcular $P(X_1 = 0, X_2 = 3, X_3 = 3|N = 6, \pi_1 = 0.1, \pi_2 = 0.5, \pi_3 = 0.7)$.

```
dmultinom(x =c(0, 3, 3), size =6, prob = c(0.1, 0.5, 0.7))
[1] 0.1776536
```

Distribuição Poisson

A distribuição Poisson tem apenas um parâmetro, λ, às vezes chamado de parâmetro de intensidade ou de taxa de ocorrência por unidade de medida. Uma variável aleatória discreta X tem distribuição Poisson com parâmetro λ, denotada por $X \sim Poisson(\lambda)$, se

$$P_X(X = x|\lambda) = \frac{\exp(-\lambda)\lambda^x}{x!}, \quad \begin{cases} x = 0, 1, 2, ... \\ \lambda > 0 \end{cases}$$

Média e variância

$$E(X) = Var(X) = \lambda$$

Aplicações

O modelo Poisson tem um importante papel na análise de dados em forma de contagens, e suas principais características são:

1. Proporciona, em geral, uma descrição satisfatória de dados cuja variância é proporcional à média.
2. Se eventos ocorrem independentemente e aleatoriamente no tempo ou no espaço, com taxa média de ocorrência constante (λ), o modelo determina o número de eventos em um intervalo de tempo ou espaço especificado.
3. Aplica-se a dados de contagem, mas também pode ser usado na análise de dados contínuos que apresentam a característica descrita no item 1.

São exemplos de dados discretos que podem ser modelados pela distribuição Poisson: concentração de bactérias numa *placa de petri*, número de brotos por explante, número de plantas de uma determinada espécie por área, entre outros.

Dica computacional

Simulemos $n = 10$ valores de uma Poisson com taxa de ocorrência $\lambda = 4$.

```
> rpois(n = 10, lambda = 4)
[1]  5  3  3  7 10  4  4  6  3  3
```

Agora veja como calcular $P(X = 2|\lambda = 4)$ e $P(X \geq 2|\lambda = 4)$.

```
> dpois(x = 2, lambda = 4)
[1] 0.1465251
# P(X >= 2) = P(X > 1)
> ppois(q = 1, lambda = 4, lower.tail = FALSE)
[1] 0.9084218
```

Na Figura 3.2 uma ilustração da distribuição de probabilidades Poisson com média 4.

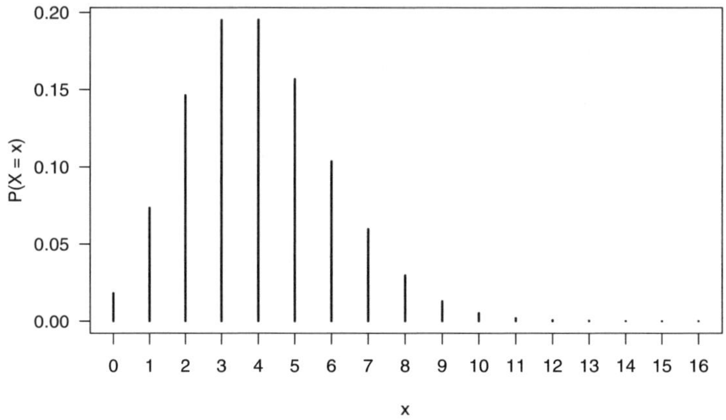

Figura 3.2: Distribuição Poisson($\lambda = 4$).

Distribuição binomial negativa

Uma população de plantas daninhas da espécie *Eleusine indica* L. apresenta proporção π de biótipos com resistência ao herbicida glyphosate; estamos interessados no número X (fracassos) de biótipos amostrados **sem** essa característica antes de obtermos o número θ (sucessos) de biótipos **com** essa característica. Denotamos $X \sim BN(\theta, \pi)$, o *número de fracassos antes de θ sucessos*, em que

$$P_X(X = x|\theta, \pi) = \frac{(\theta + x - 1)!}{x!(\theta - 1)!}\pi^\theta(1 - \pi)^x, \quad \begin{cases} x = 0, 1, 2, ... \\ \theta > 0 \\ \pi \in [0, 1] \end{cases}$$

Nota: há mais de uma parametrização do modelo binomial negativo. Apresentamos aqui o chamado modelo *tipo II*, em que θ é entendido como parâmetro de dispersão.

Um caso especial é derivado quando $\theta = 1$, obtendo-se a **distribuição geométrica** (π).

Percebeu a diferença em relação a distribuição binomial? Na binomial o número de sucessos é uma variável aleatória. Já na binomial negativa, o número de sucessos (θ) é predeterminado (fixo).

Média e variância

$$\begin{aligned} E(X) &= \theta(1 - \pi)/\pi &= \mu \\ Var(X) &= \theta(1 - \pi)/\pi^2 &= \mu + \mu^2/\theta \end{aligned}$$

Aplicações

O modelo binomial negativo aplica-se a dados com superdispersão, com $Var(X) > E(X)$. Tem um papel importante em modelos lineares generalizados com essa característica.

Dica computacional

Vejamos como calcular $P(X = 50|\theta = 10, \pi = 0.15)$:

```
> dnbinom(x = 50, size = 10, prob = 0.15)
[1] 0.02143111
```

3.2 Modelos contínuos

Distribuição uniforme

A variável aleatória contínua X será uniformemente distribuída sobre o intervalo $[a, b]$ se sua função densidade de probabilidade é dada por

$$f_X(x|a,b) = \frac{1}{b-a} I_{[a,b]}(x), \quad a < b,$$

sendo $I(\cdot)$ uma *função indicadora* ou variável *dummy*, em sua forma geral definida por

$$I_A(x) = \begin{cases} 1, & x \in A \\ 0, & x \notin A \end{cases}$$

Dessa forma, a massa de probabilidade espalhada sobre o intervalo $[a, b]$ é uniformemente distribuída, isto é, todos os valores de $X \in [a, b]$ têm a mesma densidade.

Média e variância

$$\begin{aligned} E(X) &= \tfrac{b+a}{2} \\ Var(X) &= \tfrac{(b-a)^2}{12} \end{aligned}$$

Aplicações

Essa é uma das mais simples distribuições contínuas e é comumente utilizada em situações em que, num dado intervalo, não há razões para considerar diferentes probabilidades para quaisquer subintervalos. Por exemplo: o tempo que um homem adulto leva para fazer uma aplicação manual de um herbicida pode ser considerado uniformemente distribuído num dado intervalo de tempo.

Em estudos de simulação estocástica, tais como os que se baseiam no método *Monte Carlo*, a distribuição uniforme desempenha um papel muito importante, podendo ser utilizada de forma prática para gerar variáveis aleatórias de outras distribuições mais complexas, mesmo em casos multivariados.

Dica computacional

Veja como são iguais as densidades de probabilidade dos valores $x_1 = 0.5, x_2 = 1, x_3 = 1.5$ de uma uniforme($a = 0,\ b = 3$).

```
> dunif(x = c(0.5, 1, 1.5), min = 0, max = 3)
[1] 0.3333333 0.3333333 0.3333333
```

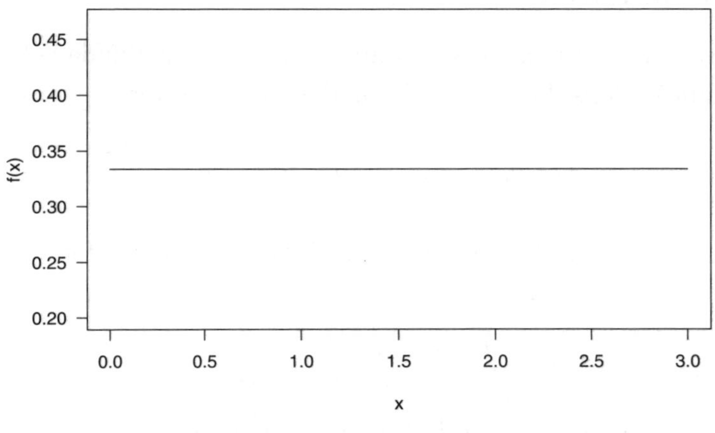

Figura 3.3: Densidade uniforme($a = 0,\ b = 3$).

Calculemos a mediana (quantil 0.5) dessa distribuição:

```
> qunif(p = 0.5, min = 0, max = 3)
[1] 1.5
```

Distribuição gama

Uma variável aleatória contínua com distribuição gama tem a seguinte função densidade de probabilidade:

$$f_X(x|\alpha, \beta) = \frac{1}{\Gamma(\alpha)\beta^{\alpha}} x^{\alpha-1} \exp(-x/\beta) I_{[0,\infty)}(x), \quad \alpha, \beta > 0$$

em que $\Gamma(\cdot)$ é a função gama, definida por

$$\Gamma(\alpha) = \int_0^{\infty} t^{\alpha-1} \exp(-t)dt$$

e se α é um inteiro positivo, então $\Gamma(\alpha) = (\alpha - 1)!$.

É comum utilizar-se a notação $X \sim Gama(\alpha, \beta)$, em que α é o parâmetro de forma e β é o parâmetro de escala da distribuição.

Média e variância

$$\begin{aligned} E(X) &= \alpha\beta \\ Var(X) &= \alpha\beta^2 \end{aligned}$$

Aplicações

Algumas importantes distribuições utilizadas em várias técnicas de inferência estatísticas são derivadas como casos especiais da distribuição gama. É o caso da distribuição **Exponencial**(β), obtida quando se define $\alpha = 1$, e da **distribuição Qui-quadrado**(ν), obtida quando se define $\alpha = \nu/2$ e $\beta = 2$. A Qui-quadrado (com ν sendo os graus de liberdade) é especialmente útil na construção de testes de significância, paramétricos e não paramétricos.

Em termos de modelagem, a distribuição gama é apropriada para dados contínuos no intervalo de variação $[0, \infty)$, especialmente quando esses dados exibem assimetria.

Dica computacional

Use o comando a seguir para observar graficamente (Figura 3.4) a densidade de uma gama($\alpha = 2$, $\beta = 0.1$).

```
> curve(dgamma(x, shape = 2, scale = 0.1))
```

Sabendo que $\alpha\beta = 0.2$ é a média, calculemos a mediana (quantil 0.5) dessa distribuição:

```
> qgamma(p = 0.5, shape = 2, scale = 0.1)
[1] 0.1678347
```

Distribuição exponencial

Diz-se que X tem distribuição exponencial com parâmetro β, denotada por $X \sim Exp(\beta)$ se sua função densidade de probabilidade puder ser expressa da

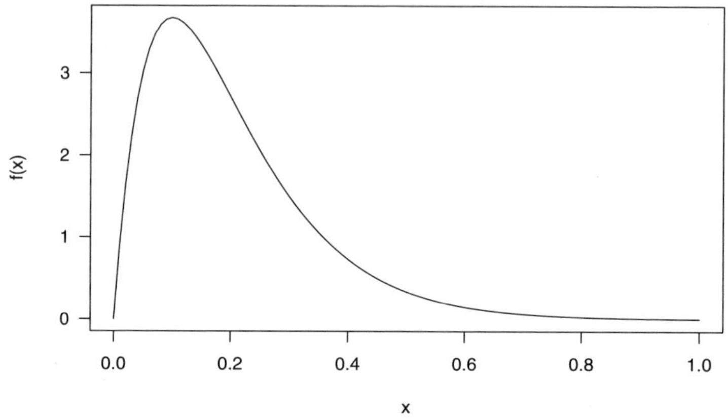

Figura 3.4: Densidade gama($\alpha = 2$, $\beta = 0.1$).

seguinte forma:

$$f_X(x|\beta) = \frac{1}{\beta}\exp(-x/\beta)I_{[0,\infty)}(x), \quad \beta > 0$$

sendo β o único parâmetro, um parâmetro de escala.

Média e variância

$$\begin{aligned} E(X) &= \beta \\ Var(X) &= \beta^2 \end{aligned}$$

Aplicações

Como dito antes, este é um caso especial da distribuição gama e é utilizado para modelar variáveis contínuas no intervalo dos reais positivos.

Essa distribuição é frequentemente utilizada também para modelar o tempo de vida ou a propriedade conhecida como "falta de memória", que em termos de probabilidade é expressa por

$$P_X(X > a + b|X > a) = P_X(X > b), \quad b > a \geq 0$$

cuja aplicação em estudos de confiabilidade de sistemas é de grande importância.

Dica computacional

Use o comando a seguir para observar graficamente (Figura 3.5) a densidade de uma exponencial($\beta = 0.1$).

```
> curve(dexp(x, rate = 10))
```

Note que a parametrização implementada no R é com um parâmetro taxa (*rate*), que é simplesmente $1/\beta$.

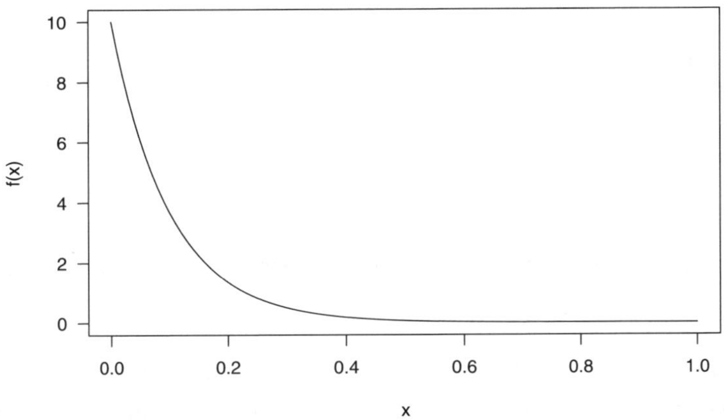

Figura 3.5: Densidade exponencial($\beta = 0.1$).

Já sabendo que $\beta = 0.1$ é a média, calculemos a mediana (quantil 0.5) dessa distribuição:

```
> qexp(p = 0.5, rate = 10)
[1] 0.06931472
```

Distribuição normal

Se a variável aleatória contínua X tem distribuição normal ou gaussiana com parâmetro de locação μ e de escala σ^2, denotada por $X \sim N(\mu, \sigma^2)$, então sua função densidade de probabilidade é dada por

$$f_X(x|\mu, \sigma^2) = (2\pi\sigma^2)^{-\frac{1}{2}} \exp\left\{-\frac{1}{2\sigma^2}(x-\mu)^2\right\} I_{\Re}(x), \quad \mu \in \Re, \sigma^2 > 0$$

Média e variância

$$\begin{aligned} E(X) &= \mu \\ Var(X) &= \sigma^2 \end{aligned}$$

Observação: A integral da curva normal não tem solução analítica. Assim sendo, os cálculos são, em geral, baseados na *distribuição normal padrão*, de acordo com a transformação $Z = (X - \mu)/\sigma$, de modo que $Z \sim N(0, 1)$, cuja integração é baseada na *função erro de Gauss*.

Aplicações

A distribuição normal é, certamente, a mais importante das distribuições probabilísticas, devido a quatro principais motivos:

1. Ocupa um papel central nas técnicas de inferência.
2. Importantes distribuições amostrais são derivadas da distribuição normal, tais como: qui-quadrado, F e t-Student.
3. A curva normal tem forma de sino, cuja simetria e intervalo de variação são atrativos para modelar variáveis como peso, altura, produção etc., sendo de tratabilidade prática.
4. Há ainda o *teorema central do limite* (TCL), que permite aproximações de vários outros modelos, contínuos e discretos, em grandes amostras. São exemplos clássicos as aproximações dos modelos binomial e Poisson.

Dica computacional

Use o comando a seguir para calcular os quantis 0.05 e 0.95 de uma variável com distribuição normal($\mu = 10$, $\sigma^2 = 4$). Esse procedimento consiste da base para determinação de intervalo de confiança para a média da normal. Neste caso o intervalo seria de 90% de confiança. Veja também como simular valores desta distribuição e a curva da densidade normal (Figura 3.6).

```
> qnorm(p = c(0.05, 0.95), mean = 10, sd = 2)
[1]  6.710293 13.289707
> rnorm(n = 10, mean = 10, sd = 2)
[1]  9.017026  6.059710  6.812280 11.566554 11.892581 13.501714
    12.337344 9.161893 11.637076 13.117879
> curve(dnorm(x, mean = 10, sd = 2), from = 0, to = 20)
```

Note que devemos informar o desvio padrão no argumento `sd`.

Distribuição lognormal

Se X é uma variável aleatória contínua cujo logaritmo é normalmente distribuído, isto é, $\log(X) \sim N(\mu, \sigma^2)$, então diz-se que X tem distribuição lognormal com a

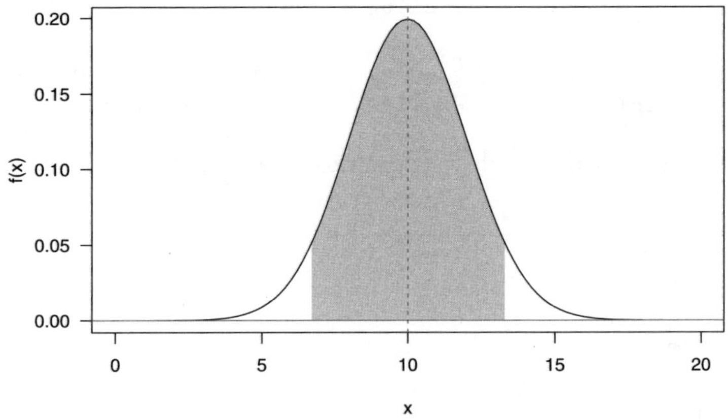

Figura 3.6: Densidade normal($\mu = 10$, $\sigma^2 = 4$). A área sombreada limita os quantis 0.05 e 0.95.

seguinte função densidade de probabilidade:

$$f_X(x|\mu, \sigma^2) = x^{-1}(2\pi\sigma^2)^{-\frac{1}{2}} \exp\left\{-\frac{1}{2\sigma^2}(\log(x) - \mu)^2\right\} I_{[0,\infty)}(x),$$

com $\mu \in \Re$ e $\sigma^2 > 0$. Vale ressaltar ainda que se $Y \sim N(\mu, \sigma^2)$, então $X = \exp(Y)$ é lognormal.

Média e variância

$$\begin{aligned} E(X) &= \exp(\mu + \tfrac{\sigma^2}{2}) \\ Var(X) &= \exp(2\mu + \sigma^2)(\exp(\sigma^2) - 1) \end{aligned}$$

Nota: $\exp(\mu)$ é a mediana da distribuição.

Aplicações

Essa distribuição é de especial interesse para modelar dados assimétricos com intervalo de variação em $\Re^+$. Além disso, é apropriada em situações onde os erros de um modelo estatístico são multiplicativos, o que é comum quando se consideram taxas.

Dica computacional

Vejamos a mediana da distribuição lognormal($\mu = 2$, $\sigma^2 = 1$) e curva da densidade lognormal (Figura 3.7).

```
> qlnorm(p = 0.5, meanlog = 2, sdlog = 1)
[1] 7.389056
> curve(dlnorm(x, meanlog = 2, sdlog = 1), from=0, to=50)
> abline(v = c(exp(2 + 1/2), exp(2)), lty=2, col="gray")
```

Note que devemos informar o desvio padrão no argumento `sdlog`.

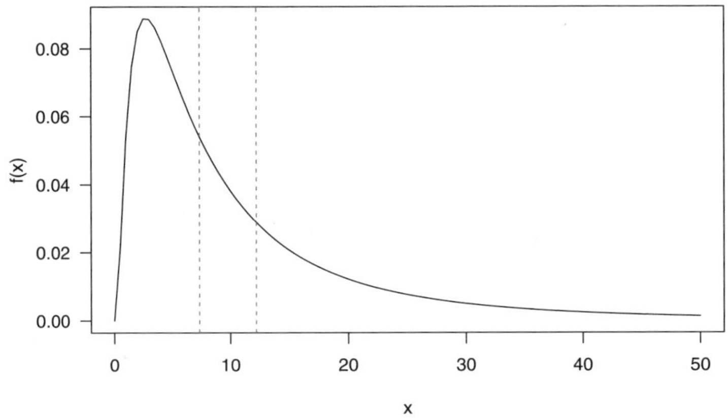

Figura 3.7: Densidade lognormal($\mu = 2$, $\sigma^2 = 1$). As linhas tracejadas indicam a mediana (7.39) e a média (12.18).

3.3 Família exponencial de distribuições

Muitas das distribuições apresentadas anteriormente podem ser inseridas em uma família paramétrica de distribuições chamada família exponencial, incluindo as discretas Bernoulli, binomial, multinomial, Poisson, binomial negativa, e as contínuas gama, exponencial, normal, lognormal, entre outras. Já as distribuições F, t-Student, hipergeométrica são exemplos de modelos que não fazem parte da família exponencial.

Uma distribuição de probabilidades é dita ser da família exponencial se sua função de probabilidade ou de densidade de probabilidade puder ser expressa da seguinte forma:

$$f_X(x|\theta, \phi) = \exp\left\{\frac{x\theta - b(\theta)}{\phi} + c(x, \phi)\right\}$$

em que x é uma observação da variável aleatória X, θ é o *parâmetro canônico* do modelo, $\phi > 0$ é o *parâmetro de dispersão* do modelo e $b(\cdot)$ e $c(\cdot)$ são funções com valores reais.

O suporte da família exponencial, isto é, $\{x : f_X(x|\theta, \phi) \geq 0\}$, não pode depender de θ. Assim, a distribuição uniforme em $[0, \theta]$ não pertence à família exponencial.

Exemplo 1 *A distribuição Poisson(λ) pertence à família exponencial, pois*

$$\begin{aligned} f_X(x|\lambda) &= \exp(-\lambda)\lambda^x/x! \\ &= \exp\{x\log(\lambda) - \lambda - \log(x!)\} \end{aligned}$$

em que $\theta = \log(\lambda)$, $b(\theta) = \lambda$, $\phi = 1$, $c(x, \phi) = -\log(x!)$. *Note:* $\lambda = \exp(\theta)$. *E aqui vale também observar o seguinte: a função* log *está relacionando a média* λ *da distribuição Poisson ao parâmetro canônico* θ. *Diz-se então que* log *é a função de ligação canônica para a Poisson, como será visto no capítulo sobre modelos lineares generalizados.*

Note ainda que $\phi = 1$, *isto é, o parâmetro de dispersão é conhecido. De fato, pois a Poisson possui apenas um parâmetro.*

A *função de log-verossimilhança* com base em uma observação x é dada por:

$$l(\theta, \phi) = \log f_X(x|\theta, \phi) = \frac{x\theta - b(\theta)}{\phi} + c(x, \phi)$$

para a qual se sabe que:

$$E\left(\frac{\partial l}{\partial \theta}\right) = 0$$

logo, a média de X pode ser obtida por meio do parâmetro canônico:

$$E\left(\frac{\partial l}{\partial \theta}\right) = E\left(\frac{x - b'(\theta)}{\phi}\right) = 0$$

$$E(x) = \mu = b'(\theta)$$

No caso Poisson exemplificado, $b'(\theta) = \exp(\theta) = \lambda$.

Sabe-se também:

$$-E\left(\frac{\partial^2 l}{\partial \theta^2}\right) - E\left(\frac{\partial l}{\partial \theta}\right)^2 = 0$$

e, assim,

$$\frac{1}{\phi^2}E[(x - b'(\theta)]^2 = \frac{b''(\theta)}{\phi}$$

$$Var(x) = E(x - \mu)^2 = \phi b''(\theta)$$

isto é, a variância da distribuição pode também ser obtida em função do parâmetro de dispersão ϕ e em função do parâmetro canônico θ. De fato, $b''(\theta)$ é uma função da média, como vimos. Por isso é chamada *função de variância* $V(\mu)$. Assim,

$$Var(x) = \phi V(\mu)$$

Por exemplo, na Poisson: $b''(\theta) = \exp(\theta) = \mu$; então, $Var(x) = \phi V(\mu) = 1V(\mu) = \mu$.

Exemplo 2 *A distribuição Geométrica(π), para $x = 0, 1, 2, ...$, pertence à família exponencial, pois*

$$\begin{aligned} f_X(x|\pi) &= \pi(1-\pi)^x \\ &= \exp\{x\log(1-\pi) + \log(\pi)\} \end{aligned}$$

em que $\theta = \log(1-\pi)$, $b(\theta) = -\log(\pi)$, $\phi = 1$, $c(x, \phi) = 0$. *E daí vêm:* $\pi = 1 - \exp(\theta)$, $b(\theta) = -\log[1 - \exp(\theta)]$, *e assim:*

$$b'(\theta) = \frac{\exp(\theta)}{1 - \exp(\theta)} = \mu$$

$$b''(\theta) = \frac{\exp(\theta)}{1 - \exp(\theta)} + \frac{\exp(\theta)^2}{[1 - \exp(\theta)]^2} = \mu + \mu^2 = Var(x)$$

Como exercício, mostre que a distribuição Normal(μ, σ^2) pertence à família exponencial, com $\theta = \mu$, $b''(\theta) = V(\mu) = 1$ e $\phi = \sigma^2$.

A Tabela 3.1 resume a parametrização das principais distribuições discretas e contínuas na forma da família exponencial. As formas de outras distribuições podem ser derivadas através de casos especiais, a exemplo da geométrica.

Aplicações

Além de ter propriedades matemáticas e estatísticas úteis, a família exponencial desempenha um importante papel na formulação de modelos de regressão, incluindo os modelos de análise de variância, que podem ser entendidos como casos especiais dos *modelos lineares generalizados* (MLG).

Pela especificação de um modelo de distribuição de probabilidades na forma da família exponencial, é possível entender a relação entre a média e variância.

Observe, por exemplo, que, ao se ajustar um modelo clássico com distribuição normal, se assume que média e variância não estão relacionados. Mas, ao assumir Poisson, permite-se capturar variâncias diferentes, proporcionais as médias $[Var(x) \approx E(x)]$. E, assumindo a Geométrica, pode-se modelar bem dados de contagem em que $Var(x) > E(x)$.

Tabela 3.1: Componentes das funções (densidade) de probabilidade das principais distribuições pertencentes à família exponencial.

Distribuição	Parâmetros	θ	$b(\theta)$	ϕ	$c(x, \phi)$	$b'(\theta)$	$b''(\theta)$
Binomial	N, π	$\log\left(\frac{\pi}{1-\pi}\right)$	$-N\log(1-\pi)$	1	$\log\left(\frac{N!}{x!(N-x)!}\right)$	$N\pi$	$N\pi(1-\pi)$
Binomial negativa	π, θ^*	$\log(1-\pi)$	$-\theta^*\log(\pi)$	1	$\log\left(\frac{(\theta^*+x-1)!}{x!(\theta^*-1)!}\right)$	$\theta^*\frac{1-\pi}{\pi}$	$\theta^*\frac{1-\pi}{\pi^2}$
Poisson	λ	$\log(\lambda)$	λ	1	$-\log(x!)$	λ	λ
Normal	μ, σ^2	μ	$\frac{\mu^2}{2}$	σ^2	$-\frac{1}{2}\left(\frac{x^2}{\sigma^2}+\log(2\pi\sigma^2)\right)$	μ	1
Gama	α, β	$-\frac{1}{\alpha\beta}$	$\log(\beta)$	$\frac{1}{\alpha}$	$(\alpha-1)\log(x)-\log(\Gamma(\alpha))$	$\alpha\beta$	$(\alpha\beta)^2$
Normal inversa	μ, λ	$-\frac{1}{2\mu^2}$	$-\frac{1}{\mu}$	$\frac{1}{\lambda}$	$\frac{1}{2}\left(\log\left(\frac{\lambda}{2\pi x^3}\right)-\frac{\lambda}{x}\right)$	μ	μ^3

θ^* indica o parâmetro da distribuição binomial negativa, não o parâmetro canônico θ da família exponencial.

Nota: foi dada preferência à apresentação dos componentes, $b(\theta)$ e demais, em sua forma bruta, como aparecem nos modelos de distribuição; não é tarefa difícil colocá-los em função de θ e ϕ.

3.4 Distribuição normal multivariada

Se $\mathbf{X}$ tem distribuição normal p-variada com vetor de médias $\boldsymbol{\mu}$ e matriz de covariâncias $\boldsymbol{\Sigma}$, então sua função densidade de probabilidade é dada por

$$f_{\mathbf{X}}(\mathbf{x}|\boldsymbol{\mu}, \boldsymbol{\Sigma}) = (2\pi)^{-p/2} |\boldsymbol{\Sigma}|^{-1/2} \exp\left\{-\frac{1}{2}(\mathbf{x}-\boldsymbol{\mu})^T\boldsymbol{\Sigma}^{-1}(\mathbf{x}-\boldsymbol{\mu})\right\}$$

em que p é o número de variáveis envolvidas no vetor $\mathbf{x}$ de observações, $|\cdot|$ representa determinante da matriz.

Utiliza-se a notação: $\mathbf{X} \sim N_p(\boldsymbol{\mu}, \boldsymbol{\Sigma})$, em que $\mathbf{X}^T = [X_1\ X_2\ ...\ X_p]$.

Aplicações

Similarmente ao caso univariado, a distribuição normal multivariada ocupa um lugar central nas técnicas estatísticas multivariadas inferenciais, tais como a *análise de variância multivariada* (MANOVA).

Dica computacional

Com o pacote *mvtnorm* (Genz et al., 2019) é possível simular dados da distribuição normal multivariada a partir de um vetor de médias $\boldsymbol{\mu}$ e matriz de covariâncias $\boldsymbol{\Sigma}$.

```
> library(mvtnorm)
> M <- c(9, 8.5)
> S <- matrix(c(2, 1.4, 1.4, 3.5), nrow = 2)
> S
     [,1] [,2]
[1,]  2.0  1.4
[2,]  1.4  3.5
> cov2cor(S)
          [,1]      [,2]
[1,] 1.0000000 0.5291503
[2,] 0.5291503 1.0000000
> X <- rmvnorm(n = 10, mean = M, sigma = S)
> X
           [,1]     [,2]
 [1,]  8.958902 8.721105
 [2,]  9.036653 7.236525
 [3,]  8.222625 7.182885
 [4,] 10.473469 8.570046
 [5,]  9.552197 7.207138
 [6,]  7.121242 7.252722
 [7,]  9.068062 7.934752
 [8,]  7.407214 8.045758
```

```
 [9,]  9.558080 8.812730
[10,] 10.693962 8.366283
```

Perceba que as duas variáveis aleatórias (vetor bivariado) foram simuladas para ter correlação (0.529). A partir da matriz de covariâncias `S`, computa-se a matriz de correlação com a função `cov2cor()`. A Figura 3.8 ilustra a densidade de distribuição normal bivariada.

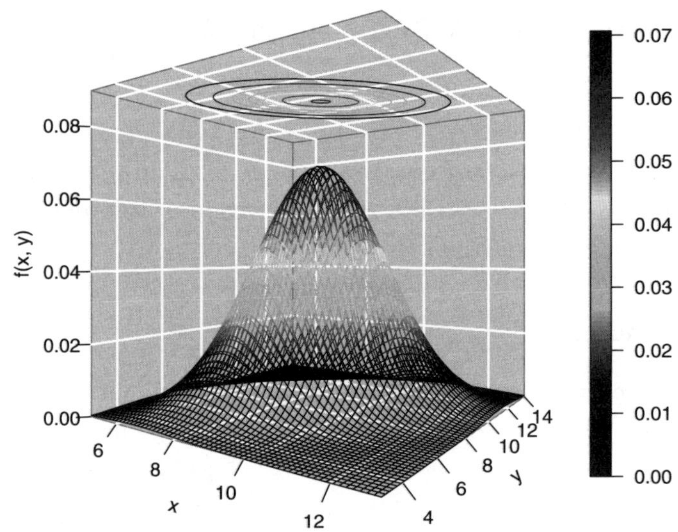

Figura 3.8: Densidade normal bivariada.

3.5 Distribuição empírica

Não raramente lidamos com uma amostra de dados cuja distribuição de probabilidades não é conhecida, isto é, não é razoável assumir nenhum modelo de distribuição conhecido. Tome, por exemplo, os dados amostrais a seguir:

```
> x <- c(2.50, 1.07, 1.43, 0.95, 1.44, 2.81, 2.45, 1.13, 1.36, 1.30,
    3.99, 1.85, 1.55, 1.40, 0.75, 0.73, 1.12, 1.50, 1.01, 1.48)
```

A função de distribuição acumulada $F(x)$ é desconhecida. No entanto, podemos *estimá-la* por meio de $F_n(x)$, a *função de distribuição empírica*. E por empírica queremos dizer baseada nos dados amostrais x, supostos serem independentes e provenientes da mesma distribuição. $F_n(x)$ é então definida como uma *função de passos* dada por:

$$F_n(x) = P(X \leq x) = \frac{1}{n} \sum_{i=1}^{n} I(x_i \leq x)$$

em que $I()$ é uma função indicadora que assume 1 quando $X \leq x$ ou zero caso contrário. Perceba que F_n basicamente nos informa a proporção de dados menores ou iguais ao valor x. Logo, podemos obter a função de probabilidade (ou densidade) empírica $f_n(x) = P(X = x)$ por meio de F_n. Mas veja que F_n não é diferenciável. No entanto, é possível afirmar que

$$f_n(x) = P(X \leq x) - P(X < x)$$

além disso, há outras formas de se estimar f_n usando, por exemplo, *densidade kernel*, como será visto neste livro.

Dica computacional

No R, a função **ecdf()** nos fornece F_n e, a partir da densidade kernel (função **density()**), iremos interpolar[2] a função de densidade f_n com a função **approxfun()**, que faz interpolações lineares entre os pontos. A amostra x apresentada para ilustrar o procedimento foi na verdade obtida por simulação com a distribuição gama($\alpha = 5$, $\beta = 0.3$). Isso foi feito para que o leitor possa avaliar F_n. Observe, por exemplo, que estamos calculando $P(X \leq 3)$ com F_n e com a F teórica da gama. Como esperado, os valores são similares. A Figura 3.9 representa ambas as funções acumuladas.

```
> Fn <- ecdf(x)
> # P(X <= 3)
> Fn(3)
[1] 0.95
> pgamma(q = 3, shape = 5, scale = 0.3)
[1] 0.9707473
```

Faz-se necessário obter agora uma estimativa para f_n. Apresentamos graficamente (Figura 3.10) a densidade empírica e a densidade teórica da gama.

```
> d <- density(x)  # densidade kernel de x
> fn <- approxfun(d$x, d$y)  # interpolacao de d no intervalo de x
> plot(fn, xlim = c(0, 5))
> curve(dgamma(x, shape = 5, scale = 0.3), add = TRUE, col = "blue",
   lty = 2)
```

[2]Outros métodos de interpolação, como *spline* cúbico, podem também ser aplicados.

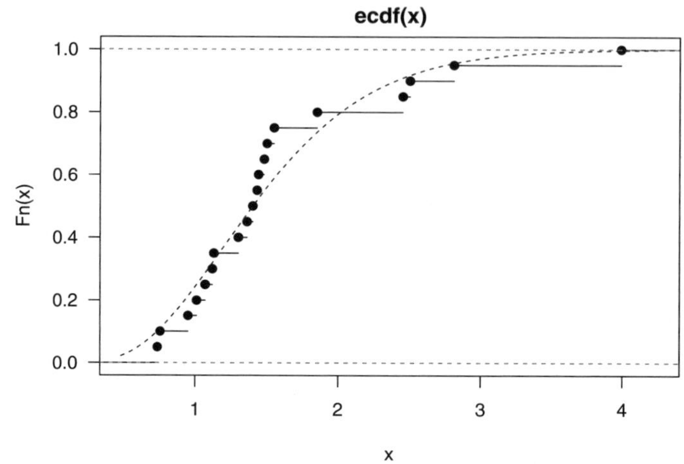

Figura 3.9: Função de distribuição acumulada empírica de x. A linha tracejada azul indica a função de distribuição teórica gama($\alpha = 5$, $\beta = 0.3$).

```
> # f(X = 3)
> fn(3)
[1] 0.06883235
> dgamma(x = 3, shape = 5, scale = 0.3)
[1] 0.06305546
```

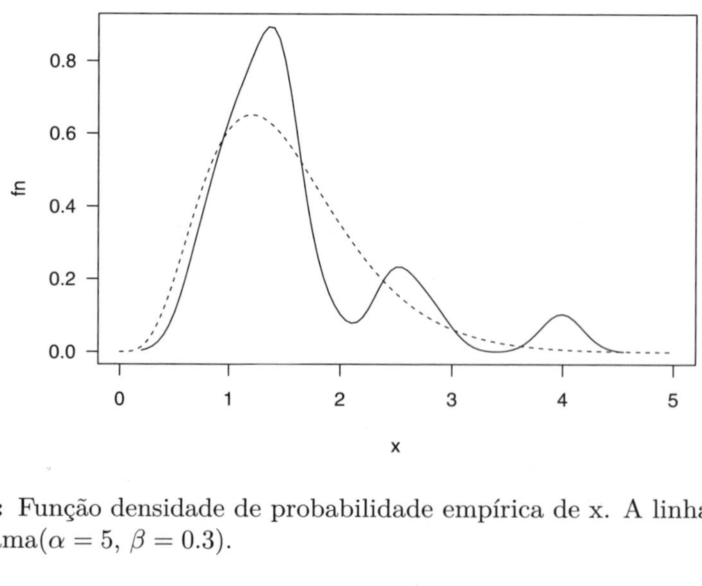

Figura 3.10: Função densidade de probabilidade empírica de x. A linha azul indica a fdp teórica gama($\alpha = 5$, $\beta = 0.3$).

3.6 Resultados úteis

As provas analíticas dos resultados a seguir não serão apresentadas, mas, para vários casos, uma checagem simples por simulação computacional está disponível na forma de animação, sendo acessíveis via *QR code.*

Corolário 8 *Seja* $X_i \sim Poisson(\lambda_i)$, *para* $i = 1, 2, ..., n$ *variáveis aleatórias independentes. Então*

$$\sum_{i=1}^{n} X_i \sim Poisson\left(\sum_{i=1}^{n} \lambda_i\right)$$

Corolário 9 *Se* $X_1, X_2, ..., X_n$ *formam uma sequência de variáveis aleatórias independentes e identicamente distribuídas (i.i.d.) de acordo com o modelo Bernoulli(*π*), então*

$$\sum_{i=1}^{n} X_i \sim Binomial(n, \pi)$$

A animação mostra a distribuição acumulada empírica (F_n*) da soma de dez valores simulados da distribuição Bernoulli(*$\pi = 0.6$*).*

Corolário 10 *Se* $X \sim B(n, \pi)$, *então assintoticamente (*$n \to \infty$*), tem-se que*

$$X \sim Poisson(\lambda = n\pi)$$

Corolário 11 *Seja* X *uma variável aleatória contínua com função densidade* $f_X(x)$ *e* $F_X(x) = P_X(X \leq x)$ *seja sua função de distribuição. Então, tem-se que*

$$F_X(X) \sim Uniforme(0, 1)$$

de acordo com o teorema da transformação integral de probabilidade.

$$X \sim Normal(\mu = n\pi, \sigma^2 = n\pi(1-\pi))$$

Corolário 12 *Seja $X \sim Binomial(n, \pi)$. Pelo teorema central do limite, para n grande e π não muito extremo (próximo de 0 ou 1), tem-se que*

Corolário 13 *Seja $X \sim Gama(\alpha, \beta)$. Para $\alpha = 1$,*

$$X \sim Exponencial(\beta)$$

Corolário 14 *Se $X \sim Normal(0, 1)$, então*

$$\mu + \sigma X \sim Normal(\mu, \sigma^2)$$

Corolário 15 *Se $X_1, X_2, ..., X_n$ são variáveis aleatórias i.i.d. normais com média μ e variância σ^2, então*

$$\frac{1}{\sigma^2}\sum_{i=1}^{n} X_i^2 \sim \chi_n^2$$

Corolário 16 *Considere $S^2 = (n-1)^{-1}\sum_i (X_i - \bar{X})^2$ a variância amostral obtida a partir de n variáveis i.i.d. Normal(μ, σ^2). Então*

$$\frac{(n-1)S^2}{\sigma^2} \sim \chi_{n-1}^2$$

Corolário 17 *Considere uma sequência de n variáveis aleatórias $X_i (i = 1, 2, ..., n)$ i.i.d. Normal(0,1). Pode ser provado que*
A animação mostra a distribuição acumulada empírica (F_n) da soma de n (variando de 1 a 999) valores simulados da distribuição normal padrão ao quadrado.

$$\sum_{i=1}^{n} X_i^2 \sim \chi_n^2$$

Corolário 18 *Considere $X_1, X_2, ..., X_n$ uma sequência de variáveis aleatórias independentes com $X_i \sim \chi^2_{n_i}$. Então, tem-se que*

$$\sum_{i=1}^{n} X_i \sim \chi_\nu^2$$

em que $\nu = \sum_{i=1}^{n} n_i$.

Corolário 19 *Se $X \sim Normal(0,1)$ e $Y \sim \chi^2_\nu$ são duas variáveis aleatórias independentes, então*

$$\frac{X}{\sqrt{Y/\nu}} \sim t_\nu$$

tem distribuição t-Student com ν graus de liberdade, com média 0.

Corolário 20 *Sejam $X_1 \sim \chi^2_{\nu_1}$ e $X_2 \sim \chi^2_{\nu_2}$ variáveis aleatórias independentes. Pode ser provado que*

$$\frac{X_1/\nu_1}{X_2/\nu_2} \sim F(\nu_1, \nu_2)$$

3.7 *Jupyter notebook*

Faça a leitura do *QR code* a seguir para executar em nuvem os comandos apresentados neste capítulo com um *Jupyter notebook* com kernel do software R.

3.8 Exercícios

1. (Binomial) Determine a probabilidade de que, em 5 lançamentos de um dado, apareça a face 3...

a. ...duas vezes.

b. ...no máximo uma vez.

c. ...pelo menos duas vezes.

2. (Binomial) Considere a amostragem de 3 peças que saem de uma linha de produção. Estima-se que são produzidas 20% de peças defeituosas. Calcule as seguintes probabilidades:

   a. De 2 das peças serem defeituosas.

   b. De 2 das peças serem não defeituosas.

3. (Binomial) Uma firma determina o sexo de pintos de um dia com 95% de probabilidade de acerto.

   a. Se comprarmos 5 pintos tidos como do sexo feminino, qual é a probabilidade de que pelo menos um seja macho?

   b. Quantos pintos machos espera-se encontrar num lote de 500 pintinhos tidos como do sexo feminino?

4. (Poisson) Na pintura de paredes aparecem defeitos na proporção média de um defeito por metro quadrado. Qual é a probabilidade de aparecerem 3 defeitos numa parede de 2×2 m?

5. (Poisson) O departamento de trânsito registrou num certo ano, numa determinada via pública, 30 acidentes fatais. Qual é a probabilidade de que num determinado **mês** do próximo ano ocorram 3 acidentes fatais?

6. (Uniforme) Suponha que o tempo, em dias, até o florescimento de pimenteiras do gênero *Capsicum* seja uniformemente distribuído entre 155 e 170 dias após o plantio. Pede-se:

   a. Construa o gráfico da função densidade de probabilidade dessa distribuição.

   b. A média da distribuição

   c. A variância da distribuição

d. A probabilidade de observar plantas florescendo com menos de 160 dias.

7. (Normal) A observação dos pesos (X) de um grande número de espigas de milho apresentou distribuição normal com média $\mu = 120$g e desvio padrão $\sigma = 10$g. Num programa de melhoramento genético, entre outras características, uma linhagem deve satisfazer a condição: $112 < X < 140$g. Num programa envolvendo 450 linhagens, qual deve ser o número provável de linhagens que atende a essa condição?

8. (Normal) Sabe-se que o peso médio, em arrobas, de abate de bovinos é normalmente distribuído com média 18 e variância 2,25. Um lote de 5000 cabeças, com essa característica, foi destinado ao frigorífico que abate só a partir de um peso mínimo W. Sabendo-se que foram abatidas 4200 cabeças, pede-se:

   a. O número esperado de bovinos com peso entre 17 e 19 arrobas.

   b. O valor de W.

9. As notas de uma prova são normalmente distribuídas com média 73 e variância 225. Os 15% melhores alunos recebem o conceito A e os 11,9% piores alunos recebem conceito R. Determine:

   a. A nota mínima para receber conceito A.

   b. A nota mínima para ser aprovado.

   c. $P(X \geq 55,3)$.

10. Se $X \sim Normal(3, 4)$, calcule o valor de k tal que $P(X \geq k) = 2P(X \leq k)$.

11. O diâmetro de um cabo elétrico é normalmente distribuído com média 0,8 mm e variância 0,0004 mm^2. Dentre uma amostra de 1000 cabos, quantos esperamos que tenham diâmetro...

    a. ... maior ou igual a 0,81 mm?

    b. ... entre 0,73 e 0,86 mm?

    c. ... menor que 0,78 mm?

12. Um pesquisador decidiu que, para facilitar a classificação das aves em experimentos de nutrição, deve-se dividir as poedeiras no início da postura em três grupos **equiprováveis** de peso, a saber: poedeiras pesadas, poedeiras médias, poedeiras leves. Encontre os pesos correspondentes a cada classe,

sabendo-se que o peso médio das aves nessa idade é 1,5 kg, e o desvio padrão é de 0,17 kg. Admita a distribuição normal para a variável peso.

Respostas

1) **a**. $625/3888 \approx 0,161$ **b**. $3125/3888 \approx 0,803$ **c**. $763/3888 \approx 0,196$
2) **a**. 0,096 **b**. 0,384
3) **a**. 0,2263 **b**. 25
4) 0,1953
5) 0,2138
6) **b**. 162,5 **c**. 18,75 **d**. 1/3
7) 345
8) **a**. 2486 **b**. 16,52
9) **a**. 88,66 **b**. 55,3 **c**. 0,881
10) 2,14
11) **a**. 308,5 $\approx$ 309 cabos **b**. 998,7 $\approx$ 999 cabos **c**. 158,7 $\approx$ 159 cabos
12) Leves: peso $<$ 1,43 kg; Médias: $1{,}43 \leq \text{peso} \leq 1,57$; Pesadas: peso $>$ 1,57

Capítulo 4

Aplicações da verossimilhança

C'est une vérité très certaine que, lorsqu'il n'est pas en notre pouvoir de discerner les plus vraies opinions, nous devons suivre les plus probables.

– **René Descartes**

Suponha que os dados x a seguir componham uma amostra de tamanho $n = 15$ de uma variável aleatória discreta X que representa o número de ninfas de cigarrinha-das-raízes (*Mahanarva fimbriolata*) por parcela de cana-de-açúcar. Um gráfico (Figura 4.1) foi construído para ilustrar a distribuição de frequências.

```
> x <- c(7, 6, 6, 4, 4, 3, 2, 5, 2, 4, 3, 4, 3, 2, 1)
> plot(table(x))
```

Dada a natureza da contagem X, consideremos razoável assumir a distribuição Poisson com parâmetro λ, em que:

$$P_X(X = x|\lambda) = \frac{\exp(-\lambda)\lambda^x}{x!}$$

Mas qual seria o valor apropriado como estimativa de λ, a taxa de ocorrência do inseto-praga? Ou melhor, de que forma é possível obter uma estimativa $\hat{\lambda}$ adequada para que possamos utilizar o modelo Poisson para calcular probabilidades e fazer inferências?

Responderemos as perguntas através de uma técnica holística de estimação de parâmetros, conhecida como *método da máxima verossimilhança - MMV* (em inglês, *maximum likelihood method - MLM*). Para tal, saibamos antes o que significa *verossimilhança* em termos estatísticos.

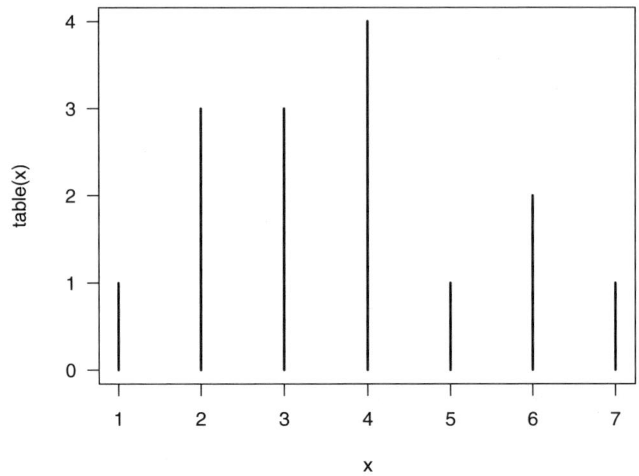

Figura 4.1: Frequências absolutas de x: número de ninfas de cigarrinha por parcela.

Para fins didáticos, considere um subexemplo ($n = 3$), ou mesmo uma nova amostra qualquer, $x = (x_1 = 7, x_2 = 6, x_3 = 6)$. *Suponha* as probabilidades $P(x_1) = \frac{1}{5}$, $P(x_2) = \frac{1}{4}$ e $P(x_3) = \frac{1}{4}$. Agora pergunte-se: – Qual é a probabilidade de se obter $x_1 = 7$ e $x_2 = 6$? Resposta: se x_1 for independente de x_2, então a probabilidade é $\frac{1}{5} \times \frac{1}{4} = \frac{1}{20}$. – Agora qual seria *a probabilidade de se obter a amostra x da forma como ela se apresenta?* Resposta: se os elementos forem todos independentes, similarmente, tem-se: $\frac{1}{5} \times \frac{1}{4} \times \frac{1}{4} = \frac{1}{80}$. É desse conceito que surge a *função de verossimilhança*. Mas, em vez de simplesmente "supor" probabilidades para os x_i, utiliza-se um *modelo* para calcular as probabilidades.

Percebeu que a palavra "independência" foi mencionada mais de uma vez? Guarde-a. Essa é uma suposição frequente em diversos modelos e métodos estatísticos, muitos deles apresentados na parte II deste livro.

4.1 Método da máxima verossimilhança

A função de verossimilhança L é obtida através da função (ou modelo) de probabilidade (ou densidade de probabilidade, caso a variável seja contínua) assumida, P_X, aplicada aos dados amostrais observados x_i $(i = 1, 2, ..., n)$, isto é, a resultante do produtório

$$L(\theta|x_1, x_2, ..., x_n) = \prod_{i=1}^{n} P_X(X = x_i|\theta)$$

Perceba que chamamos de θ o parâmetro ou conjunto de parâmetros do modelo de distribuição de probabilidade. No caso da Poisson, θ representa o único parâmetro da distribuição, λ. No caso da distribuição normal, por exemplo, θ pode representar a média μ ou a variância σ^2, ou o vetor com esses dois parâmetros. Enfim, θ é a forma genérica que usamos para designar "parâmetro" a ser estimado.

Note que L é função do parâmetro θ, não dos dados $(x_1, x_2, ..., x_n)$, isto é, estamos considerando que os dados observados são fixos e que o termo variável, sob pesquisa, é θ. L é nada mais que o produto das probabilidades (ou densidades) associadas às observações x_i, independentes e obtidas da mesma população. Claro, probabilidades essas calculadas através do modelo considerado (Poisson, no exemplo).

A ideia do MMV é justamente encontrar o valor $\hat{\theta}$ que melhor represente os dados x, ou seja, que *maximize* a probabilidade de se obter a amostra x tal qual ela se apresenta.

Considere novamente o subexemplo $(n = 3)$, em que $x = (x_1 = 7, x_2 = 6, x_3 = 6)$. Tem-se:

$$
\begin{aligned}
L(\lambda|x_1, x_2, x_3) &= \prod_{i=1}^{3} \frac{\exp(-\lambda)\lambda_i^x}{x_i!} \\
&= \frac{\exp(-\lambda)\lambda^7}{7!} \times \frac{\exp(-\lambda)\lambda^6}{6!} \times \frac{\exp(-\lambda)\lambda^6}{6!}
\end{aligned}
$$

Note que a solução para L depende unicamente de λ. Admita que $\lambda = 5$. Então,

$$
\begin{aligned}
L(\lambda|x_1, x_2, x_3) &= \frac{\exp(5)5^7}{7!} \times \frac{\exp(5)5^6}{6!} \times \frac{\exp(5)5^6}{6!} \\
&\approx 0.1044 \times 0.1462 \times 0.1462 \\
&\approx 0.0022
\end{aligned}
$$

Agora admita que $\lambda = 6$. Então,

$$
\begin{aligned}
L(\lambda|x_1, x_2, x_3) &= \frac{\exp(6)6^7}{7!} \times \frac{\exp(6)6^6}{6!} \times \frac{\exp(6)6^6}{6!} \\
&\approx 0.0035
\end{aligned}
$$

Ora, então podemos afirmar que, para λ, 6 é uma valor mais plausível ou mais *verossímil* do que 5, pois $L(6) > L(5)$. Poderíamos calcular L para diversos valores de $\lambda > 0$. Façamos este procedimento computacionalmente, agora com a amostra completa ($n = 15$) de **x**, procurando por valores de λ variando de 0 até 10. Apresentaremos o resultado num gráfico (Figura 4.2).

```
> # seq. de 100 valores de lambda
> lambda <- seq(0, 10, length.out = 100)
> L <- c()
> for(i in 1:100) L[i] <- prod(dpois(x, lambda[i])) # loop
> plot(L ~ lambda, type = "l")
```

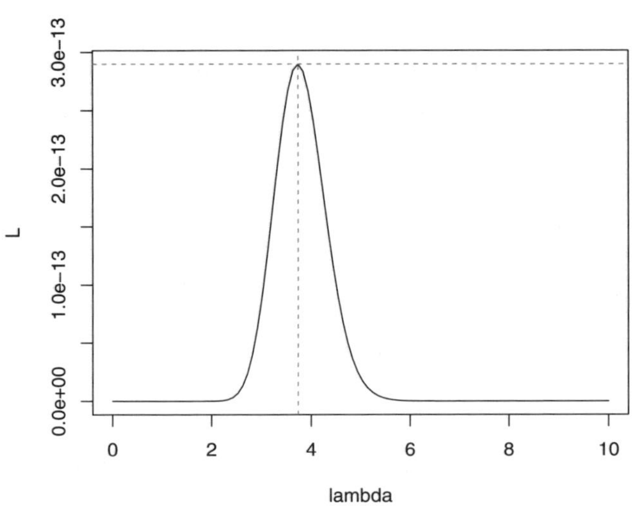

Figura 4.2: Verossimilhança (L) em função dos valores de lambda da distribuição Poisson para x: número de ninfas de cigarrinha por parcela. As linhas tracejadas indicam a estimativa de máxima verossimilhança.

Através dos comandos:

```
> o <- which.max(L)  # indexa o maximo de L
> lambda[o]
[1] 3.737374
> L[o]
[1] 2.899001e-13
> abline(v = lambda[o], h = L[o], lty = 2, col = "gray")
```

verifique que $\hat{\lambda} = 3.737$ é a *estimativa de máxima verossimilhança* para a taxa de ocorrência de ninfas por parcela. Verifique também que a média amostral de **x** é 3.733, o que de fato confirma nossa estimativa, já que λ representa a média da Poisson. A pequena diferença está relacionada com a quantidade (100) de valores estipulados para λ no processo de otimização construído; aumente essa quantidade para, digamos 10 mil, e observe uma maior aproximação.

O máximo de L é 2.899×10^{-13}. O logaritmo natural deste valor é -28.86924. Matematicamente, ou melhor, analiticamente, o logaritmo da função de verossimilhança, $\log L(\theta|x)$, é mais tratável do que a função $L(\theta|x)$ em si. Isso porque, aplicando log, o produtório encontrado em L torna-se somatório de logs. Observe que log é uma função monotônica, de modo que maximizar $\log L$ ou L implica em obter a mesma estimativa para o parâmetro θ. Computacionalmente, pouca ou nenhuma diferença isso faz para a obtenção de estimativas. Todavia, muitos resultados importantes são derivados da $\log L$, dentre eles o AIC (*Akaike's Information Criterion = Critério da Informação de Akaike*), o *teste da razão de verossimilhanças* (TRV), a *informação de Fisher*, o *teste escore* e o *teste de Wald*.

Estimando dois ou mais parâmetros

A abordagem utilizada no exemplo é mais didática do que prática, e serve para o caso uniparamétrico. Com dois ou mais parâmetros, é preciso ter o cuidado ainda de avaliar se há correlação entre os parâmetros, o que geralmente ocorre. Isso porque a estimação feita separadamente para cada parâmetro pode resultar em estimativas locais e não globais, isto é, quando utilizadas conjuntamente no modelo podem não fornecer efetivamente a *máxima verossimilhança* para os dados.

De forma prática, sem a necessidade de realizar *loop* no R, pode-se utilizar um algoritmo de otimização numérica para a busca da estimativa de máxima verossimilhança. Basta informar a função que se deseja otimizar (maximizar ou minimizar) e *chutes* iniciais para os parâmetros. Por exemplo, o valor $\hat{\lambda}$ pode ser rapidamente obtido por minimização[1] da função $-\log L(\lambda|x)$, informando apenas o intervalo suposto para λ.

```
> negLogL <- function(lambda) -sum(dpois(x, lambda, log = TRUE))
> optimize(f = negLogL, interval = c(2, 8))
$minimum
[1] 3.733321

$objective
[1] 28.86921
```

E assim encontramos a estimativa $\hat{\lambda} = 3.733$, que condiz exatamente com a média $\bar{x}$, como esperado. O valor mínimo encontrado para a função $-\log L$ é 28.869. Observe como escrevemos $-\log L$ por meio de uma soma desta vez (*sum*),

[1]Observe o sinal negativo em $-\log L$. Isso foi feito porque a função `optim()` usa minimização como critério *default*.

pois os logaritmos naturais (`log = TRUE`) das probabilidades Poisson estão sendo fornecidos.

Agora imagine que `x` não é discreta, mas contínua, sendo obtida de uma população com distribuição gama com parâmetros α e β. Podemos usar a mesma metodologia anterior para obter estimativas de máxima verossimilhança para estes dois parâmetros. Basta construir a função $-\log L(\alpha, \beta|x)$ e buscar numericamente (iterativamente) os valores para esses parâmetros que minimizam a referida função.

```
> negLogL <- function(pars) {
   -log(prod(dgamma(x, shape=pars[1], scale=pars[2])))
}
> optim(par = c(a = 6, b = 0.7), fn = negLogL)
$par
        a         b
4.5718433 0.8166294

$value
[1] 28.49006

$counts
function gradient
      55       NA

$convergence
[1] 0

$$message
NULL
```

com o que observamos que as estimativas de MV são: $\hat{\alpha} = 4.5718$ e $\hat{\beta} = 0.8166$. Lembre-se que a média da distribuição gama é dada por $\hat{\alpha}\hat{\beta} = 3.733$, corroborando nossas estimativas. O mínimo (global) da função $-\log L(\alpha, \beta|x) = 28.49$. Na figura 4.3 observe o máximo global agora de $L(\alpha, \beta|x)$ obtido com os EMVs e, nas marginais, as *verossimilhanças perfiladas* para α e β, isto é,

$$\begin{aligned} L(\alpha|x) &= \sup_{\beta} L(\alpha, \beta|x) \\ L(\beta|x) &= \sup_{\alpha} L(\alpha, \beta|x) \end{aligned}$$

No R, a função `optim()` é usada para estimar um ou mais parâmetros. `optimize()`, usada anteriormente, é a versão uniparamétrica (ou unidimensional) de `optim()`.

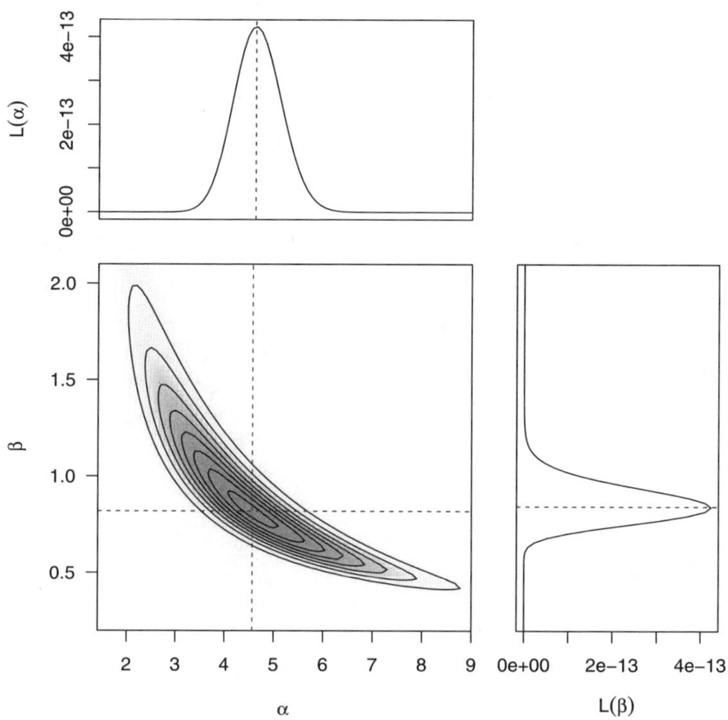

Figura 4.3: Máximo global da função de verossimilhança para valores de α e β do modelo gama e funções de verossimilhança perfiladas.

Precisão da estimativa

Os estimadores de máxima verossimilhança $\hat{\theta}$ apresentam, muitas vezes, propriedades desejáveis como não tendenciosidade, isto é, as estimativas obtidas tendem a atingir o "alvo" (o parâmetro θ). Nesses casos, é possível calcular uma medida de variabilidade (oposto de precisão) para $\hat{\theta}$ a partir da quantidade $\mathcal{I}(\hat{\theta})$, conhecida como *informação de Fisher.*

$$Var(\hat{\theta}) \succ \mathcal{I}(\hat{\theta})^{-1}$$

em que

$$\mathcal{I}(\hat{\theta}) = -E\left[\frac{\partial^2}{\partial\theta_i\partial\theta_j}\log L(\theta|x)\right]\Bigg|_{\theta=\hat{\theta}}$$

isto é, o valor esperado negativo da matriz de derivadas parciais de segunda ordem, ou *matriz hessiana*, da função $\log L$. No caso uniparamétrico, $\mathcal{I}(\hat{\theta})^{-1}$ é um escalar representando a variância[2] de $\hat{\theta}$. No caso de dois ou mais parâmetros, $\mathcal{I}(\hat{\theta})^{-1}$ é a inversa da matriz hessiana, representando a matriz de variâncias (diagonal principal) e covariâncias (fora da diagonal) do conjunto $\hat{\theta}$. Com o exemplo gama anterior, veja como é possível obter a hessiana com a mesma função `optim()` do R.

```
> emv <- optim(par = c(a = 6, b = 0.7), fn = negLogL, hessian = TRUE)
> emv
$par
        a         b
4.5718433 0.8166294

$value
[1] 28.49006

$counts
function gradient
      55       NA

$convergence
[1] 0

$message
NULL

$hessian
          a         b
a  3.665693  18.36819
b 18.368195 102.82468
```

Perceba que foi necessário incluir apenas o argumento `hessian = TRUE`. Para obter a matriz de variâncias e covariâncias, façamos a inversa da matriz:

```
> solve(emv$hessian)
           a           b
a  2.6009717 -0.46462731
b -0.4646273  0.09272448
```

E obtemos então $Var(\hat{\alpha}) = 2.60$ e $Var(\hat{\beta}) = 0.0927$. A covariância entre $\hat{\alpha}$ e $\hat{\beta}$ é de -0.4646, mostrando a relação negativa entre os dois parâmetros da distribuição gama. Aplique a função `cov2cor()` para obter a matriz de correlação, com a qual devemos observar $Cor(\hat{\alpha}, \hat{\beta}) = -0.946$.

[2]Mais especificamente, o inverso da informação de Fisher é tomado como limite inferior da variância de um estimador não viesado, de acordo com o teorema de Cramér-Rao.

Uma observação sobre os EMV

Analiticamente, os EMVs podem ser obtidos resolvendo

$$\frac{d}{d\theta} \log L(\theta)|_{\theta=\hat{\theta}} = 0$$

e, havendo mais de um parâmetro em θ, encontrando as raízes das derivadas parciais de $\log L$ em relação a cada parâmetro.

Isso equivale, numericamente, ao procedimento computacional apresentado de maximização de $\log L(\theta)$. No entanto, é necessário checar se os EMVs obtidos representam de fato *máximos globais* de $\log L$, pois é possível que os procedimentos resultem em *máximos locais*. Essa checagem consiste em verificar

$$\frac{d^2}{d\theta^2} \log L(\theta)|_{\theta=\hat{\theta}} < 0$$

ou, no caso de haver mais de um parâmetro θ, consiste em verificar se o determinante da matriz hessiana de $\log L$ é positivo e se são negativas as derivadas parciais de segunda ordem de $\log L(\theta)$ em relação a cada θ.

Como exercício, faça essa verificação com os EMVs obtidos no último exemplo. Mas lembre-se que trabalhamos com $-\log L$. Para obter o determinante de uma matriz no R, use a função `det()`.

4.2 AIC e escolha do modelo

Considere ainda os dados da amostra `x` do exemplo. Poderíamos supor que, em vez da distribuição Poisson, a variável X assume outro modelo de distribuição discreta, por exemplo, *distribuição geométrica*, em que:

$$P_X(X = x|p) = p(1-p)^x, \quad x = 0, 1, 2, ..., \quad 0 < p \leq 1,$$

em que x representa o número de "fracassos" antes do primeiro "sucesso"; p é o único parâmetro da distribuição e representa a probabilidade de "sucesso" em cada tentativa.

Sem dificuldade poderíamos obter $L(p|x_1, x_2, ..., x_n)$ e encontrar o valor de p que torna máxima essa função.

```
> p <- seq(0.05, 0.6, length.out = 100)
> L <- c()
> for(i in 1:100) L[i] <- prod(dgeom(x, p[i]))
> plot(L ~ p, type = "l")
> o <- which.max(L)
```

```
> p[o]
[1] 0.2111111
> L[o]
[1] 1.260531e-16
> plot(log(L) ~ p, type = "l")
> log(L[o])
[1] -36.60983
> abline(v = p[o], h = log(L[o]), lty = 2, col = "gray")
```

Perceba que $\hat{p} = 0.211$ é a estimativa de máxima verossimilhança. O valor maximizado $L = 1.2605 \times 10^{-16}$. Aqui já apresentamos também (Figura 4.4) a função log-verossimilhança. Veja que o máximo $\log L = -36.609$ indica a mesma estimativa de p.

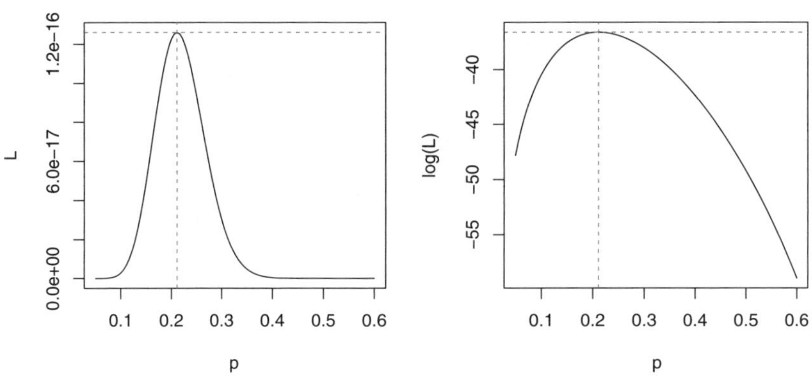

Figura 4.4: Verossimilhança (L, à esquerda) e log-verossimilhança (à direita) em função dos valores de p da distribuição geométrica para x: número de ninfas de cigarrinha por parcela. As linhas tracejadas indicam a estimativa de máxima verossimilhança.

Parece-nos agora permitido avaliar qual dos dois modelos de distribuição, Poisson ou geométrica, é mais apropriado (verossímil) para os dados da amostra x. Para isso, podemos comparar os valores máximos de $L(\lambda|x)$ e $L(p|x)$, ou ainda os valores máximos de $\log L(\lambda|x)$ e $\log L(p|x)$. E observamos que:

$$
\begin{aligned}
\log L(\lambda = 3.737|x) &= \log(2.899 \times 10^{-13}) \approx -28.869 \\
\log L(p = 0.211|x) &= \log(1.260 \times 10^{-16}) \approx -36.609
\end{aligned}
$$

E logo percebemos que $\log L(\lambda = 3.737|x) > \log L(p = 0.211|x)$, concluindo assim que o modelo Poisson tem melhor ajuste aos dados.

De fato, o procedimento feito é base para a estatística AIC, que é efetivamente utilizada para comparação do grau de ajuste de modelos paramétricos. Tem-se que:

$$AIC = -2\log L + 2m$$

em que m é o número de parâmetros do modelo. Note que o AIC utiliza a noção inversa de $\log L$, isto é, **quanto menor o valor do AIC, melhor o ajuste do modelo**. Perceba que este critério leva em conta o número m de parâmetros do modelo. No nosso exemplo, ambos os modelos têm apenas 1 parâmetro. Mas com o AIC é possível fazer comparações de modelos com diferentes números de parâmetros. Por exemplo, comparar o modelo Poisson com o modelo gama, que tem $m = 2$. Note: de acordo com o AIC, quanto mais parâmetros um modelo tiver, mais *penalizado* ele deve ser, dando assim prioridade de escolha aos modelos que se ajustam bem aos dados sem precisar ser muito complexos. Isso é o que se chama de *princípio da parcimônia.*

Continuando o exemplo, temos:

$$\begin{aligned} AIC_{Poisson} &= \quad -2 \times -28.869 + 2 \times 1 = 59.738 \\ AIC_{geom.} &= \quad -2 \times -36.609 + 2 \times 1 = 75.218 \end{aligned}$$

com o que também concluímos que o modelo Poisson ajusta-se melhor do que o geométrico. E, tendo escolhido o modelo, nos é permitido agora calcular probabilidades associadas ao número X de ninfas por parcela. Exemplo:

$$\begin{aligned} P(X > 1) &= 1 - P(X \leq 1) \\ &= \frac{e^{-3.737}3.737^1}{1!} + \frac{e^{-3.737}3.737^0}{0!} \\ &\approx 0.1128 \end{aligned}$$

Como exercício, compare os valores máximos de $\log L$ do modelo Poisson e do modelo gama trabalhado na seção anterior. Em seguida compare os AIC destes dois modelos. Qual deles se ajusta melhor aos dados `x`?

O uso da implementação `fitdistr()` do pacote *MASS* (Venables & Ripley, 2002), juntamente com a `AIC()`, pode representar maior praticidade perante o procedimento de obtenção de EMVs e de escolha do modelo de distribuição de probabilidades.

4.3 Teste da razão de verossimilhanças

Um teste de razão de verossimilhanças - TRV (Neyman & Pearson, 1928) é um procedimento bastante genérico que pode ser utilizado para testar hipóteses gerais, envolvendo um ou mais (quando houver) parâmetros de um modelo, com base nos estimadores de máxima verossimilhança. A estatística do teste (L_R) consiste em utilizar a função log-verossimilhança, $\log L$, avaliada de acordo com uma restrição imposta aos parâmetros na hipótese de nulidade H_0, e sem esta restrição, isto é, a log-verossimilhança máxima.

$$L_R = 2\left\{\log L(\hat{\theta}|x) - \log L(\theta_0|x)\right\}$$

sendo θ_0 o valor suposto na hipótese H_0 e $\hat{\theta}$ a estimativa de máxima verossimilhança do parâmetro θ. De acordo com o *Teorema de Wilks*[3], assintoticamente, este resultado (L_R) é esperado ter distribuição de qui-quadrado com q graus de liberdade, sendo q o número de restrições feitas nos parâmetros sob H_0. As hipóteses em teste são do tipo:

$$\begin{aligned} H_0 &: \ \theta = \theta_0 \\ H_1 &: \ \theta \neq \theta_0 \end{aligned}$$

Note que, se H_0 for verdadeira, então a suposição θ_0 como valor do parâmetro é tão plausível quanto $\hat{\theta}$, a estimativa de máxima verossimilhança.

Continuando com nosso exemplo de aplicação, considere ser necessário aplicar um teste de significância (de hipóteses) para tomada de decisão acerca do controle fitossanitário da cigarrinha. Digamos que essa avaliação seja feita com base nível de dano econômico da praga, suposto ser de 5 ninfas por parcela. Para construir um teste paramétrico considerando o modelo Poisson, as hipóteses em teste são:

$$\begin{aligned} H_0 &: \ \lambda = 5 \\ H_1 &: \ \lambda \neq 5 \end{aligned}$$

Essas podem ser avaliadas aplicando-se um TRV. No exemplo, o valor de máximo de $\log L = -28.869$ é obtido com $\hat{\lambda} = 3.737$. Avaliemos agora o valor $\log L(\lambda_0 = 5) = -31.509$. Então: $L_R = 2(-28.869 - (-31.509)) = 5.28$. Como só foi feita uma restrição em H_0 (mesmo porque só há um parâmetro, λ), o número de graus de liberdade associado ao TRV é 1. Veja como proceder e calcular o p-valor do teste no R:

```
> logL.ML <- log(prod(dpois(x, lambda = 3.737)))
> logL.H0 <- log(prod(dpois(x, lambda = 5)))
> LR = 2*(logL.ML - logL.H0)
> LR
```

[3]Por esse teorema (Wilks, 1938), sob H_0, $-2\log\left(\frac{L(\theta_0)}{L(\hat{\theta})}\right) \xrightarrow{d} \chi^2_q$

```
[1] 5.280667
> 1 - pchisq(LR, df = 1)
[1] 0.02156349
```

que nos dá evidências para rejeitar H_0, já que a probabilidade ($p = 0.0215$) de rejeição incorreta é baixa. Com isso, conclui-se que a taxa de ocorrência ($\hat{\lambda} = 3.737$ ninfas/parcela) da praga é estatisticamente inferior ao nível de dano econômico (5 ninfas/parcela). A Figura 4.5 ilustra o TRV do exemplo.

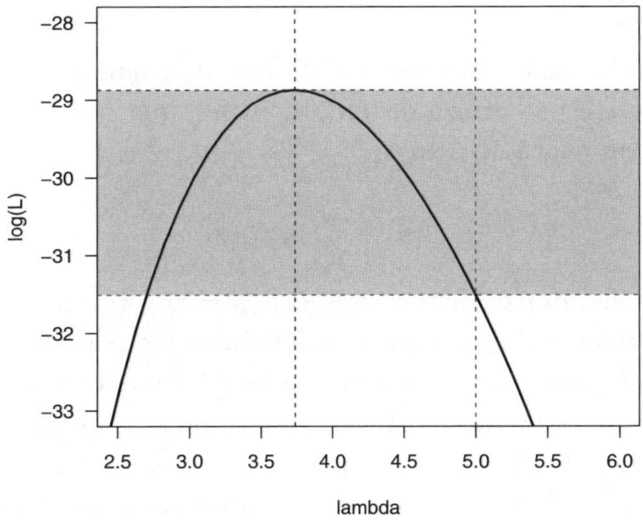

Figura 4.5: Log-verossimilhança ($\log L$) em função do valor assumido pelo parâmetro λ do modelo Poisson para dados de x: número de ninfas de cigarrinha por parcela. A linha tracejada azul indica a estimativa de máxima verossimilhança $\hat{\lambda} = 3.737$. A linha tracejada vermelha indica a suposição feita em H_0: $\lambda = 5$. A área sombreada ilustra a diferença entre os valores de $\log L$, que é a base do TRV.

Neste exemplo, a estatística do teste é

$$
\begin{aligned}
L_R &= 2\left\{\log L(\hat{\lambda}|x) - \log L(\lambda_0|x)\right\} \\
&= 2\left\{\log \hat{\lambda} \sum_{i=1}^{n} x_i - n\hat{\lambda} - \log \lambda_0 \sum_{i=1}^{n} x_i + n\lambda_0\right\} \\
&= 2n\left\{\bar{x}\log(\hat{\lambda}/\lambda_0) + \lambda_0 - \hat{\lambda}\right\}
\end{aligned}
$$

E com isso percebe-se que, quanto mais próximo de $\hat{\lambda}$ for a suposição λ_0, menor será o valor de L_R. Quando $\lambda_0 = \hat{\lambda}$, então $L_R = 0$.

No R é relativamente simples construir um TRV a partir de modelos paramétricos lineares, lineares generalizados ou não lineares, ajustados, respectivamente, com as funções `lm()`, `glm()` e `nls()`. Para tal, basta usar a função `logLik()`, que fornece o valor de log-verossimilhança de acordo com os parâmetros do modelo ajustado e o número de graus de liberdade, que equivale ao número de parâmetros estimados no modelo.

4.4 O teste escore

Também conhecido como *teste do multiplicador de Lagrange*, o *teste escore* proposto por Rao (1948) se utiliza da *função escore*, que consiste da derivada da função $\log L(\theta)$ em relação θ, isto é,

$$U(\theta) = \frac{d}{d\theta} \log L(\theta)$$

e, havendo mais de um parâmetro em θ, consiste do vetor de derivadas parciais de $\log L$ em relação a cada parâmetro. A função escore pode ser entendida como a inclinação (coeficiente angular) da função $\log L(\theta)$ no ponto θ.

A ideia geral do teste é que $U(\hat{\theta}) = 0$ e, assim, pode-se testar a hipótese de que outro valor θ_0 é tão plausível quanto o próprio EMV, $\hat{\theta}$, avaliando o quão distante de zero é a inclinação $U(\theta_0)$. Tente visualizar essa ideia observando a inclinação de $\log L(\lambda)$ nos pontos $\hat{\lambda} = 3.73$, $\lambda_0 = 4$ e $\lambda_0 = 5$ na Figura 4.6, aproveitada do exemplo anterior.

Para obter a estatística do teste, considere o valor esperado e a variância da função escore:

$$\begin{aligned} E[U(\theta)] &= 0 \\ Var[U(\theta)] &= E[U(\theta)^2] \\ &= -E\left[\frac{d}{d\theta}U(\theta)\right] \\ &= \mathcal{I}(\theta) \qquad\qquad \text{(info. de Fisher)} \end{aligned}$$

Assim, para avaliar uma determinada hipótese $H_0 : \theta = \theta_0$, calcula-se

$$S = \frac{U(\theta_0)^2}{\mathcal{I}(\theta_0)} \sim \chi^2_q$$

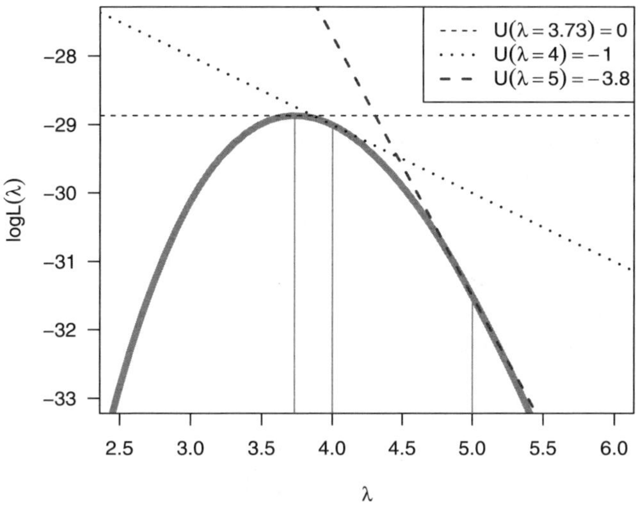

Figura 4.6: Log-verossimilhança, $\log L(\lambda)$, do modelo Poisson para dados de número de ninfas de cigarrinha por parcela. As linhas tracejadas indicam as funções escore nos pontos indicados no eixo λ.

sendo q o número de graus de liberdade da distribuição (assintoticamente) qui-quadrado, definido como o número de restrições feitas sobre o(s) parâmetro(s) em H_0, à semelhança do TRV. Aliás, ambos os testes resultam, em geral, em valores-p semelhantes. Quando θ representa um vetor de parâmetros, são usados o vetor escore e a matriz de informação:

$$S = U(\boldsymbol{\theta}_0)'\mathcal{I}(\boldsymbol{\theta}_0)^{-1}U(\boldsymbol{\theta}_0)$$

As funções `grad()` e `hessian()` do pacote *numDeriv* (Gilbert & Varadhan, 2016) podem ser úteis para avaliar numericamente $U(\cdot)$ e sua variância.

Exemplo analítico

Com o modelo Poisson exemplificado, tem-se:

$$\begin{aligned} \log L(\lambda) &\propto -n\lambda + \log \lambda \sum_i x_i \\ U(\lambda) &= -n + \frac{1}{\lambda} \sum_i x_i \end{aligned}$$

sendo a raiz para $U(\hat{\lambda}) = 0$ o estimador $\hat{\lambda} = \bar{x}$, a média aritmética, pois:

$$-n + \frac{1}{\hat{\lambda}} \sum_i x_i = -n + n\bar{x}/\bar{x} = 0$$

A derivada de segunda ordem de $\log L$ é negativa, o que significa que $\hat{\lambda}$ fornece o máximo global de $\log L$.

$$\frac{d}{d\lambda} U(\lambda) = -\frac{1}{\lambda^2} \sum_i x_i < 0$$

E a estatística do teste escore para $H_0 : \lambda = \lambda_0$ é

$$\begin{aligned} S &= \frac{U(\lambda_0)^2}{Var[U(\lambda_0)]} \\ &= \frac{(-n + \sum_i x_i)/\lambda_0}{\sum_i x_i/\lambda_0^2} \\ &= \frac{(\bar{x} - \lambda_0)^2}{\bar{x}/n} \end{aligned}$$

que segue a distribuição χ_1^2.

4.5 O teste de Wald

Juntamente com TRV e teste escore, o teste de Wald (1943) compõe a dita "santíssima trindade" dos testes de hipóteses assintóticos, com propriedades evidenciadas quando n elevado. A estatística do teste é

$$W = [\hat{\boldsymbol{\theta}} - \boldsymbol{\theta}_0]' \mathcal{I}(\hat{\boldsymbol{\theta}}) [\hat{\boldsymbol{\theta}} - \boldsymbol{\theta}_0]$$

que, assim como os outros dois, tem distribuição qui-quadrado assintótica com q graus de liberdade, sendo q o número de restrições feitas sobre o vetor $\boldsymbol{\theta}$ de parâmetros na hipótese de nulidade

$$H_0 : \boldsymbol{\theta} = \boldsymbol{\theta}_0$$

A forma uniparamétrica do teste é

$$W = \frac{(\hat{\theta} - \theta_0)^2}{\mathcal{I}(\hat{\theta})^{-1}}$$

em que $\hat{\theta}$ é o EMV de θ. No modelo Poisson exemplificado, observe como a estatística W equivale a S:

$$\begin{aligned} W &= \frac{(\hat{\lambda}-\lambda_0)^2}{\hat{\lambda}^2/\sum_i x_i} \\ &= \frac{(\bar{x}-\lambda_0)^2}{\bar{x}^2/(n\bar{x})} \\ &= \frac{(\bar{x}-\lambda_0)^2}{\bar{x}/n} \end{aligned}$$

Enquanto a estatística L_R do TRV é baseada na diferença de log-verossimilhanças, $\log L(\hat{\theta}) - \log L(\theta_0)$, Wald baseia-se na diferença entre o EMV $\hat{\theta}$ e o valor hipotetizado θ_0. Por outro lado, a estatística do teste escore baseia-se na diferença de inclinação da função $\log L$ nos pontos $\hat{\theta}$ e θ_0, como mostra a Figura 4.7, ilustrada com o exemplo trabalhado.

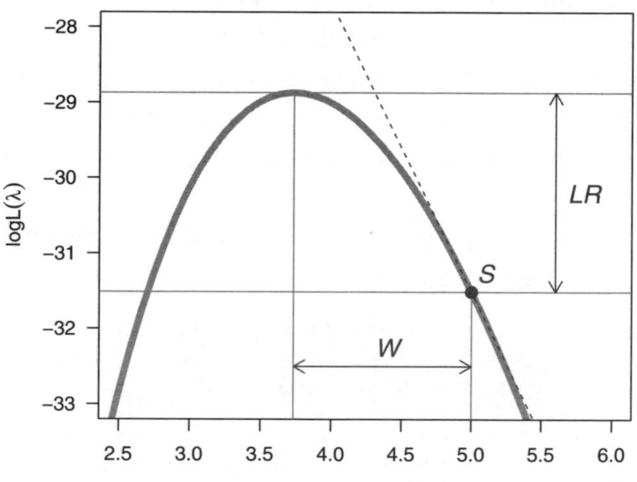

Figura 4.7: Ilustração das estatísticas dos testes de razão de verossimilhanças (LR), escore (S) e Wald (W) para o modelo Poisson exemplificado.

De acordo com Rao (2005), a eficiência local dos três testes é a mesma, mas a distribuição assintótica do teste escore não é afetada quando os parâmetros sob H_0 estão na borda do espaço paramétrico, caso em que o teste de Wald e o TRV não devem ser aplicados.

A implementação computacional do teste escore direto sobre parâmetros do modelo é relativamente mais simples, uma vez que depende da obtenção da função escore e da matriz hessiana sob H_0 apenas. De forma similar, e talvez até mais simples, é a implementação do TRV. Mas, em especial quando há interesse em testar combinações lineares de parâmetros, como contrastes de médias, Wald pode representar mais praticidade.

4.6 Verossimilhança em regressão

Segundo Santana et al. (2018), a área foliar (y, cm^2) da leguminosa *Mucuna cinereum* (L.) pode ser predita pela largura do folíolo (x, em cm). Consideremos o modelo de regressão linear simples $y = a + bx + \epsilon$, sendo ϵ o erro do modelo e a e b os parâmetros de interesse. A seguir dados amostrais do estudo.

```
> x <- c(6, 10, 12, 13.5, 14.8)
> y <- c(27, 68, 88, 101.4, 110)
```

Pelo MMV, pode-se obter estimativas para os parâmetros de forma que estas maximizem a probabilidade de se obter a resposta y observada. Mas, para isso, assumimos uma distribuição de probabilidade $F(y)$ para os dados. Na verdade, assume-se uma distribuição para a variável aleatória ϵ. Em modelos clássicos de regressão, como é o caso, assume-se a distribuição normal com média $\mu = 0$ e variância constante σ^2. Dizemos ainda que a *distribuição condicional* de y fixado x (a notação é $y|x$) é normal com média $\mu = a + bx$ e variância constante σ^2.

Considerando que $\epsilon_i = (y_i - a - bx_i) \sim Normal(0, \sigma^2)$, podemos procurar pelo **mínimo** da função $-\log L(a, b, \sigma)$ com:

```
> nlogL <- function(par) -sum(dnorm(y - par[1] - par[2]*x, mean = 0, sd
    = par[3], log = TRUE))
> optim(par = c(a = 0, b = 2, sigma = 4), fn = nlogL)
$par
         a          b      sigma
-29.062919   9.586506   1.827634

$value
[1] 10.10736

$counts
function gradient
     218       NA

$convergence
[1] 0
```

```

$message
NULL
```

Com o que obtemos as estimativas de máxima verossimilhança $\hat{a} = -29.06$ e $\hat{b} = 9.587$. Note que também estimamos o desvio padrão residual $\hat{\sigma} = 1.8276$. O mínimo da função $-\log L(b, \sigma) = 10.1073$.

A hipótese $H_0 : b = 0$ pode ser testada por meio do TRV:

$$L_R = 2[\log L(\hat{a}, \hat{b}, \hat{\sigma}) - \log L(\hat{a}, b_{H_0}, \hat{\sigma})]$$

```
> nlogL.H0 <- nlogL(par = c(-29.06, 0,     1.8276))
> nlogL.ML <- nlogL(par = c(-29.06, 9.587, 1.8276))
> LR <- -2*(nlogL.ML - nlogL.H0)
> 1 - pchisq(LR, df = 1)
[1] 0
```

que nos dá evidência ($p < 0.01$) para rejeitar H_0.

4.7 Verossimilhança restrita

Você deve ter observado na seção anterior que foi feita a estimação por MV do parâmetro σ^2 sem levar em conta a perda de dois graus liberdade na estimação dos parâmetros a e b, que explicam a média de y em função de x. Recorde: $\hat{\mu}_i = \hat{a} + \hat{b}x_i$. Essa característica inerente ao MMV implica em obter, para os ditos *componentes de variância*[4] (σ^2, no caso), estimativas viesadas – subestimadas, na verdade. Isso é particularmente evidente em amostras pequenas.

Em modelos lineares simples, como o tratado aqui, é possível corrigir esse viés em $\hat{\sigma}^2$ com um multiplicador $n/(n-p)$. No entanto, em modelos mais complexos, isso nem sempre é possível. A alternativa então é utilizar uma variação do conceito de verossimilhança, a *verossimilhança restrita*, também conhecida como verossimilhança residual (Patterson & Thompson, 1971; Kenward & Roger, 1997).

Os estimadores de máxima verossimilhança restrita, ou simplesmente REML (do inglês, *REstricted Maximum Likelihood*), são obtidos de forma similar aos MMVs, mas operando não sobre as observações y_i, e sim sobre uma combinação linear destas, de forma que sejam invariantes aos valores da parte fixa μ_i. Assim, as estimativas são obtidas a partir de um espaço *restrito* de parâmetros (apenas os componentes de variância).

[4]Em modelos mistos, isto é, em que há fatores de efeito fixo e aleatório, são estimados componentes de variância associados aos fatores aleatórios, além, claro, da variância residual.

O estimador REML de σ^2 do modelo linear $\boldsymbol{y} = \boldsymbol{X}\boldsymbol{\beta} + \boldsymbol{\epsilon}$, que nada mais é do que a forma matricial do modelo em estudo, é obtido através da verossimilhança da variável $\boldsymbol{z} = \boldsymbol{A}\boldsymbol{y}$, sendo $\boldsymbol{A}$ uma matriz de dimensão $(n - p) \times n$ que satisfaz $\boldsymbol{A}\boldsymbol{X} = \boldsymbol{0}$ e que define $n - p$ contrastes ortogonais sobre o vetor de observações $\boldsymbol{y}$. Esses contrastes produzem, como será visto, os resíduos $\boldsymbol{\epsilon}$ do modelo. Por isso mesmo há apenas $n - p$ contrastes ortogonais, isto é, resíduos linearmente independentes. Observe que $n - p$ é o número de graus de liberdade do resíduo. No exemplo, estimamos $p = 2$ parâmetros (a e b) com $n = 5$ observações. Um candidato[5] para $\boldsymbol{A}$ é

$$\begin{aligned} \boldsymbol{S} &= \boldsymbol{I}_n - \boldsymbol{H} \\ &= \boldsymbol{I}_n - \boldsymbol{X}(\boldsymbol{X}'\boldsymbol{X})^{-1}\boldsymbol{X}' \end{aligned}$$

Deve-se escolher $n - p$ vetores de $\boldsymbol{S}$, que tem dimensão $n \times n$. Mas não se preocupe, pois essa escolha não afeta a estimativa de σ^2. A propósito, por REML, essa estimativa é obtida considerando a distribuição normal multivariada

$$\boldsymbol{z} = \boldsymbol{A}\boldsymbol{y} \sim N_{n-p}(\boldsymbol{0}, \boldsymbol{A}\boldsymbol{\Sigma}\boldsymbol{A}')$$

sendo $\boldsymbol{\Sigma} = \sigma^2 \boldsymbol{I}_n$, que é a matriz de variâncias dos resíduos.

$$Var(\boldsymbol{z}) = \boldsymbol{A}Var(\boldsymbol{y})\boldsymbol{A}' = \boldsymbol{A}Var(\boldsymbol{\epsilon})\boldsymbol{A}'$$

Em modelos mais complexos, $\boldsymbol{\Sigma}$ pode conter outros componentes de variância e covariância, isto é, outras estruturas que não a identidade $\boldsymbol{I}_n$, que implica em variância constante e ausência de correlação. Como estamos trabalhando com matrizes, definimos a distribuição normal $(n - p)$*-variada* para $\boldsymbol{z}$, com vetor de médias $\boldsymbol{0}$, ou seja, obtendo a log-verossimilhança livre dos efeitos $\boldsymbol{X}\boldsymbol{\beta}$ (média, parte fixa) do modelo.

$$\log L(\sigma^2 | \boldsymbol{A}\boldsymbol{y}) = \log f_{\boldsymbol{z}}(\boldsymbol{z}|\Sigma)$$

em que $f_{\boldsymbol{z}}$ representa a função de densidade multivariada. Uma vez obtido $\hat{\sigma}^2$ por maximização da verossimilhança restrita, e consequentemente, $\hat{\boldsymbol{\Sigma}}$, as estimativas relacionadas à parte fixa podem ser obtidas por *mínimos quadrados generalizados*:

[5] $\boldsymbol{H}$ é chamada matriz de projeção; esta é a matriz que, em outras palavras, coloca o "chapéu" em $\boldsymbol{y}$, pois $\hat{\boldsymbol{y}} = \boldsymbol{H}\boldsymbol{y}$. Uma visita à subseção de estimação de parâmetros no capítulo de regressão pode ajudar a entender melhor a relação dessa matriz com os resíduos do modelo linear.

$$\hat{\beta} = (\boldsymbol{X}'\hat{\boldsymbol{\Sigma}}^{-1}\boldsymbol{X})^{-1}\boldsymbol{X}'\hat{\boldsymbol{\Sigma}}^{-1}\boldsymbol{y}$$

que equivale ao obtido pelo MMV.

Façamos o passo a passo de estimação no R. Primeiro construímos as matrizes $\boldsymbol{X}$ do modelo de regressão linear simples e a matriz $\boldsymbol{H}$, de projeção. Em seguida definimos $\boldsymbol{P}$ como sendo a matriz identidade. Com essas, calculamos $\boldsymbol{S}$, de dimensão 5×5. Note que determinamos também o posto ou *rank* de $\boldsymbol{S}$, verificando que esta não tem posto completo.

```
> n <- length(y)
> p <- 2
> X <- model.matrix(y ~ x)
> X
  (Intercept)    x
1           1  6.0
2           1 10.0
3           1 12.0
4           1 13.5
5           1 14.8
attr(,"assign")
[1] 0 1

> H <- X %*% solve(t(X) %*% X, t(X))
> P <- diag(n)
> P
     [,1] [,2] [,3] [,4] [,5]
[1,]    1    0    0    0    0
[2,]    0    1    0    0    0
[3,]    0    0    1    0    0
[4,]    0    0    0    1    0
[5,]    0    0    0    0    1

> S <- P - H
> S
            1          2          3           4          5
1  0.21570367 -0.3399645 -0.1177986  0.04882582  0.1932337
2 -0.33996452  0.7664724 -0.1803092 -0.14039534 -0.1058033
3 -0.11779861 -0.1803092  0.7884355 -0.23500591 -0.2553218
4  0.04882582 -0.1403953 -0.2350059  0.69403615 -0.3674607
5  0.19323365 -0.1058033 -0.2553218 -0.36746072  0.5353523

> library(Matrix)
> posto <- rankMatrix(S)
> posto
[1] 3
```

Sabendo que $\boldsymbol{S}$ tem $posto = n - p = 3$, selecionaremos por conveniência as 3 primeiras linhas para formar a matriz $\boldsymbol{A}$ e, com isso, obter $\boldsymbol{z}$. Logo em seguida podemos verificar que os valores de $\boldsymbol{z}$ correspondem aos três primeiros resíduos. Os demais (se calculados) também.

```
> A <- S[1:posto, ]
> A
           1          2          3           4          5
1  0.2157037 -0.3399645 -0.1177986  0.04882582  0.1932337
2 -0.3399645  0.7664724 -0.1803092 -0.14039534 -0.1058033
3 -0.1177986 -0.1803092  0.7884355 -0.23500591 -0.2553218

> z <- A %*% y
> z
       [,1]
1 -1.453227
2  1.199417
3  2.025739

> y - (-29.068 + 9.587*x)    # residuos: y - (a + bx)
[1] -1.4540  1.1980  2.0240  1.0435 -2.8196
```

Agora é preciso computar a log-verossimilhança, ou seu negativo. Faremos isso considerando a densidade de uma única observação multivariada $\boldsymbol{z}'$. Em seguida, procuraremos pelo seu mínimo com um algoritmo geral de otimização. Atente-se para o fato de que $-\log L(\sigma^2|\boldsymbol{z})$ é função apenas do componente de variância.

```
> library(mvtnorm)
> nlogRL <- function(sigma) -dmvnorm(t(z), mean = rep(0,posto), sigma =
     A %*% (sigma^2 * P) %*% t(A), log = TRUE)
> optimize(nlogRL, interval = c(0.1, 5))
$minimum
[1] 2.358318

$objective
[1] 4.359496
```

A estimativa REML obtida foi $\hat{\sigma}^2 = 2.3583^2 = 5.5615$. Compare este valor com o obtido por MV, $\hat{\sigma}^2_{MV} = 1.8276^2 = 3.3401$, que é viesada. Então perceba que esse viés pode ser também corrigido por

$$\left(\frac{n}{n-p}\right)\hat{\sigma}^2_{MV} = \left(\frac{5}{3}\right) 3.3401 = 5.5668$$

Por fim, computemos a matriz $\hat{\boldsymbol{\Sigma}}$ e, com ela, calculemos as estimativas REML da parte fixa, a e b, que é a solução de mínimos quadrados generalizados.

```
> Sigma <- P * 5.5615
> Sigma
       [,1]   [,2]   [,3]   [,4]   [,5]
[1,] 5.5615 0.0000 0.0000 0.0000 0.0000
[2,] 0.0000 5.5615 0.0000 0.0000 0.0000
[3,] 0.0000 0.0000 5.5615 0.0000 0.0000
[4,] 0.0000 0.0000 0.0000 5.5615 0.0000
[5,] 0.0000 0.0000 0.0000 0.0000 5.5615
> Sigma.inv <- solve(Sigma)

> solve(t(X) %*% Sigma.inv %*% X,
+    t(X) %*% Sigma.inv %*% y)
                  [,1]
(Intercept) -29.067807
x             9.586839
```

Um detalhe sobre o resultado obtido: o valor 4.3594, em `objective`, resultante da minimização, embora esteja coerente com a estimativa REML para σ^2, não representa de fato o valor mínimo da função $-\log L(\sigma^2)$, devido a ter utilizado apenas parte dos dados $\boldsymbol{y}$.

O procedimento de estimação por REML, na prática, está geralmente associado ao ajuste de modelos mistos, apresentado no capítulo homônimo.

4.8 Outras funções de verossimilhança

Até aqui o leitor deve ter percebido que precisamos assumir uma distribuição de probabilidades para estimação de parâmetros e construção de testes com base na verossimilhança. Veremos mais adiante que o método de estimação por mínimos quadrados (MMQ) não exige assumir uma distribuição. Porém, para realização de inferências, isso é, em geral, necessário também.

Então indague-se o seguinte: e se não for razoável assumir nenhuma distribuição de probabilidades para y, poderíamos ainda assim construir uma função de verossimilhança, estimar parâmetros, fazer inferências etc.? A resposta é sim! Duas alternativas dignas de menção são a *quasi-verossimilhança* (Wedderburn, 1974) e a *verossimilhança empírica* (Owen, 2001).

A primeira será apresentada ao final do livro, no capítulo sobre modelos lineares generalizados, para os quais esse tipo de verossimilhança pode ser especialmente útil, mas não restrita a isso. Com a verossimilhança empírica, pode-se realizar testes de hipóteses, no mesmo espírito dos TRVs. Para isso, vale checar a implementação do pacote *emplik* (Zhou, 2018).

4.9 *Jupyter notebook*

Faça a leitura do *QR code* a seguir para executar em nuvem os comandos apresentados neste capítulo com um *Jupyter notebook* com kernel do software R.

4.10 Exercícios

Nas questões a seguir, em caso de suspeita quanto ao tamanho amostral, deve-se relaxar a fundamentação assintótica, por questões didáticas apenas.

1. O vetor de dados y a seguir é referente à umidade do solo (%) em 20 pontos amostrais de uma área com solo de textura argilosa. Verifique qual dos dois modelos contínuos de distribuição de probabilidades, normal ou gama, se ajusta melhor.

```
> y <- c(14.3, 5.5, 10.2, 31.3, 8.5, 17.7, 10.8, 11.2, 13.4, 10.6,
    17.5, 11.7, 12.0, 6.5, 16.2, 9.1, 8.6, 25.4, 11.8, 15.5)
```

2. Sabe-se que o fungo *Phomopsis sp.* causa redução da germinação de sementes de soja. Seis repetições de 50 sementes cada foram retiradas de um lote de sementes apresentando infecção. Um tratamento fungicida foi realizado nessas sementes e, em seguida, avaliada a germinação. Os dados (z) de contagem de sementes germinadas (plântulas normais) são mostrados a seguir. Admita que o mesmo lote, estando livre do patógeno, apresente germinação média de 92%. Assumindo o modelo binomial($n = 50$, p) para (z), construa um TRV para avaliar a hipótese de que o fungicida foi eficaz no tratamento das sementes, isto é, $H_0 : p = 0.92$.

```
> z <- c(41, 42, 44, 41, 45, 43)
```

3. Importe para o R (veja Cap. 8) o conjunto de dados camadassolo.csv (Cap. 7). Calcule as diferenças entre as duas camadas (0-20 e 20-40 cm) em cada um dos 42 pontos amostrais, para as seis variáveis físicas do solo. Em seguida escreva uma função para computar a log-verossimilhança da distribuição

normal multivariada para esses dados (diferenças), tendo como argumento apenas o vetor de médias. Aplique o teste escore para avaliar a hipótese que a **diferença** entre os verdadeiros vetores de médias das duas camadas **é nula**.

4. A contagem y de plantas daninhas da espécie *Eleusine indica* L. apresentando resistência a três herbicidas (C, G e H) foi avaliada, para cada herbicida, em duas parcelas de mesmo tamanho.

```
> y <- c(139, 161, 130, 97, 180, 140)
> herbicida <- gl(3, 2, labels = c("C", "G", "H"))
```

Os códigos a seguir são para a construção da função $-\log L(\lambda_i)$ de um modelo Poisson para as médias λ_i $(i = 1, 2, 3)$ dos herbicidas.

```
> X <- model.matrix( ~ -1 + herbicida)
> nlogL <- function(m) -sum(dpois(y, X %*% m, log=T))
```

a. Obtenha as estimativas de máxima verossimilhança para λ_i.

b. Construa um TRV para avaliar:

$$H_0 : \lambda_1 = \lambda_2 = \lambda_3 = \lambda,$$

estimando $\hat{\lambda} = \bar{y}$. Para o teste, $q = 2$ graus de liberdade.

c. Construa testes de Wald para contrastes entre pares de médias de herbicidas, do tipo

$$H_0 : \lambda_i - \lambda_{i'} = 0$$

5. Grupos experimentais constituídos de quatro cobaias cada das linhagens A e B de camundongos albinos foram avaliados quanto ao índice de ansiedade (0 a 1) decorrente de exposição dérmica crônica a efluente de curtume.

Linhagem	Expostos	Rep.1	Rep.2	Rep.3	Rep.4
A	não	0.840	0.820	0.719	0.490
B	não	0.749	0.755	0.550	0.796
A	sim	0.891	0.890	0.956	0.898
B	sim	0.749	0.832	0.810	0.807

A distribuição beta é bastante flexível para modelar dados no intervalo $(0, 1)$. Ferrari & Cribari-Neto (2004) propuseram uma reparametrização de modo a modelar a média $\mu \in (0,1)$ e o parâmetro $\phi > 0$ associado a precisão (inverso de variação). A função densidade de probabilidade é:

$$f_X(x|\mu,\phi) = \frac{\Gamma(\phi)}{\Gamma(\phi\mu)\Gamma(\phi(1-\mu))} x^{\phi\mu-1}(1-x)^{\phi(1-\mu)-1}$$

a. Com esta função, construa a $\log L(\mu, \phi)$ usando os dados de ansiedade para estimar ϕ e as médias das quatro combinações de linhagem e exposição por:

$$\mu_{ij} = \frac{\exp(le_{ij})}{1 + \exp(le_{ij})}$$

em que le_{ij} ($i = 1, 2$ e $j = 1, 2$) é o efeito linear de uma dada combinação dos dois fatores, a ser estimado. *Dica: observe como foi construída a matriz* $\boldsymbol{X}$ *do modelo no exercício anterior; use a sintaxe* `Linhagem:Expostos` *na* `model.matrix()`.

b. De forma similar, construa a função $\log L(\mu, \sigma^2)$ considerando a distribuição normal para os dados de ansiedade. Em seguida, compare os AIC dos dois modelos.

c. Refaça '**a.**', mas agora definindo a matriz $\boldsymbol{X}$ do modelo de modo que, em vez das médias das combinações, os efeitos lineares de intercepto, linhagem, exposição e interação sejam estimados. Em seguida, aplique o teste de Wald para o termo de interação. *Dica: use a sintaxe* `Linhagem*Expostos`.

Capítulo 5

O método delta

5.1 Definição

Considere como variáveis aleatórias os p componentes do vetor $\hat{\boldsymbol{\theta}} = (\hat{\theta}_1, ..., \hat{\theta}_p)$ de estimadores não viesados de $\boldsymbol{\theta}$, isto é, $E(\hat{\boldsymbol{\theta}}) = \boldsymbol{\theta}$, podendo, inclusive, ter sido obtidos através do *método da máxima verossimilhança - MMV*. Considere $\boldsymbol{\Sigma}$ como sendo a matriz de (co)variâncias de $\hat{\boldsymbol{\theta}}$. Agora suponha que o interesse esteja não em $\hat{\boldsymbol{\theta}}$ diretamente, mas numa função não linear[1], diferenciável, desses estimadores, $f(\hat{\boldsymbol{\theta}})$. Ora, é sabido que o MMV fornece estimadores que possuem o chamado *princípio de invariância*, de modo que $f(\hat{\boldsymbol{\theta}})$ também é uma estimador de máxima verossimilhança. No entanto, enquanto é relativamente simples obter uma estimativa de $\boldsymbol{\Sigma}$ através da informação de Fisher (também vista anteriormente), obter uma estimativa de variância de $f(\hat{\boldsymbol{\theta}})$ não é tarefa tão simples. Nesse caso, pode-se lançar mão do *método delta*.

Através de aproximações pela série de Taylor de primeira ordem, o *método delta* permite obter uma estimativa da variância de uma função não linear de variáveis aleatórias com matriz de (co)variâncias (supostamente) conhecida Σ. Com isso, perceba que é possível realizar inferências (testes de hipóteses, intervalos de confiança etc.), e isso é feito assumindo distribuição normal para $\hat{f}$, com média f e variância:

[1] Para funções lineares, aplicam-se as propriedades de esperança de variáveis aleatórias. Por exemplo: $Var(aX \pm bY) = a^2Var(X) + b^2Var(Y) \pm 2abCov(X, Y)$.

$$\hat{V}ar[f(\hat{\boldsymbol{\theta}})] \approx \boldsymbol{g}'\Sigma\boldsymbol{g}$$

sendo

$$\boldsymbol{g}' = \left[\frac{\partial f}{\partial \theta_1} \cdots \frac{\partial f}{\partial \theta_p}\right]$$

isto é, o vetor transposto de gradientes ou derivadas parciais de primeira ordem de f em relação a cada $\hat{\theta}_i$ $(i = 1, 2, ..., p)$.

Na forma univariada, isto é, em que $\hat{\theta}$ representa uma variável aleatória com variância conhecida σ^2, a aproximação da variância de $f(\hat{\theta})$ fica:

$$\hat{V}ar[f(\hat{\theta})] \approx [g(\hat{\theta})]^2\sigma^2$$

A distribuição assintoticamente normal esperada para $\hat{f}$, estimado de uma sequência de n variáveis aleatórias assumidas normais, implica em

$$\sqrt{n}(f(\hat{\theta}) - E[f(\hat{\theta})]) \xrightarrow{d} N(0, [g(\hat{\theta})]^2\sigma^2).$$

A seguir são mostradas aplicações do método para obter uma aproximação de variância. No entanto, o método delta tem outras aplicações, sendo uma delas para corrigir o viés de estimadores, por expansão da série de Taylor até segunda ordem.

5.2 Exemplos de aplicação

Há no R implementações do método delta, como a `deltaMethod()` do pacote *car* (Fox & Weisberg, 2011). Apenas por questões de didáticas será inicialmente exemplificado a seguir o funcionamento do método passo a passo.

Exemplo 1: Precisão da média gama

Sejam os dados utilizados no capítulo anterior,

```
> x <- c(7, 6, 6, 4, 4, 3, 2, 5, 2, 4, 3, 4, 3, 2, 1)
```

para os quais assumimos distribuição gama(α, β), cujas estimativas de MV já foram obtidas, assim como a matriz de covariâncias. Recapitulando:

```
> negLogL <- function(pars) -sum(dgamma(x, shape=pars[1], scale=pars
    [2], log=TRUE))
> emv <- optim(par = c(a = 6, b = 0.7), fn = negLogL, hessian = TRUE)
> emv  # estimativas de MV
```

```
$par
        a         b
4.5718433 0.8166294

$value
[1] 28.49006

$counts
function gradient
      55       NA

$convergence
[1] 0

$message
NULL

$hessian
           a         b
a   3.665693  18.36819
b  18.368195 102.82468

> S <- solve(emv$hessian) # matriz cov
> S
           a           b
a  2.6009717 -0.46462731
b -0.4646273  0.09272448
```

Suponha que estejamos interessados obter uma estimativa da média, que equivale a estimar a simples função não linear $f(\hat{\alpha}, \hat{\beta}) = \hat{\alpha}\hat{\beta}$. Pelo princípio da invariância dos EMVs, $\hat{f} = 4.571 \times 0.816 = 3.73$ também é um EMV para f, e ficamos contentes com isto. Mas para obter a variância da média, isto é, a variância de $\hat{f}$, teríamos que adotar o método delta.

```
# derivada parcial de f = a*b em a
> g1 <- D(expression(a*b), "a")
> g1
b
# derivada parcial de f = a*b em b
> g2 <- D(expression(a*b), "b")
> g2
a
# vetor de gradientes avaliado em a e b
> g <- c(eval(g1, list(a = 4.571, b = 0.816)),
+        eval(g2, list(a = 4.571, b = 0.816)))
> g
[1] 0.816 4.571
```

```
# variancia de f = a*b
> v <- drop( t(g) %*% S %*% g )
> v
[1] 0.2032014
```

isto é, $\hat{Var}[f(\hat{\alpha}, \hat{\beta})] = 0.203$. Neste exemplo é possível avaliar a validade dessa estimativa, já que a variância gama é dada por $\alpha\beta^2$. Verifique então que a variância da média é $\alpha\beta^2/n$, sendo n o número de observações da amostra. No exemplo,

```
> 4.571 * 0.816^2 / 15
[1] 0.2029085
```

que corrobora com a estimativa obtida com o método delta.

Obtida a estimativa de variância, um intervalo de confiança para $f = \alpha\beta$ pode ser obtido pela aproximação normal:

```
> z <- qnorm(0.975)
> prod(emv$par) - z * sqrt(v)  # lim. inferior
[1] 2.849992
> prod(emv$par) + z * sqrt(v)  # lim. superior
[1] 4.617012
```

sendo z o quantil 0.975 da distribuição normal padrão. Tem-se então, com 95% de confiança, que

$$2.85 \leq \alpha\beta \leq 4.62$$

E, de forma mais prática,

```
> library(car)
> deltaMethod(emv$par, "a*b", S)
      Estimate       SE    2.5 %   97.5 %
a * b 3.733502 0.450861 2.84983 4.617173
```

Exemplo 2: Precisão da DL50

Em estudos de eficácia de inseticidas é comum estimar a DL50, isto é, a *dose letal* que proporciona 50% de mortalidade. Este valor é, em geral, usado como critério para comparação da eficácia de produtos. Para tal, são ajustados modelos do tipo *probito* ou *logito* para descrever a mortalidade (y) em função de doses (x) crescentes do produto. Por exemplo, no modelo logito:

$$\begin{aligned} logito(y) &= a + bx + \epsilon* \\ \log(\tfrac{y}{1-y}) &= a + bx + \epsilon* \\ y &= \tfrac{\exp(a+bx)}{1+\exp(a+bx)} + \epsilon \end{aligned}$$

em que a e b são os parâmetros do modelo e ϵ representa o resíduo, a DL50 é obtida por:

$$DL50 = -\frac{\hat{a}}{\hat{b}}$$

Considere os seguintes dados:

```
> dose <- c(0, 0.25, 0.5, 1, 1.5, 2)
> mort <- c(0, 0.06, 0.26, 0.89, 0.97, 0.98)
```

para os quais, por algum método de estimação, se ajustou[2] o modelo logito, obtendo $\hat{a} = -3.82$ e $\hat{b} = 5.41$, bem como a matriz de covariâncias:

```
> mcov <- matrix(c(0.098, -0.119, -0.119, 0.189), nrow=2)
> rownames(mcov) <- colnames(mcov) <- c("a", "b")
> mcov
       a      b
a  0.098 -0.119
b -0.119  0.189
```

Pode-se então calcular $DL50 = -(-3.82)/5.41 = 0.706$ g/ha. Veja na Figura 5.1 o ajuste do modelo e a localização da DL50.

```
> plot(mort ~ dose, ylab="Mortalidade",xlab="Dose (g/ha)")
> curve(exp(-3.82 + 5.41*x)/(1 + exp(-3.82 + 5.41*x)), add = TRUE)
> abline(v = 0.706, h = 0.5, lty = 2, col = "gray")
```

Cabe agora calcular, pelo método delta, uma estimativa para o desvio padrão da DL50, que nada mais é do que uma função não linear de $\hat{a}$ e $\hat{b}$.

```
> g1 <- D(expression(-a/b), "a")
> g1
-(1/b)
> g2 <- D(expression(-a/b), "b")
> g2
a/b^2
> g <- c(eval(g1, list(a = -3.82, b = 5.41)),
+ eval(g2, list(a = -3.82, b = 5.41)))
> g
[1] -0.1848429 -0.1305175
> sqrt(t(g) %*% mcov %*% g) # desvio padrao
          [,1]
[1,] 0.0287425
```

E o mesmo pode ser feito usando o pacote *car*,

[2]Aqui, por enquanto, não entraremos em detalhes sobre o ajuste de modelos de regressão. O leitor terá a oportunidade de estudar essa parte mais adiante neste livro.

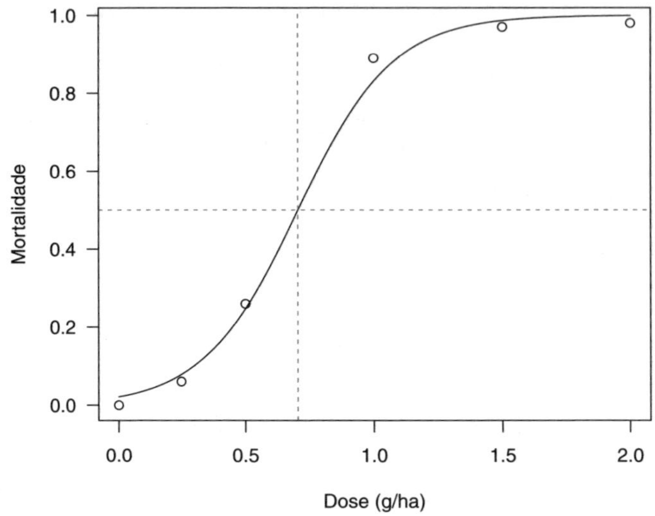

Figura 5.1: Ajuste de modelo logito para a mortalidade de insetos função da dose do inseticida. A linha tracejada indica a DL50.

```
> deltaMethod(c(a = -3.82, b = 5.41), "-a/b", mcov)
       Estimate        SE     2.5 %    97.5 %
-a/b 0.7060998 0.0287425 0.6497656 0.7624341
```

e assim, com 95% de confiança,

$$0.65 \leq DL50 \leq 0.76$$

5.3 *Jupyter notebook*

Faça a leitura do *QR code* a seguir para executar em nuvem os comandos apresentados neste capítulo com um *Jupyter notebook* com kernel do software R.

5.4 Exercício

O *Índice S* (Dexter, 2004) é utilizado para avaliar a qualidade física do solo com base na *curva de retenção da água no solo*, de acordo com os parâmetros do modelo de van Genuchten (1980):

$$w = \theta_R + (\theta_S - \theta_R)(1 + (\alpha h)^n)^{-m}$$

em que w é o conteúdo de água no solo (g/g), h é o potencial mátrico da água no solo (kPa); θ_R, θ_S, α e n são os parâmetros do modelo; tem-se ainda: $m = 1 - 1/n$. O índice S é então obtido por meio das estimativas desses parâmetros,

$$S = -n(\theta_S - \theta_R)(1 + 1/m)^{-(1+m)}$$

Com os dados a seguir foi ajustado o modelo de van Genuchten e as estimativas dos parâmetros foram obtidas e apresentadas, bem como a matriz de covariâncias. Calcule o índice S e sua estimativa de desvio padrão.

```
h <- c(0.001, 50.65, 293.77, 790.14, 992.74, 5065, 10130, 15195)
w <- c(0.5650, 0.4013, 0.2502, 0.2324, 0.2307, 0.1926, 0.1812, 0.1730)

# estimativas
theta_R theta_S   alpha       n
0.16761 0.56531 0.04748 1.52926

# matriz de covariancias
            theta_R    theta_S      alpha          n
theta_R  0.0001618 -0.0000031 -0.0000920  0.0010725
theta_S -0.0000031  0.0001192  0.0000383 -0.0000500
alpha   -0.0000920  0.0000383  0.0001385 -0.0009573
n        0.0010725 -0.0000500 -0.0009573  0.0091754
```

Capítulo 6

O bootstrap

The bootstrap, the existance of the bootstrap means that people who are thinking up at algorithms (estimators) don't have to worry about mathematical tractability; they are going to be able to evaluate its accuracy no matter how complicated the algorithm is.

– **Bradley Efron**

Bootstrap e método delta são duas naus que navegam pelo mesmo mar, enfrentam a mesma procela, mas seguem rotas diferentes para um destino em comum. Quer dizer, sem abusar da léxica, ambos os métodos podem ser aplicados para obter uma medida de variabilidade de um estimador de interesse, cuja solução analítica, quando existe, mostra-se matematicamente inviável. Ambos fornecem uma medida de variabilidade aproximada. A diferença básica é que o método delta opera sobre certas condições para o estimador – este precisa ser uma função diferenciável, e as inferências são feitas assumindo normalidade assintótica, enquanto bootstrap é uma técnica mais geral, baseada em reamostragem, não necessitando lidar com diferenciação nem assumindo modelos de distribuição de probabilidade.

De fato, bootstrap é uma técnica majoritariamente não paramétrica, embora haja versões paramétricas. Pode desempenhar diversos papéis em inferência, além do que é apresentado neste capítulo. Uma aplicação frequente é na construção de intervalos de confiança para algum parâmetro ou função deste. O funcionamento do bootstrap é de alguma forma similar a outra técnica, chamada *jackknife*.

Neste capítulo serão apresentadas implementações computacionais de bootstrap não paramétrico, a título de demonstração, mas também visando prover mais autonomia para o leitor em futuras aplicações menos convencionais de bootstrap. Não obstante, o usuário do R poderá encontrar mais praticidade com os pacotes *bootstrap* (Tibshirani & Leisch, 2017) e *boot* (Canty & Ripley, 2017).

6.1 Definição

O bootstrap foi proposto por Efron (1979) como um método computacional para estimar o desvio padrão de um estimador $\hat{\theta}$ com base em amostra aleatória de dados, cuja distribuição de probabilidade pode ser conhecida ou não. A estimativa de desvio padrão não envolve nenhum cálculo teórico, por mais complicado que possa ser $\hat{\theta}$ do ponto de vista matemático. E é nisto que reside o poder da abordagem bootstrap – na sua adaptabilidade a algoritmos complexos e por ser livre de pressuposições como normalidade.

Bootstrap é um método de reamostragem cuja ideia central é que, na ausência de qualquer conhecimento sobre a população, a distribuição de valores em uma amostra aleatória de tamanho n proveniente dessa população é o melhor "guia" para a distribuição dos valores da população. Em outras palavras, os n valores da amostra observados, cada um com probabilidade $\frac{1}{n}$, são usados para "emular" a população a partir de reamostragem *com reposição*.

Considere $\hat{F}$ como sendo a função de distribuição empírica obtida com a amostra $\mathbf{x} = (x_1, x_2, ..., x_n)$, com probabilidade $1/n$ para cada x_i. Agora considere a estatística (estimador) de interesse $\hat{\theta} = f(\mathbf{x})$, que pode ser a média, a mediana ou outra função dos dados. Uma *amostra* ou *reamostra bootstrap* é definida como uma amostra aleatória de mesmo tamanho (n) da amostra original. Denotamos $\mathbf{x}^* = (x_1^*, x_2^*, ..., x_n^*)$ a amostra bootstrap, isto é, cada $\mathbf{x}^*$ consiste de uma versão aleatorizada da original $\mathbf{x}$. Correspondente a cada amostra bootstrap, há uma estimativa $\hat{\theta}^* = f(\mathbf{x}^*)$. Especificamente, o algoritmo para obtenção do desvio padrão de $\hat{\theta}$ é:

1. Da amostra original, obtenha B amostras bootstrap, $\mathbf{x}_1^*$, $\mathbf{x}_2^*$, ..., $\mathbf{x}_B^*$, cada uma de tamanho n, tomadas com reposição.

2. Avalie a estatística de interesse em cada amostra bootstrap

$$\hat{\theta}_b^* = f(\mathbf{x}_b^*), \qquad b = 1, 2, ..., B.$$

3. Calcule o desvio padrão

$$\hat{\sigma}_{boot} = \left(\frac{1}{B-1} \sum_{b=1}^{B} \left[\hat{\theta}_b^* - \bar{\hat{\theta}}^* \right]^2 \right)^{\frac{1}{2}}$$

em que $\bar{\hat{\theta}}^* = \dfrac{1}{B} \sum_{b=1}^{B} \hat{\theta}_b^*$.

O motivo pelo qual é chamado de *bootstrap não paramétrico* se deve ao fato de as estimativas serem baseadas em $\hat{F}$, uma função de distribuição empírica, ou seja, não derivada de um modelo paramétrico para os dados.

O número B de reamostragens geralmente varia de 100 a 1000, a depender do tamanho da amostra original. O número de reamostras distintas é $\binom{n+n-1}{n}$, e pode ser um guia para definir B.

Interessante notar que o algoritmo descrito pode ser utilizado em dados multivariados, isto é, com múltiplas variáveis resposta. No entanto, independentemente do número de variáveis respostas, é preciso identificar ao menos uma limitação do algoritmo: caso haja alguma estrutura de correlação subjacente às observações, seja causada por dependência espacial, temporal ou outra, essa estrutura não será apropriadamente considerada, podendo assim levar a estimativas de erro padrão bootstrap incorretas – viesadas. Aqui está outra situação em que o bootstrap falha: quando o estimador é referente a um parâmetro na borda do espaço paramétrico, por exemplo: $\hat{\theta} = \max(\boldsymbol{x})$.

Inferências por meio do bootstrap são feitas, na maioria das vezes, por meio de intervalos de confiança para quantidades populacionais, através de dois métodos amplamente utilizados. O primeiro é baseado em percentis, em que os limites são calculados diretamente a partir da distribuição empírica. Um método alternativo consiste em construir intervalos de confiança bootstrap a partir de percentis da distribuição normal padrão. Na maioria das circunstâncias é observado que, quando n aumenta, a distribuição de $\hat{\theta}$ se torna cada vez mais normal com média θ e desvio padrão $\hat{\sigma}_{boot}$.

6.2 Exemplos de aplicação

Exemplo 1: mediana gama

Vimos no capítulo anterior uma estimativa obtida pelo método delta para a variância da média gama. Esta aplicação é, no entanto, trivial, visto que podemos estimar analiticamente a variância gama, e de forma relativamente simples. Todavia, em vez da média, pensemos agora na mediana da distribuição gama. Seja X a variável aleatória gama. A mediana é um valor m tal que $P(X \leq m) = 0.5$. A mediana amostral é:

```
> x <- c(7, 6, 6, 4, 4, 3, 2, 5, 2, 4, 3, 4, 3, 2, 1)
> median(x)
[1] 4
```

Perceba que não estamos interessados apenas em obter uma estimativa da mediana, pois isto é também trivial, mas em calcular uma medida de variabilidade da mediana, digamos a variância ou o desvio padrão. Veja que a mediana é uma função dos dados amostrais, $f(x)$, mas que não atende as exigências para aplicação do método delta. E, por ser uma *estatística de ordem*, a obtenção da sua variância não é tão simples, necessitando, para isso, derivar a sua função densidade de probabilidade a partir do modelo de distribuição de X (gama, no exemplo).

Não obstante, podemos gerar, digamos, 1000 reamostras bootstrap de `x` e, para cada uma, calcular a mediana. Com as 1000 estimativas bootstrap de mediana, calculamos o desvio padrão. Veja como a implementação no R é simples:

```
> nboot <- 1000
> md <- c()
> for(i in 1:nboot) md[i] <- median(sample(x, replace = TRUE))
> sd(md)
[1] 0.5660534
```

Com `for()` estamos realizando um *loop* de 1000 iterações. Com a função `sample()` estamos gerando reamostras de `x` de mesmo tamanho ($n = 15$) com reposição (daí o argumento `replace = TRUE`). De cada reamostra, calculamos a mediana e a guardamos no vetor `md`. A estimativa de desvio padrão é 0.566.

Num sentido amplo, `md` constitui uma espécie de população construída. Então, pelo método dos percentis, podemos obter os limites de um intervalo de 95% de confiança para a mediana.

```
> quantile(md, p = c(0.025, 0.975))
 2.5% 97.5%
    3     5
```

Exemplo 2: índice de diversidade

Em parcelas amostrais de 400 m^2 foram coletados dados de abundância relativa (p) de $s = 6$ espécies vegetais dividindo o número de indivíduos de cada espécie pelo número total de indivíduos amostrados.

```
> p <- c(0.06, 0.10, 0.25, 0.12, 0.30, 0.17)
```

Pretende-se avaliar a diversidade de espécies pelo *Índice de Shannon*:

$$H' = -\sum_{i=1}^{s} p_i \log(p_i)$$

Cabe agora avaliar a precisão associada a H'. Fazendo 1000 reamostragens bootstrap de `p`, tem-se:

```
> H <- function(x) -sum(x * log(x))  # Shannon
> H(p)
[1] 1.662493
# Bootstrap
> nboot <- 1000
> Hb <- c()
> for(i in 1:nboot) Hb[i] <- H(sample(p, replace = TRUE))
> mean(Hb)
[1] 1.66399
> sd(Hb)
[1] 0.1615003
```

Observe que a média dos valores `Hb` (bootstrap de H') é muito semelhante à estimativa original $H' = 1.6624$. O desvio padrão é 0.1615. Observe ainda na Figura 6.1 que a distribuição empírica[1] do índice de Shannon se aproxima da distribuição normal($\mu = 1.6639$, $\sigma = 0.1615$). Esta é uma propriedade assintótica do bootstrap. Daí a possibilidade de usar percentis da distribuição normal padrão ou da distribuição t para construir intervalos de confiança bootstrap.

6.3 *Jupyter notebook*

Faça a leitura do *QR code* a seguir para executar em nuvem os comandos apresentados neste capítulo com um *Jupyter notebook* com kernel do software R.

[1]Aqui avaliada pela densidade kernel, a ser vista com detalhes em breve.

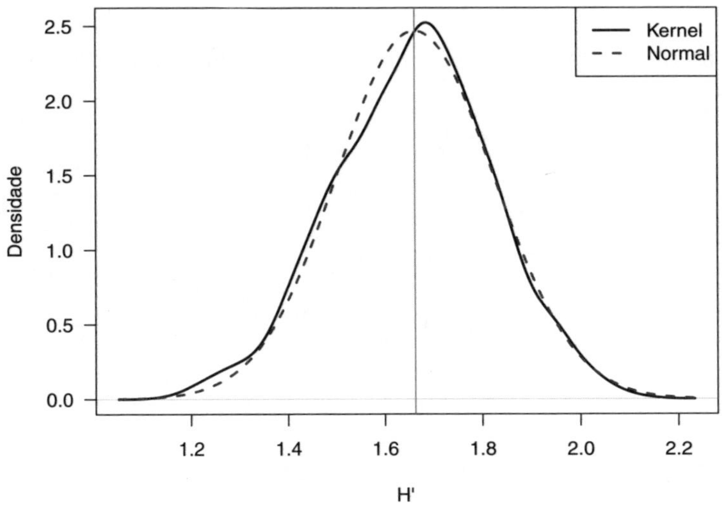

Figura 6.1: Distribuição empírica do índice de diversidade de Shannon obtida por bootstrap. A vertical central indica a média.

Parte II

Métodos e Modelos

Some people hate the very name of statistics,
but I find them full of beauty and interest.
Whenever they are not brutalized,
but delicately handled by the higher methods,
and are warily interpreted,
their power of dealing with complicated
phenomena is extraordinary.

– **Francis Galton**

Capítulo 7

Conjuntos de dados

– *Data! data!, he cried impatiently.*
– *I can't make bricks without clay.*

– **Arthur Conan Doyle**
The Adventures of Sherlock Holmes

Este capítulo é dedicado à apresentação dos conjuntos de dados experimentais utilizados ou sugeridos ao longo da segunda parte do livro, bem como à forma de acesso a eles.

Todos os materiais suplementares deste livro, como *scripts* do R e, claro, os conjuntos de dados, estão disponíveis em um repositório de acesso público na plataforma *GitHub*, em: `github.com/arsilva87/statsbook`

O leitor cuidadoso irá perceber que alguns dados não estão disponíveis no repositório. Mas isso ou foi proposital, para servir de exercício de tabulação e importação de dados, ou porque o conjunto de dados é estruturalmente simples e pode ser facilmente transferido para o R.

É importante perceber também que esses conjuntos de dados podem e devem ser analisados com outros métodos, além dos que estão submetidos neste livro. Por exemplo, todos os conjuntos de dados podem ser utilizados para ajustes de MLGs (Cap. 19) e modelos de efeitos mistos (Cap. 20). Esse exercício de identificação, escolha e exploração de métodos é essencial para o bom aprendizado e para a tomada de decisão com base em resultados de análises.

A seguir, uma breve descrição dos dados de cada conjunto, nome do arquivo, extensão, os capítulos do livro nos quais eles são utilizados e o *QR code* contendo o *link* de acesso, permitindo importação direta no R.

Dados 'batata'

Dados de produção (kg) de tubérculos por parcela (unidade experimental) obtidos de um experimento em blocos ao acaso (DBC) cujos tratamentos são quatro cultivares de batata, com três repetições. Os cultivares 1 e 3 são resistentes a requeima, principal doença da batata, causada pelo agente *Phytophthora infestans*.

Nome	Extensão	Capítulos	*QR code*
batata	.txt	8, 14 e 15	
batata	.xlsx	8 e 16	

Pré-visualização (6 primeiras linhas):

```
  cultivar bloco prod
1        1     1 50.9
2        1     2 50.6
3        1     3 51.2
4        2     1 49.1
5        2     2 49.3
6        2     3 49.9
```

Dados 'pareada'

Experimento em blocos casualizados em que cada parcela tratada possui sua respectiva parcela com uma testemunha (não tratada) pareada. Os tratamentos são solubilizadores de fósforo. A variável resposta (resp) é a massa seca (kg) de plantas de milho.

```
  trat bloco  resp resp_pareada
1   T1     1 37.66        47.20
2   T1     2 42.29        43.39
```

Nome	Extensão	Capítulos	*QR code*
pareada	.csv	8 e 16	

```
3   T1      3 47.06          49.26
4   T1      4 41.04          46.49
5   T1      5 37.42          40.81
6   T1      6 45.06          43.27
```

Dados 'camadassolo'

Dados de atributos físicos do solo obtidos de um ensaio inteiramente casualizado (DIC) em que as unidades experimentais são constituídas de 42 pontos (repetições) amostrais de cada uma das duas camadas de solo: 0 a 20 cm e 20 a 40 cm, em uma área experimental de cultivo de diversas culturas agrícolas. As variáveis resposta são: umidade do solo (US, em %), densidade do solo (DS, em g dm^{-3}), resistência mecânica à penetração (RP, em MPa), carbono orgânico (CO, em %), teor de argila (em %), tensão de preconsolidação (em kPa). Os créditos desses dados são do Dr. Renato Paiva de Lima.

Nome	Extensão	Capítulos	*QR code*
camadassolo	.csv	8 a 13	

Pré-visualização (6 primeiras linhas):

```
     US   DS   RP    CO Argila Tensao Camada
1  6.85 1.77 4.37  9.94     16   83.0   0-20
2 10.61 1.58 1.64 26.89     13   64.7   0-20
3  6.63 1.79 5.15  9.94     18   93.5   0-20
4  6.63 1.78 4.83  9.94     18   87.5   0-20
5 10.72 1.57 0.40 27.80     12   61.0   0-20
6 11.93 1.56 0.74 24.18     12   61.9   0-20
```

Dados 'dadosboot'

Dados simulados de um experimento inteiramente casualizado (DIC), em que a variável resposta y é contínua. Quatro tratamentos (trt) estão sendo comparados. Há quatro repetições para cada.

Nome	Extensão	Capítulos	*QR code*
dadosboot	.txt	14	

Pré-visualização (6 primeiras linhas):

```
  trt    y
1   a 18.2
2   b 18.6
3   c 22.8
4   d 17.7
5   a 19.5
6   b 21.6
```

Dados 'caupi'

Os dados são de um experimento instalado em delineamento de blocos aumentados de Federer, em campo de produção de feijão-caupi. A variável resposta (resp) comprimento (cm) de vagens verdes foi avaliada em 40 acessos (01 a 40) do Banco de Germoplasma da UFC, e de 4 variedades (X, Y, W, Z). Há quatro blocos, cada um com 14 parcelas, sendo 10 ocupadas com acessos (tratamentos regulares) e 4 com as variedades (tratamentos comuns). Cada acesso aparece em apenas uma unidade experimental em todo o experimento. Estudo conduzido pelo grupo de pesquisa Feijão-Caupi, da Universidade Federal do Ceará.

Nome	Extensão	Capítulos	*QR code*
caupi	.csv	14 e 15	

Pré-visualização (6 primeiras linhas):

```
  genotipo bloco  resp
1        W     1 20.02
2        X     1 22.67
3        Y     1 16.03
4        Z     1 22.31
5       01     1 30.66
6       02     1 16.61
```

Dados 'pimenta'

São dados provenientes de um experimento inteiramente casualizado (DIC) em que foram avaliados 16 genótipos de pimenta do gênero *Capsicum* com potencial ornamental. Há quatro repetições para cada genótipo. A unidade experimental constitui-se de uma planta por vaso. As variáveis resposta são: altura de plantas (cm), número de frutos por planta, largura média dos frutos (cm), comprimento médio dos frutos (cm). Esse estudo foi conduzido sob a supervisão dos professores Dra. Elizanilda Ramalho do Rêgo e Dr. Maílson Monteiro do Rêgo, da Universidade Federal da Paraíba.

Nome	Extensão	Capítulos	*QR code*
pimenta	.csv	14, 15 e 20	

Pré-visualização (6 primeiras linhas):

```
  genotipo repet altura nfrutos largura comprimento
1        1     1     19      42    1.69        2.50
2        1     2     16      44    2.20        2.87
3        1     3     17      34    1.64        2.49
4        1     4     16      37    1.20        2.09
5        2     1     22      45    1.41        2.10
6        2     2     23      45    1.47        2.15
```

Dados 'sensorial'

Três variedades de mandioca de mesa foram submetidas a avaliação sensorial num teste e aceitação com 17 provadores independentes. Cada um destes avaliou de acordo com uma escala hedônica numérica contínua (0 a 9) a intensidade de sabor amargo. Cada provador recebeu amostras das três variedades, em sequências aleatorizadas.

Nome	Extensão	Capítulos	*QR code*
sensorial	.csv	14 e 20	

Pré-visualização (6 primeiras linhas):

```
  Variedade Provador Sabor
1    BRS396       01   0.1
2    BRS396       02   0.3
3    BRS396       03   0.2
4    BRS396       04   0.0
5    BRS396       05   2.0
6    BRS396       06   0.0
```

Dados 'ancova'

Dois fungicidas (trt) foram avaliados experimentalmente a campo em delineamento inteiramente casualizado (DIC) com a cultura da soja. A variável resposta (y) é o rendimento de grãos (sacas por hectare). Por ocasião da aplicação dos fungicidas, as parcelas apresentavam diferentes níveis de incidência e severidade da doença. Assim, a covariável (x) representando a área foliar (%)livre da doença em cada parcela foi também mensurada para fins de controle experimental.

Nome	Extensão	Capítulos	*QR code*
ancova	.csv	16	

Pré-visualização (6 primeiras linhas):

```
  trt    x    y
1   1 58.4 51.4
2   1 50.9 47.9
3   1 60.5 48.5
4   1 51.3 41.3
```

```
5    1 68.4 58.4
6    1 51.7 39.7
```

Dados 'vinhaca'

Dados de um experimento de biofertilização com vinhaça[1] em cana-de-açúcar. O delineamento é de blocos casualizados, com três repetições. A variável resposta é a produtividade (toneladas de colmo por hectare). O esquema experimental adotado é um fatorial 3 × 4, sendo 3 variedades e 4 doses (L/ha) de vinhaça. Esse conjunto de dados é derivado do trabalho de Lima et al. (2013).

Nome	Extensão	Capítulos	*QR code*
vinhaca	.csv	17	

Pré-visualização (6 primeiras linhas):

```
  variedade vinhaca bloco producao
1         A       0     1       69
2         B       0     1       65
3         C       0     1       71
4         A       0     2       66
5         B       0     2       67
6         C       0     2       73
```

Dados 'gergelim'

Dados de um experimento em área experimental de produção de gergelim, conduzido em blocos casualizados, com quatro blocos, e esquema fatorial $3 \times 2 + 2$. Os fatores experimentais são as épocas de aplicação pós-emergencial (15, 30 e 45 dias após emergência da cultura) e as doses (1,5 e 2,0 L/ha) do herbicida quizalofope-p-etílico para controle de plantas daninhas de folha estreita. Há ainda dois tratamentos adicionais (Ad), um referente a parcelas onde não se fez nenhum tipo e controle de plantas daninhas (trat. 7) e o outro referente a parcelas capinadas manualmente (trat. 8). A variável resposta é a altura de plantas (AP,

[1]Resíduo do processo de destilação do caldo da cana-de-açúcar fermentado. É em geral aproveitado como fonte de potássio, sendo aplicado ao solo via sistema de irrigação por pulverização.

em cm) de gergelim. Esse experimento foi conduzido sob a supervisão do Prof. Dr. Leossávio César de Souza (UFPB).

Nome	Extensão	Capítulos	*QR code*
gergelim2ad	.txt	17	

Pré-visualização (6 primeiras linhas):

```
  trat A B fatVsAd Ad blocos    AP
1    1 1 1       1  0      1 105.0
2    1 1 1       1  0      2 100.6
3    1 1 1       1  0      3  96.8
4    1 1 1       1  0      4  95.4
5    2 1 2       1  0      1  97.0
6    2 1 2       1  0      2 100.0
```

Dados 'splitplot'

Dados de um experimento em esquema experimental de parcelas subdivididas (*split plot*, do inglês) cujo fator primário (parcelas) é o sistema de manejo do solo (plantio direto e preparo reduzido) e o fator secundário (subparcelas) refere-se ao cultivar de milho (A, B, C, D e E). O delineamento é o de blocos casualizados, com quatro repetições. A variável resposta é o rendimento (toneladas por hectare) de grãos de milho.

Nome	Extensão	Capítulos	*QR code*
splitplot	.txt	17	

Pré-visualização (6 primeiras linhas):

```
  sistema cultivar bloco rend
1  direto        A     1  4.4
2  direto        A     2  4.1
3  direto        A     3  5.5
4  direto        A     4  5.0
```

```
5  direto          B     1  5.0
6  direto          B     2  5.1
```

Dados 'azuki'

São dados obtidos de um estudo sobre seletividade de dois herbicidas à cultura do feijão-azuki. O delineamento experimental é o inteiramente casualizado. Os herbicidas (Produto) foram testados com duas doses (g i.a. ha^{-1}) diferentes para cada. A variável resposta é a massa seca (MS) das plantas de feijão-azuki. Os créditos desse conjunto de dados são do Eng. Agrônomo Dr. Lucas da Silva Araújo.

Nome	Extensão	Capítulos	*QR code*
azuki	.csv	17 e 19	

Pré-visualização (6 primeiras linhas):

```
     Produto  Dose   MS
1  Clomazone 300.0 20.5
2  Clomazone 600.0 39.6
3 Metribuzin 240.0 14.7
4 Metribuzin 480.0 20.9
5 Diclosulam  17.5 20.5
6 Diclosulam  30.0 20.5
```

Dados 'conjunta'

Dados de dois experimentos em blocos casualizados, em locais diferentes, cujos tratamentos consistiram de cinco doses de um inoculante. A variável resposta (resp) é a massa (em gramas) de nódulos em raízes de plantas de soja.

Nome	Extensão	Capítulos	*QR code*
conjunta	.csv	18	

Pré-visualização (6 primeiras linhas):

```
  local trat bloco   resp
1     A    0     1 1.5800
2     A    0     2 2.1392
3     A    0     3 1.2695
4     A    0     4 2.3407
5     A    0     5 2.2386
6     A    0     6 1.2396
```

Dados 'asalina'

Dois experimentos foram conduzidos em laboratório para estudar a toxicidade de concentrações de extrato vegetal de *Mimosa tenuiflora* sobre *Artemia salina*, uma espécie de microcrustáceo utilizada como bioindicador de compostos bioativos em extratos vegetais. Cada unidade experimental foi constituída de tubos contendo solução salina com uma concentração do extrato vegetal, nos quais foram inseridas 30 larvas de *A. salina*. Após 24 horas foi realizada a contagem de larvas vivas (nLarvas). No primeiro ensaio, concentrações variando de 0 a 100 ppm foram avaliadas. No segundo ensaio, concentrações variando de 0 a 1000 ppm.

Nome	Extensão	Capítulos	*QR code*
asalina	.csv	18 e 19	

Pré-visualização (6 primeiras linhas):

```
  Conc Repet nLarvas Total Ensaio
1    0     1      27    30      1
2    1     1      24    30      1
3   10     1      13    30      1
4   20     1       6    30      1
5   30     1       1    30      1
6   40     1       0    30      1
```

Dados 'gotas'

Dados de um experimento em blocos (4) casualizados com o objetivo de comparar tecnologias de aplicação (trat) de defensivos na cultura da soja. A variável resposta (resp) é a densidade de gotas (N/cm^2) em cartões hidrossensíveis presos às folhas das plantas.

Nome	Extensão	Capítulos	*QR code*
gotas	.csv	20	

Pré-visualização (6 primeiras linhas):

```
  trat bloco   resp
1   T1     1 422.83
2   T2     1  52.15
3   T3     1 810.27
4   T4     1  92.36
5   T5     1  25.57
6   T1     2 357.17
```

Dados 'dinsularis'

Dados de um experimento inteiramente casualizado, com quatro repetições, em que foi comparada a eficácia de três tratamentos herbicidas para o controle de *Digitaria insularis*, vulgarmente conhecida como capim-amargoso, planta daninha gramínea amplamente distribuída em lavouras anuais do Brasil. Cada unidade experimental foi constituída de um vaso com uma planta. Os produtos testados foram: QG: mistura de Quizalofope-p-etílico e Glyphosate, QGC: mistura dos dois anteriores mais Clethodim, e CH: mistura de Clethodim e Haloxifope-p-metílico. A variável resposta foi o grau de controle (%) visual. As unidades experimentais foram avaliadas aos 7, 14, 21 e 28 dias após aplicação. O experimento foi conduzido sob supervisão do Prof. Dr. Marco Freitas (Instituto Federal Goiano).

Nome	Extensão	Capítulos	*QR code*
dinsularis	.csv	20	

Pré-visualização (6 primeiras linhas):

```
  Tempo Trat  Vaso Controle
1     7   QG id-01       10
2    14   QG id-01       60
3    21   QG id-01       50
4    28   QG id-01       85
5     7   QG id-02       10
6    14   QG id-02       45
```

Capítulo 8

Importação e exportação de dados no R

Neste livro, tendo que recorrer frequentemente ao software R para as análises estatísticas, em especial desta segunda parte do livro, nos será oportuna a introdução das principais formas de importação e exportação de dados tabulados, como é o caso dos dados experimentais.

8.1 Importação de dados

O R permite importar arquivos em diversos formatos, alguns universais, como .txt, .dat, .csv, e outros específicos, como .R, .rda, .rds. Para tal, há algumas funções principais. Ei-las:

- `read.table()` - para leitura de dados tabulados
- `read.csv()` ou `read.csv2()` - para leitura de dados tabulados no formato .csv
- `readLines()` - para leitura das linhas de um arquivo de texto
- `source()` - para leitura de códigos em R

Veja quais os argumentos são necessários para utilizar a função `read.table()`, por exemplo. Ou digite `args(read.table)`.

Todas as funções mencionadas permitem a leitura de dados da web, sem a necessidade de download do arquivo em si. Para tanto, basta informar no argumento `file` o endereço URL do arquivo. Exemplo: o arquivo batata.txt (vide Capítulo 7) pode ser lido diretamente do repositório web por meio de:

```
> batata <- read.table(file = "https://raw.githubusercontent.com/
    arsilva87/statsbook/main/datasets/batata.txt", header = TRUE,
    colClasses = c("factor", "factor", "numeric"))
> batata
   cultivar bloco prod
1         1     1 50.9
2         1     2 50.6
3         1     3 51.2
4         2     1 49.1
5         2     2 49.3
6         2     3 49.9
7         3     1 49.9
8         3     2 49.8
9         3     3 49.5
10        4     1 49.2
11        4     2 49.1
12        4     3 50.0
```

Note que usamos o argumento `header = TRUE`. Isso permite identificar a primeira linha como nomes (cabeçalho) das colunas, não dados. Já o argumento `colClasses` permite que sejam definidas as classes de cada coluna; no caso, cultivar e bloco são do tipo `factor`, para que sejam reconhecidas como categóricas em vez de numéricas ou outro tipo.

Após a importação, é fortemente indicado que seja feita uma análise da estrutura dos dados importados. Pode-se utilizar o comando:

```
> str(batata)
'data.frame':   12 obs. of  3 variables:
 $ cultivar: Factor w/ 4 levels "1","2","3","4": 1 1 1 ...
 $ bloco   : Factor w/ 3 levels "1","2","3": 1 2 3 1 2 ...
 $ prod    : num  50.9 50.6 51.2 49.1 49.3 49.9 49.9 ...
```

Com o que percebemos que o objeto `batata` é da classe `data.frame`, tendo 12 observações (linhas) e 3 variáveis (colunas). Percebemos ainda que cada coluna é classificada também. A coluna `cultivar`, como vimos, é do tipo `factor` com 4 níveis (categorias). Temos algo semelhante para `bloco`. Isso é de fundamental importância para a utilização desses dados em algumas análises, como a análise de variância. Por fim, a coluna `prod` é do tipo numérica.

Dados em planilhas

É comum lidar com dados tabulados em planilhas do Microsoft Excel, isto é, nos formatos .xls ou .xlsx. Para leitura no R é preciso instalar e carregar o pacote *readxl*. Para exemplificar, faça o download da planilha 'batata.xlsx' em um diretório escolhido, indicando no R este diretório como sendo o de trabalho. Então,

```
> library(readxl)
> batatax <- read_excel(path = "batata.xlsx", sheet = "Planilha1",
    range = "A1:C13")
> batatax
# A tibble: 12 x 3
   cultivar bloco  prod
      <dbl> <dbl> <dbl>
 1        1     1  50.9
 2        1     2  50.6
 3        1     3  51.2
 4        2     1  49.1
 5        2     2  49.3
 6        2     3  49.9
 7        3     1  49.9
 8        3     2  49.8
 9        3     3  49.5
10        4     1  49.2
11        4     2  49.1
12        4     3  50
```

Observe que é possível ler uma das subplanilhas (*sheet*) e um determinado intervalo (*range*) de células desta. Observe também que como não foram informadas as classes de cada coluna, elas foram automaticamente classificadas com base nos seus conteúdos. Assim, cultivar e bloco foram reconhecidas como sendo do tipo *double* (numérica). Isso pode ser corrigido com o argumento `col_types`.

8.2 Exportação de dados

Algumas funções análogas para exportação de dados são:

```
write.table()
write.csv()  # ou write.csv2()
writeLines()
```

Exemplo: considere adicionar uma nova coluna ao *data frame* 'batata', que irá receber a raiz quadrada dos valores da variável prod. Iremos salvar o novo *data frame* no formato .csv, sob o nome batata2, da seguinte forma:

```
batata$prod2 <- sqrt(batata$prod)
```

```
batata
   cultivar rep prod     prod2
1         1   1 50.9 7.134424
2         1   2 50.6 7.113368
3         1   3 51.2 7.155418
4         2   1 49.1 7.007139
5         2   2 49.3 7.021396
6         2   3 49.9 7.063993
7         3   1 49.9 7.063993
8         3   2 49.8 7.056912
9         3   3 49.5 7.035624
10        4   1 49.2 7.014271
11        4   2 49.1 7.007139
12        4   3 50.0 7.071068

# exportando os dados para o diretorio de trabalho
write.table(x = batata, file = "batata2.csv", sep = ",")
```

Observe que no argumento `file` indicamos o novo nome e a extensão do arquivo, csv no caso. Neste caso, o argumento `sep` é necessário devido ao formato escolhido (csv = **comma** separated values). Por vezes, arquivos csv podem estar separados não por vírgula, mas por ponto e vírgula. Nestes casos, a função `read.csv2()` deve ser utilizada.

8.3 *Jupyter notebook*

Faça a leitura do *QR code* a seguir para executar em nuvem os comandos apresentados neste capítulo com um *Jupyter notebook* com kernel do software R.

8.4 Exercícios

1. Faça a leitura do arquivo camadassolo.csv (vide Capítulo 7) utilizando a função `read.table()`. Transforme os valores de resistência à penetração de MPa para kPa e depois salve o *data frame* modificado no seu diretório de

trabalho no formato solo.csv. **Obs.:** Não adicione uma nova coluna ao *data frame* original.

2. Identifique quais as classes de cada coluna do conjunto de dados.

3. Crie um novo *data frame* de nome camada1 contendo apenas os dados de umidade e densidade do solo da camada de 0-20 cm.

4. Tente resolver a questão anterior utilizando a função `subset()`. Veja a documentação (help) da função, se necessário.

5. Crie uma lista tripla contendo os valores de umidade, densidade e camada do solo com os dados da camada de 20-40 cm.

Capítulo 9

Análise exploratória de dados

Exploratory data analysis can never be the whole story, but nothing else can serve as the foundation stone – as the first step.

– John Tukey

A análise exploratória de dados deve ser sempre feita e, não raramente, pode ser decisiva na escolha de um método estatístico inferencial. A exploração de dados é comumente feita das seguintes formas: i) estudo da distribuição de frequências dos dados, ii) por meio de medidas descritivas que procuram resumir a informação da amostra, e iii) por meios gráficos.

9.1 Distribuição de frequências

Algumas ferramentas frequentemente utilizadas para o estudo de distribuição de frequências são:

- Gráfico de barras
- Gráfico de pizza ou de setores
- Diagrama de ramos-e-folhas
- Histograma
- Densidade *kernel*

Em particular, os dois últimos são adequados para dados quantitaivos. Para tal, podemos utilizar as funções `stem()` e `hist()`. A distribuição de frequências de variáveis categóricas ou qualitativas é feita com os dois primeiros. Para estes, algumas funções úteis são: `table()`, `barplot()` e `pie()`.

Exemplo

Utilizando os dados camadassolo.csv (vide Capítulo 7), faremos o diagrama de ramos-e-folhas da variável resistência à penetração:

```
> solo <- read.csv("https://raw.githubusercontent.com/arsilva87/statsbook/main/datasets/camadassolo.csv", header = TRUE)
> stem(solo$RP)

  The decimal point is at the |

  0 | 47
  1 | 0001445566668899
  2 | 0000011111223445555567788999
  3 | 000011222334444778
  4 | 0002334446788
  5 | 2277
  6 | 25
```

Podemos observar que há maior frequência de valores de RP entre 1 e 4 Mpa. Por outro lado, valores de RP acima de 5 MPa são pouco prováveis. Use o comando `hist(solo$RP)` para construir um histograma.

Densidade *kernel*

Histogramas são, sim, amplamente utilizados para representar a distribuição dos dados, uma vez que eles dão ideia da forma da verdadeira função f de distribuição de frequência dos dados. Contudo, histogramas como estimadores de densidade podem ser criticados, principalmente por desperdiçar parte dos dados quando da formação das barras de frequência. Alternativas robustas são os gráficos de *densidade kernel*, os quais estimam f por suavização, levando em conta cada observação da amostra.

Seja $x_1, x_2, ..., x_n$ uma amostra de tamanho n de uma variável aleatória X com função densidade f. O estimador de densidade kernel de f no ponto x é dado por:

$$\hat{f}(x) = \frac{1}{nh} \sum_{i=1}^{n} k\left(\frac{x - x_i}{h}\right)$$

em que k é uma função que satisfaz as condições

$$\int k(x)dx = 1,$$

$$\int xk(x)dx = 0,$$

$$\int x^2k(x)dx = \mu_2'(k) > 0.$$

Nesse contexto, k é chamada de função *kernel*, cuja variação é controlada pelo parâmetro h de vizinhança. Portanto, a própria kernel é uma densidade de probabilidade. As funções mais comuns de kernel estão descritas na tabela 9.1.

Tabela 9.1: Estimadores de densidade kernel comumente usados.

Kernel	Função	Domínio
Gaussiana	$k(x) = \frac{1}{\sqrt{2\pi}} \exp\left(-x^2/2\right)$	$x \in \Re$
Retangular	$k(x) = \frac{1}{2}$	$\|x\| < 1$
Triangular	$k(x) = 1 - \|x\|$	$\|x\| < 1$
Epanechnikov	$k(x) = \frac{3}{4\sqrt{5}}\left(1 - \frac{1}{5}x^2\right)$	$\|x\| < \sqrt{5}$
Biweight	$k(x) = \frac{15}{16}\left(1 - x^2\right)^2$	$\|x\| < 1$
Cosseno	$k(x) = 1 + \cos(2\pi x)$	$\|x\| < 1/2$

Devido ao seu papel na determinação da maneira pela qual a probabilidade associada a cada observação se espalha pelo espaço amostral circundante, h é chamado de *parâmetro de suavização* ou *largura de banda* (*bandwidth*, do inglês). As kernels podem ser dimensionadas para que a largura de banda seja o desvio padrão do kernel. A escolha de h afeta diretamente o comportamento da estimativa de densidade. Quanto menor for h, mais sinuosas serão as estimativas de densidade kernel. Por outro lado, um valor alto de largura de banda produz estimativas de densidade muito suaves. Além disso, a maioria dos pesquisadores concorda que a escolha da função kernel não é tão importante quanto a escolha de h.

Uma *regra de bolso* (Silverman, 1986) usada pelo R para estimar h em kernels gaussianas é:

$$h = 0.9 \times \min\left(\hat{\sigma}, \frac{AIQ}{1.34}\right) n^{-0.2}$$

Veja como podemos obter uma densidade kernel gaussiana (*default*) da variável resistência a penetração (RP) dos dados de exemplo.

```
> attach(solo)
```

```
> plot( density(RP) )
```

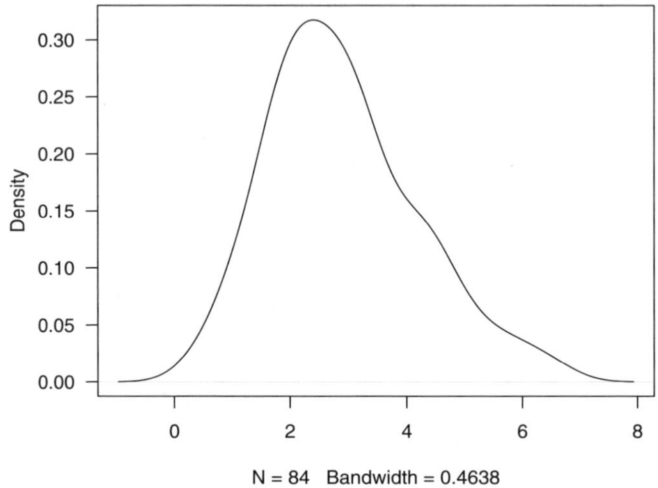

Figura 9.1: Densidade kernel para os dados de resistência do solo à penetração (MPa).

Use o argumento `bw = 0.3` na função `density()` e verifique o efeito da escolha de h sobre o gráfico de densidade kernel de RP.

9.2 Estatísticas descritivas

A descrição dos dados é feita por meio de medidas que os representem, resumidamente. Tais medidas podem ser de três tipos:

- Medidas de posição ou de tendencia central
- Medidas de dispersão ou variabilidade
- Medidas de associação

Medidas de posição

Média ($\hat{\mu}$ ou $\bar{x}$) e mediana (Md) são as principais medidas de posição ou tendência central. Os estimadores são:

$$\bar{x} = \frac{1}{n}\sum_{i=1}^{n} x_i$$

$$Md = x_{\left(\frac{n+1}{2}\right)}$$

de modo que $x_{(\frac{n+1}{2})}$ representa uma estatística de ordem da amostra x tal que $P(X < Md) = 0.5$. Por exemplo, para os dados RP a mediana é um valor na posição $(84+1)/2 = 42.5$ dos dados em ordem crescente. O 42º valor é $x_{(42)} = 2.72$ e o 43º é $x_{(43)} = 2.78$. Então a mediana é a média desses dois valores, $Md = 2.75$.

Enquanto a média amostral se utiliza de todos os dados da amostra, a mediana é definida pelo valor central dos dados em ordem crescente. Daí ocorre que a média é influenciada por *outliers*[1], quando estes estão presentes na amostra. Nesse caso, a mediana é uma medida robusta. Vamos computá-las no R:

```
> mean(RP)
[1] 2.907619
> median(RP)
[1] 2.75
```

Medidas de dispersão

O resumo estatístico de um conjunto de dados não deve ser constituído apenas de medidas de posição. Perceba que é possível que duas amostras *distintas* apresentem, por exemplo, a mesma média. A diferença entre elas pode estar unicamente na *variabilidade*. Neste sentido, são medidas comuns: amplitude total, variância, desvio padrão, coeficiente de variação, amplitude interquartílica. Seus estimadores são, respectivamente:

$$At = \max_{i=1}^{n}(x_i) - \min_{i=1}^{n}(x_i)$$

$$\hat{\sigma}^2 = s^2 = \frac{1}{n-1}\sum_{i=1}^{n}(x_i - \bar{x})^2$$

$$\hat{\sigma} = s = \sqrt{s^2}$$

$$CV\% = \frac{100s}{\bar{x}}$$

$$AIQ = q_3 - q_1$$

Note que At usa apenas os extremos (maior e menor) da amostra, desconsiderando a variabilidade entre os valores. Por outro lado, s^2 se utiliza de todos os n valores amostrais, mais precisamente da noção de distância quadrada de cada valor

[1]Valores discrepantes. Veremos adiante como detectá-los.

x_i da amostra em relação à média amostral. Esta é considerada uma desvantagem da variância, já que a sua unidade de medida é a unidade de medida dos dados amostrais ao quadrado, ficando assim com interpretação limitada. Já o desvio padrão (s), visto ser a raiz quadrada da variância, é uma medida de variabilidade mais coerente. O coeficiente de variação é dado em porcentagem. Mas perceba que todas estas medidas são passíveis de efeitos de *outliers* na amostra (quando houver). Por outro lado, a AIQ se utiliza não da amostra completa, mas dos 50% dos dados centrais, desprezando assim 25% de cada lado. É o que significa a diferença entre q_3 e q_1, quartis amostrais.

Com os dados do exemplo, temos:

```
> max(RP) - min(RP)
[1] 6.14
> var(RP)
[1] 1.654324
> sd(RP)
[1] 1.286205
> 100 * sd(RP) / mean(RP)
[1] 44.23569
> IQR(RP)
[1] 1.675
```

Quantis amostrais

Muitas vezes desejamos saber não o mínimo ou máximo apenas, mas sim valores em posições mais específicas, como o valor na posição percentual 95%, que significa o 95º valor de uma amostra de tamanho 100 em ordem crescente.

Quantil é um termo geral para definir estatísticas de ordem. Quantis amostrais podem representar percentis, decis, quartis etc. Na seção anterior, fizemos uso da noção de quartis amostrais quando calculamos a AIQ. Se colocarmos uma amostra x em ordem do menor ($x_{(1)}$) ao maior ($x_{(n)}$) valor e a quisermos dividir em quatro partes de mesmo tamanho, precisaremos de três *cortes*. Estes são os quartis amostrais, calculados por:

$$q_1 = x_{\left(\frac{n+1}{4}\right)}$$

$$q_2 = x_{\left(\frac{2(n+1)}{2}\right)}$$

$$q_3 = x_{\left(\frac{3(n+1)}{4}\right)}$$

de modo que $q_2 = Md$. Por sua vez, o quartil 1 é tal que $P(X < q_1) = 0.25$. Já $P(X < q3) = 0.75$. Por exemplo, para os dados RP, o quartil 3 é obtido calculando

$$\begin{aligned} q_3 &= x_{\left(\frac{3(84+1)}{4}\right)} \\ &= x_{(63.75)} \\ &= x_{(63)} + 0.75 \times \left[x_{(64)} - x_{(63)}\right] \\ &= 3.65 + 0.75 \times [3.71 - 3.65] \\ &= 3.695 \end{aligned}$$

Observe que foi necessário fazer uma interpolação linear entre as observações x **ordenadas** nas posições 63 e 64 para obter q_3 na posição 63.75.

Perceba que, ao calcularmos a AIQ como medida de variabilidade, não estamos sujeitos ao efeito de valores discrepantes, já que estes se encontram na porção inferior a q_1 e/ou superior a q_3.

No R, obtemos quantis amostrais com a função `quantile()`[2].

```
# percentil 95
> quantile(RP, prob = 0.95)
  95%
5.201

# quartis amostrais
> quantile(RP, p = c(0.25, 0.5, 0.75))
  25%   50%   75%
1.990 2.750 3.665
```

Analogamente, a obtenção de percentis segue o mesmo método, com o seguinte estimador para o k-ésimo ($k = 1, 2, ..., 100$) percentil amostral:

$$p_k = x_{\left(\frac{k(n+1)}{100}\right)}$$

Outras medidas robustas

Média aritmética e mediana representam dois extremos no que diz respeito ao binômio antagônico *representatividade da amostra e robustez a outlier* – a média é desejável por considerar todos as observações, mas pode ser negativamente afetada quando há um razoável nível de assimetria na distribuição de frequência dos dados

[2]Há diferentes métodos de computar quantis amostrais. O argumento `type = 6` fornece quantis de acordo com as fórmulas apresentadas. Mas, em geral, os métodos fornecem valores similares.

e/ou quando há pontos discrepantes; por outro lado, a mediana apresenta tal robustez, mas não usa todas as observações, apenas uma ou duas observações centrais, o que pode ser questionável em termos de representatividade da amostra. O mesmo acontece, ainda mais seriamente, com desvio padrão e AIQ enquanto medidas de variabilidade.

Nesse contexto, a *média aparada* (*trimmed mean*) ou *média truncada*, bem como o *desvio padrão aparado*, representam meios-termos ao problema.

Considere a amostra x, com n observações, em ordem crescente: $x_{(1)}$, $x_{(2)}$, ..., $x_{(n)}$. Agora considere eliminar (aparar) uma proporção[3] $\alpha \in [0, 0.5]$ das extremidades dessa amostra, ou seja, o valor inteiro $r = n\alpha$ de observações de cada extremidade. Com as $n - 2r$ observações restantes, calcula-se a média aritmética aparada:

$$\bar{x}_T = \frac{1}{n-2r} \sum_{i=r+1}^{n-r} x_{(i)}$$

e o desvio padrão aparado:

$$s_T = \sqrt{\frac{1}{n-2r-1} \sum_{i=r+1}^{n-r} (x_{(i)} - \bar{x}_T)^2}$$

Um detalhe: a média aparada com $\alpha = 0.5$ equivale à mediana.

No R, o argumento `mean(x, trim = 0.1)` fornece $\bar{x}_T$ aparando 10% de cada extremidade. Isso também é facilmente realizado "manualmente" colocando os dados em ordem com a função `sort(x)` e, em seguida, excluindo r observações de cada extremidade. Este procedimento é necessário para obter s_T.

Essas duas estatísticas podem ser úteis como medidas descritivas, mas é necessário atenção ao utilizá-las para realizar inferências, pois, sendo funções de estatísticas de ordem ($x_{(k)}$), possuem propriedades particulares enquanto estimadores, principalmente o desvio padrão aparado (basicamente subestima σ, o desvio populacional). Isso decorre do fato de haver dependência entre as estatísticas de ordem, ao contrário do que se assume com a amostra original – os x_i são independentes.

Média e desvio padrão *winsorizados* também constituem alternativas. Na verdade, são espécies de derivações de $\bar{x}_T$ e s_T. A *amostra winsorizada* consiste em atribuir os valores extremos da *amostra aparada* às observações eliminadas, de modo a reconstituir o número n de dados da amostra original.

[3]Valores comumente utilizados para α são 0.2 e 0.1.

Considere a amostra $x = \{10, 12, 14, 8, 9, 27, 22, 13, 7, 10\}$ de tamanho $n = 10$. Tem-se $\bar{x} = 13.2$ e $s = 6.44$. Observe x ordenada:

$$x_{(\cdot)} = \{7,\ 8,\ 9,\ 10,\ 10,\ 12,\ \boxed{13,\ 14},\ 22,\ 27\}$$

Note a assimetria: a média está deslocada à direita, entre 13 e 14, não representando tão bem o centro. Aplicando $\alpha = 0.2$, tem-se a amostra aparada:

$$x_T = \{9,\ 10,\ \boxed{10,\ 12},\ 13,\ 14\}$$

cuja média é $\bar{x}_T = 11.3$; e veja a redução expressiva em desvio padrão, $s_T = 1.97$. A Figura 9.2 ilustra a variabilidade em torno da média original, com destaque para as observações aparadas.

Por sua vez, a amostra winsorizada é:

$$x_W = \{9,\ 9,\ 9,\ 10,\ \boxed{10,\ 12},\ 13,\ 14,\ 14,\ 14\}$$

que produz $\bar{x}_W = 11.4$; e desvio padrão $s_W = 2.22$.

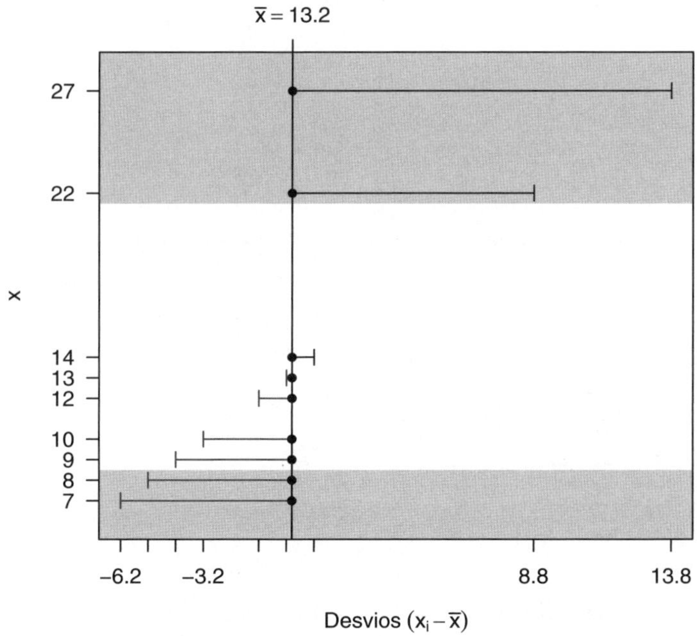

Figura 9.2: Desvios de x_i em relação à média. A área sombreada em vermelho representa a amostra aparada em 20%.

Trabalhando com fatores

Frequentemente precisamos calcular estatísticas para cada nível de um ou mais fatores. Por exemplo, qual é o valor da média de RP para cada camada de solo?

```
> aggregate(RP ~ Camada, FUN = mean, data = solo)
  Camada       RP
1   0-20 3.177381
2  20-40 2.637857
```

Veja o que acontece ao passar o comando:

```
> aggregate( .~ Camada, FUN = mean, data = solo)
```

9.3 *Box plot*

Diagramas de caixa (*box plot*, do inglês) estão entre os mais completos métodos gráficos para análise exploratória de dados. Neles podemos identificar as estatísticas: média, mediana, primeiro e terceiro quartis, além de possíveis *outliers*. O comprimento da caixa do gráfico é igual a amplitude interquartílica (AIQ). Os "bigodes' ou linhas limite são determinados usando-se das referências:

$$Ls = q_3 + 1.5AIQ$$

$$Li = q_1 - 1.5AIQ$$

Assim, o "bigode superior" consiste de um valor na amostra imediatamente inferior a Ls; o "bigode inferior" consiste de um valor na amostra imediatamente superior a Li. Por fim, valores amostrais que excedem os "bigodes" são tidos como *outliers*.

No R, podemos construir *box plots* individuais:

```
> boxplot(RP, ylab = "RP")
```

ou conjuntos (para diferentes níveis de um fator):

```
> b <- boxplot(RP ~ Camada, data = solo, ylab = "RP", xlab = "Camada (
    cm)")
```

Observe na Figura 9.3 que o valor 6.54 é um *outlier*. Na Figura 9.4 há dois *outliers* superiores na camada 20-40 cm. Você pode usar a função interativa `locator()` para identificar esses valores na janela gráfica do R. E para ser mais preciso, ao guardar os dados do *box plot* por camada no objeto `b`, podemos verificar as estatísticas (stats, cada camada em uma coluna) apresentadas graficamente.

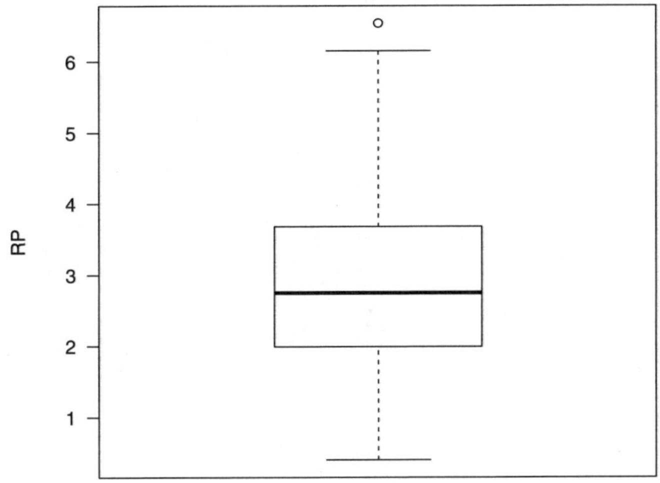

Figura 9.3: *Box plot* para os dados de resistência do solo à penetração (MPa).

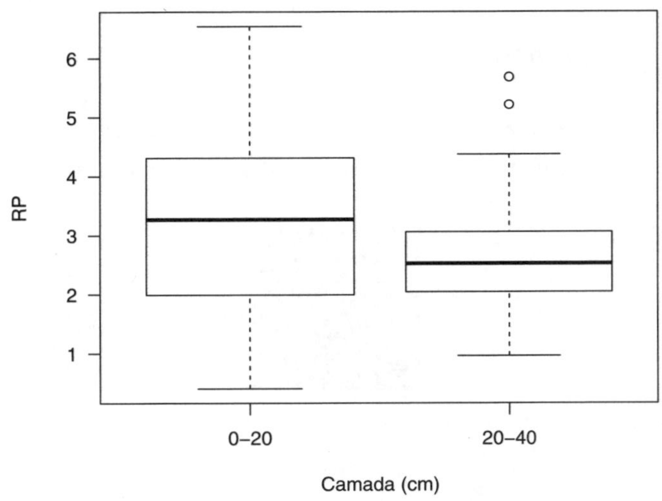

Figura 9.4: *Box plots* para os dados de resistência à penetração (MPa) por camada de solo.

```
> print(b)
$stats
     [,1] [,2]
[1,] 0.40 0.96
[2,] 1.99 2.04
[3,] 3.27 2.52
[4,] 4.31 3.06
```

```
[5,] 6.54 4.37

$n
[1] 42 42

$conf
         [,1]     [,2]
[1,] 2.704386 2.271325
[2,] 3.835614 2.768675

$out
[1] 5.68 5.21

$group
[1] 2 2

$names
[1] "0-20"  "20-40"
```

9.4 *Jupyter notebook*

Faça a leitura do *QR code* a seguir para executar em nuvem os comandos apresentados neste capítulo com um *Jupyter notebook* com kernel do software R.

9.5 Exercícios

1. Com o objeto `solo`, calcule para todas as variáveis, por camada, as seguintes estatísticas: amplitude total e coeficiente de variação.

2. Construa um histograma para a variável Tensão de preconsolidação e adicione a linha de densidade kernel no mesmo gráfico. Dica: use a função `lines()`.

3. Qual é o percentil 22 da variável Tensão?

4. Padronize a variável Tensão par ter média 0 e variância 1.

5. Complete a tabela a seguir com as estatísticas descritivas referentes a duas amostras, A e B, avaliadas em n unidades observacionais cada.

Estatísticas	A	B
$\sum_i x_i$		1386
Média aritmética	12	
Mediana	$x_{(51)} = 10$	$x_{(51)} = 15$
$\sum_i x_i^2$		31262
Desvio padrão	6	
CV(%)		

6. Os dados a seguir são referentes à abundância de duas espécies (A e B) vegetais nativas do Cerrado em 10 transectos de uma reserva ecológica. Verifique se há *outlier* nas amostras e, em seguida, apresente medidas apropriadas para um resumo descritivo.

											soma
A	30	29	28	30	26	25	27	27	26	24	272
B	19	15	17	19	15	14	16	16		13	162

Capítulo 10

Introdução aos testes de hipóteses

If there were a probability of only $p = 0.04$ of finding a crock of gold behind the next tree, wouldn't you go and look?

– **George Box**

Na parte I deste livro você teve contato com algumas técnicas de inferência estatística, como estimação de parâmetros pelo método da máxima verossimilhança, método delta e testes de hipóteses do tipo razão de verossimilhanças, ou ainda por meio de intervalos de confiança bootstrap. Neste capítulo faremos um passeio breve pelos métodos clássicos básicos de testes de hipóteses.

10.1 Exemplo de introdução

A hipercalcemia está relacionada a concentração elevada de potássio no organismo, causando fraqueza muscular e até paralisia em equinos. Admita que em animais saudáveis de até seis meses de idade, a concentração média de potássio é de $\mu = 4.2$ mmol/L sangue, com desvio padrão $\sigma = 0.5$ mmol/L. No entanto, desconfia-se de que determinada dieta está promovendo sintomas da doença. Uma prova foi feita em $n = 10$ animais, os quais apresentaram média $\bar{x} = 4.6$ mmol/L. Será que isso nos dá evidências de que é preciso rever a quantidade de potássio na dieta ou esse resultado é puro efeito do acaso?

Essa questão nos remete ao conceito de distribuição de probabilidades de uma variável aleatória. Veja, neste exemplo a concentração de potássio no sangue é a nossa variável aleatória X. Como vamos nos ater a métodos clássicos de testes de hipóteses, admitiremos que X tem distribuição normal. Voltando ao problema, se os animais estiverem saudáveis, é razoável aceitar a hipótese de que a média obtida é resultado do acaso apenas, isto é, pode-se afirmar

$$H_0 : \mu = 4.2$$

Todavia, se a média amostral for considerada *estranha* o suficiente, então o correto seria admitir a hipótese alternativa

$$H_1 : \mu > 4.2$$

Observe que foi utilizada a palavra *estranha* em relação à estimativa $\bar{x} = 4.6$. De fato um teste de hipóteses consiste em avaliar a *probabilidade* de uma estimativa estar *fora* da variação esperada ao acaso. É isso que chamamos de p-valor do teste. Então, quando este valor é suficientemente baixo, significa dizer que os dados amostrais estão nos dando evidência para rejeitar H_0, isto é, a estimativa obtida é suficientemente *estranha* quando comparada com a variação esperada. *–Mas qual seria essa variação esperada?* É justamente para responder a essa pergunta que precisamos do modelo de distribuição de probabilidades de X, pois é ele quem descreve essa variação.

Assumir que X é Normal($\mu = 4.2$, $\sigma = 0.5$), implica em assumir que a média amostral $\bar{x}$ tem também distribuição normal, com média $\mu_{\bar{x}} = 4.2$ e desvio padrão[1]

$$\sigma_{\bar{x}} = \frac{\sigma}{\sqrt{n}} = \frac{0.5}{\sqrt{10}} \approx 0.158$$

pois, se todas as observações x_i's da amostra são independentes e provenientes da mesma distribuição,

$$Var(\bar{x}) = \frac{1}{n^2}\sum_{i=1}^{n} Var(x_i) = \frac{\sigma^2}{n}$$

Assim, sabendo a distribuição de $\bar{x}$, podemos avaliar com qual das duas hipóteses condiz mais o valor obtido com os animais do estudo. Mas observe que, para isso, precisamos avaliar como é a distribuição de $\bar{x}$ sob a hipótese de que os animais estão saudáveis, isto é, tendo H_0 como verdadeira. Isso é mostrado na Figura 10.1.

Perceba que, se os animais forem considerados saudáveis, então apenas em $100 \times 0.0056 = 0.56\%$ dos casos a média seria superior a 4.6 mmol/L. Ou ainda que, em 95% dos casos, o valor médio seria de até 4.46 mmol/L. Estimativas

[1] O desvio padrão da média amostral é também chamado de *erro padrão*.

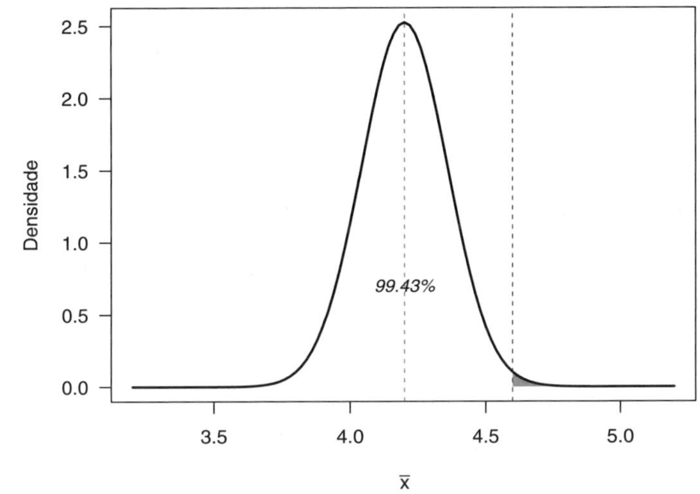

Figura 10.1: Distribuição normal da média amostral $\bar{x}$ da concentração sérica de potássio de equinos. A linha tracejada central cinza indica a média $\mu = 4.2$ sob H_0 (animais saudáveis). A linha tracejada vermelha à direita indica o valor obtido com a amostra $\bar{x} = 4.6$ mmol/L, bem como a área (*o p-valor*) abaixo da curva a partir desse ponto.

superiores a 4.46 são consideradas "estranhas", isto é, não ocorrem ao acaso, mas sim por influência da dieta.

```
# P(media > 4.6) = 1 - P(media <= 4.6)
> 1 - pnorm(q = 4.6, mean = 4.2, sd = 0.158)
[1] 0.005676434

> qnorm(p = 0.95, mean = 4.2, sd = 0.158)
[1] 4.459887
```

O valor 0.0056 é o p-valor do teste. Já o valor 4.46 corresponde ao *valor tabelado* pela distribuição normal para dados de potássio em animais saudáveis. Observe que executamos um *teste unilateral à direita*. Isso é visto na hipótese H_1, em que nos interessa saber se a média de potássio é superior a média suposta (4.2 mmol/L).

Passamos agora à questão do *"suficientemente estranha''*. Bem, isso é um critério dito subjetivo. Observe que aqui definimos o limite de 5% na "cauda" direita da distribuição. Chamamos esse percentual limite de α, a *margem de erro tipo I* ou *probabilidade de incorretamente rejeitar* H_0. Valores convencionalmente adotados são: $\alpha = 0.01$, 0.05 ou 0.10, a depender do objetivo do estudo, da confiabilidade dos dados amostrais etc.

O fato é que temos menos de 5% de probabilidade de estar incorretos ao afirmar que a concentração de potássio está significativamente acima do esperado. Mais precisamente, essa probabilidade é de 0.56%, ou chance de 1 em 178 vezes, aproximadamente.

Teste z para uma média

Considere os mesmos dados, mas agora, em vez de avaliar a distribuição e *estranheza* de $\bar{x}$, avalie a distância relativa (padronizada pelo desvio padrão) de $\bar{x}$ ao valor hipotetizado μ.

$$z = \frac{\bar{x} - \mu}{\sigma_{\bar{x}}} = \frac{4.6 - 4.2}{0.158} \approx 2.531$$

que significa que a média amostral está a uma distância de 2.53 desvios padrão do valor suposto em H_0. Essa *distância z* tem distribuição *normal padrão*, isto é, média zero e desvio padrão um. Observe como o *p*-valor obtido com z é igual ao obtido anteriormente. Esse procedimento é conhecido como *teste z* e é base para muitas inferências que se utilizam de aproximações normais, por exemplo, nos modelos lineares generalizados.

```
> 1 - pnorm(q = 2.531, mean = 0, sd = 1)
[1] 0.005686892
```

10.2 Teste t para uma média

Graus de liberdade

Você deve ter percebido que os testes de hipóteses anteriores foram construídos assumindo conhecer o valor do parâmetro σ, isto é, o verdadeiro valor do desvio padrão. No entanto, não é o que ocorre na prática. Quer dizer, é muitíssimo mais comum trabalharmos com estimativas do desvio padrão. Lembre que o desvio padrão é a raiz quadrada da variância, que é, por sua vez, definida como a média dos quadrados dos desvios em relação à média. Nesse sentido, temos dois estimadores para a variância

$$s_1^2 = \frac{1}{n-1}\sum_{i=1}^{n}(x_i - \bar{x})^2$$

$$s_2^2 = \frac{1}{n}\sum_{i=1}^{n}(x_i - \mu)^2$$

Observe que para se obter s_2^2 assumimos conhecer o verdadeiro valor da média μ. Já para obter s_1^2, precisamos ainda estimar a média μ por meio de $\bar{x}$. Ao fazer isto, estamos *"gastando"* parte da informação da amostra com μ. Dizemos que, com isso, estamos perdendo um *grau de liberdade* dos n graus que tínhamos. Este é um dos motivos pelos quais se utiliza $n-1$ como denominador de s_1^2. Outro motivo, mais importante, é que isso nos possibilita obter uma estimativa *não viesada* da verdadeira variância σ^2. No capítulo sobre verossimilhança foi apresentado esse viés. A propriedade de não viés ou não tendenciosidade de um estimador significa dizer que *na média atingimos o alvo*; sendo mais formal, significa que a esperança $E(s_1^2) = \sigma^2$.

Considere a amostra $x = [2.5, 3, 3.5]$. Esta amostra possui $n = 3$ informações independentes; chamemos isso de 3 graus de liberdade. Se quisermos estimar a variância utilizando-nos de uma estimativa $\bar{x}$ feita também com os dados x, então não podemos afirmar que s^2 possui os três graus de liberdade, pois um deles já foi utilizado para estimar a média. Isso nos deixa com $n-1$ graus de liberdade.

Entendendo graus de liberdade como o número de informações independentes de uma amostra, considere os desvios em relação à média $\bar{x} = 3$, assim como fazemos no cálculo da variância: $(2.5-3)$, $(3-3)$, $(3.5-3)$. Note que, sabendo da média $\bar{x}$, não *precisamos* conhecer as três informações de desvio, ou melhor, conhecendo quaisquer duas delas, obtemos a terceira, já que a soma dos desvios é nula. Por exemplo, se tomarmos apenas $(3-3)$ e $(3.5-3)$, fica implícito que o termo restante só pode ser $(2.5-3)$, caso contrário a média não seria 3. Essa *dependência* de um dos desvios em relação aos demais é o que nos faz perder um grau de liberdade, de modo que apenas os dois primeiros termos estão *livres* para assumir qualquer valor, mas o terceiro termo não, este será dependente dos dois primeiros para que a soma deles seja nula. Isso explica os $n-1$ graus de liberdade.

Em capítulos posteriores, ajustaremos modelos mais complexos nos quais a verdadeira média μ é definida em função de outros parâmetros. Por exemplo, $\mu = \beta_0 + \beta_1 t$, sendo t uma variável independente, quer dizer, não uma variável resposta. Perceba que, nesse caso, estimar a média requer estimar os parâmetros β_0 e β_1. Assim, haveria $n-2$ graus de liberdade.

Exemplo

A amostra de $n = 10$ dados relacionada ao exemplo anterior é apresentada a seguir.

```
> x <- c(3.80, 4.63, 4.88, 4.58, 4.95, 4.76, 4.37, 5.66, 4.31, 4.06)
```

Como vimos, para avaliar a hipótese

$$H_0 : \mu = 4.2$$

é comum e razoável utilizar-se da estimativa s do desvio padrão, em vez de assumir que seu real valor σ é conhecido. Vimos também que fazer isso implica em perder 1 grau de liberdade. Mas, mais do que isso, implica ainda que a distribuição de probabilidades para a estatística de teste não é normal, mas sim uma derivação desta – a *distribuição t-Student*, que possui apenas um parâmetro (ν): o número de graus de liberdade. Por ser derivada da normal, a distribuição t é bem similar[2] em formato e nos valores dos quantis (veja a Figura 10.2), de modo que a quantidade

$$t = \frac{\bar{x} - \mu}{s_{\bar{x}}} \sim t_\nu$$

é utilizada para avaliar H_0. Com os dados x, obtemos:

```
> mean(x)
[1] 4.6
> sd(x)
[1] 0.518545
```

e, assim, o desvio padrão da média e o valor de t são, respectivamente,

$$s_{\bar{x}} = \frac{0.518}{\sqrt{10}} \approx 0.163$$

$$t = \frac{4.6 - 4.2}{0.163} \approx 2.45$$

Esse valor t calculado fornece p-valor de 0.0183 (Figura 10.2), nos dando evidência de que H_0 deve ser rejeitada.

```
> 1 - pt(q = 2.45, df = 10-1)
[1] 0.01837836
```

No R há uma implementação de uso prático do teste t. Identifique no *output* a seguir o valor da estatística t (que antes arredondamos para 2.45), os graus de liberdade (*df: degrees of freedom*, do inglês) e o p-valor correspondente ao teste unilateral à direita (argumento `alternative = 'greater'`).

```
> t.test(x = x, alternative = "greater", mu = 4.2)

        One Sample t-test

data:  x
t = 2.4393, df = 9, p-value = 0.0187
```

[2] Isso fica ainda mais evidente à medida que ν aumenta.

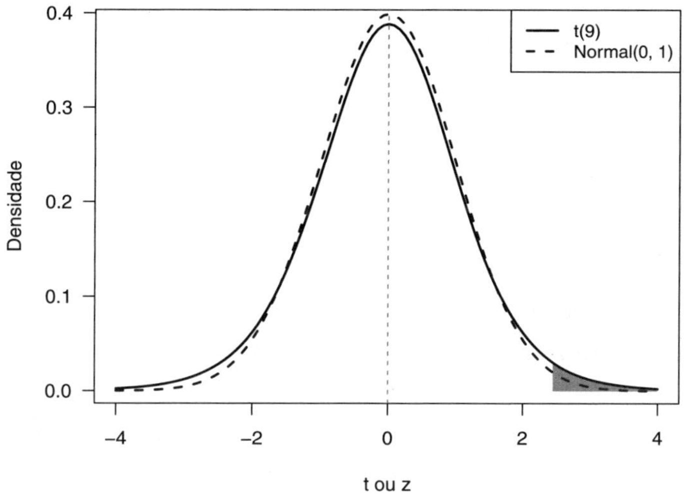

Figura 10.2: Densidades das distribuições t com 9 graus de liberdade e da normal padrão. A linha tracejada central indica a média da distribuição (zero). A área sombreada em vermelho indica o p-valor do teste t exemplificado.

```
alternative hypothesis: true mean is greater than 4.2
95 percent confidence interval:
 4.299409      Inf
sample estimates:
mean of x
      4.6
```

Note ainda que o argumento `alternative = 'greater'` implica em definir $H_1 : \mu > 4.2$, resultando num teste unilateral à direita. A opção `alternative = 'two.sided'` define um teste bilateral, isto é, em que $H_1 : \mu \neq 4.2$, ou seja, quando nos interessa saber se μ é estatisticamente maior ou menor do que a suposição feita em H_0. Um teste bilateral implica também em dividir o nível de significância α nas duas caudas da distribuição. No exemplo teríamos 2.5% em cada uma para, no total, realizarmos o teste com 5% de erro tipo I. Isso implica também em dobrar o p-valor do teste unilateral.

```
> t.test(x = x, alternative = "two.sided", mu = 4.2)

        One Sample t-test

data:  x
t = 2.4393, df = 9, p-value = 0.0374
alternative hypothesis: true mean is not equal to 4.2
95 percent confidence interval:
```

```
 4.229055 4.970945
sample estimates:
mean of x
      4.6
```

10.3 Testes t para duas médias

Os testes vistos nas seções anteriores são de comparação de uma média. Vamos estender o caso para duas médias, isto é, quando nos interessa comparar as médias de duas populações com base nas informações amostrais.

Exemplificando: algumas espécies vegetais produzem substâncias químicas chamadas flavonoides como forma de defesa contra o ataque de insetos, causando problemas nutricionais a estes. Em experimento de laboratório, um pesquisador tomou a massa corporal (mg) de dois grupos de larvas de *Spodoptera frugiperda*[3] com dez dias de idade. Ambos os grupos receberam dieta artificial, mas a dieta do grupo 2 continha determinada concentração de um flavonoide.

```
> g1 <- c(340.1, 375, 322.2, 331.5, 353.1, 299.1, 336.1, 283)
> mean(g1)
[1] 330.0125
> sd(g1)
[1] 29.09278
> var(g1)
[1] 846.3898

> g2 <- c(291.7, 270.9, 327, 336.9, 298.8, 285.1, 289.6)
> mean(g2)
[1] 300
> sd(g2)
[1] 23.58644
> var(g2)
[1] 556.32
```

A média do grupo 1 foi de 330 mg e do grupo 2 foi de 300 mg. Será que isso nos dá evidências para concluir que o flavonoide está tendo efeito negativo sobre a alimentação do inseto? Ou melhor, qual das hipóteses a seguir é mais plausível?

$$H_0 : \mu_1 = \mu_2$$

$$H_1 : \mu_1 \neq \mu_2$$

[3]Lagarta-do-cartucho, principal praga do milho.

Há duas formas de se proceder ao teste t-Student para duas médias: quando as variâncias das duas populações (grupos) são consideradas iguais ou quando não são. Uma forma prática de se verificar a homogeneidade de duas variâncias é a aplicação do *teste F*, que consiste da razão entre a maior e a menor variância dos grupos, de modo a obter resultado sempre maior ou igual a um. No exemplo:

$$F = \frac{s_1^2}{s_2^2} = \frac{846.38}{556.32} = 1.52 \sim F(\nu_1, \nu_2)$$

O valor obtido é esperado ter distribuição F com $\nu_1 = 8 - 1 = 7$ e $\nu_2 = 7 - 1 = 6$ graus de liberdade. Pela distribuição F sob H_0 (Figura 10.3), isto é, considerando $\sigma_1^2 = \sigma_2^2$, temos p-valor de 0.3127, nos indicando que as variâncias são estatisticamente iguais.

```
> var.test(x = g1, y = g2, alternative = "greater")

	F test to compare two variances

data:  g1 and g2
F = 1.5214, num df = 7, denom df = 6, p-value = 0.3127
alternative hypothesis: true ratio of variances is greater than 1
95 percent confidence interval:
 0.3616667       Inf
sample estimates:
ratio of variances
          1.521408
```

Sendo as variâncias iguais, a estatística do teste t a ser aplicado para comparação das médias dos dois grupos é:

$$t = \frac{\bar{x}_1 - \bar{x}_2}{s\sqrt{\frac{1}{n_1} + \frac{1}{n_2}}} \sim t_\nu$$

em que $\nu = n_1 + n_2 - 2$, e s é uma estimativa de erro padrão comum a ambos os grupos, obtida pela combinação

$$s = \sqrt{\frac{(n_1 - 1)s_1^2 + (n_2 - 1)s_2^2}{n_1 + n_2 - 2}}$$

A mesma implementação `t.test()` usada para uma média pode ser usada para comparar duas.

```
> t.test(x = g1, y = g2, var.equal = TRUE)

	Two Sample t-test

```

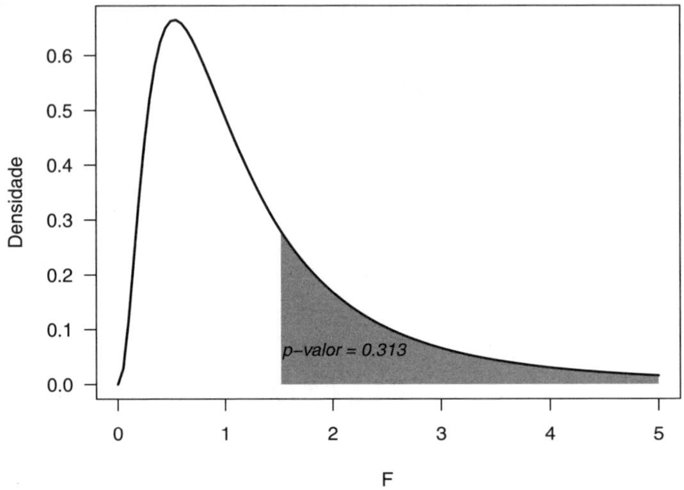

Figura 10.3: Densidades da distribuição F com 7 graus de liberdade no numerador e 6 no denominador. A área sombreada em vermelho indica o p-valor do teste exemplificado.

```
data:  g1 and g2
t = 2.1725, df = 13, p-value = 0.0489
alternative hypothesis: true difference in means is not equal to 0
95 percent confidence interval:
  0.1672373 59.8577627
sample estimates:
mean of x mean of y
 330.0125  300.0000
```

O p-valor (0.0489) é inferior a $\alpha = 0.05$, indicando que de fato o flavonoide está promovendo efeito nutricional negativo sobre a massa corpórea das larvas. Note que este é um teste bilateral, pois com H_1 nos importa saber se a diferença entre as médias dos grupos é positiva ou negativa e não apenas se uma delas especificamente é maior do que a outra, o que implicaria num teste unilateral.

Observe ainda que a hipótese alternativa anunciada no *output* é referente à diferença entre as médias, isto é, equivale a dizer que o efeito τ do flavonoide é não nulo. Esse teste equivale ao teste F da análise de variância[4] quando há apenas dois níveis do fator em comparação.

$$H_0 : \tau = \mu_1 - \mu_2 = 0$$

[4]A ser visto. Vale salientar o resultado: $t_\nu^2 \sim F(1, \nu)$.

Um efeito não nulo pode ser também testado utilizando o argumento `mu`. Na estatística de teste t apresentada anteriormente, basta subtrair do numerador o valor desse suposto efeito.

Teste t quando as variâncias são diferentes

Quando não se deve aceitar $H_0 : \sigma_1^2 = \sigma_2^2$ pelo teste F, então a estatística t para comparação de médias se utiliza de ambas as estimativas de variância.

$$t = \frac{\bar{x}_1 - \bar{x}_2}{\sqrt{\frac{s_1^2}{n_1} + \frac{s_2^2}{n_2}}} \sim t_{\nu^*}$$

em que ν^* é uma aproximação para os graus de liberdade, de acordo com a equação de Welch-Satterthwaite:

$$\nu^* = \frac{\left(\frac{s_1^2}{n_1} + \frac{s_1^2}{n_1}\right)^2}{\frac{\left(\frac{s_1^2}{n_1}\right)^2}{n_1-1} + \frac{\left(\frac{s_2^2}{n_2}\right)^2}{n_2-1}}$$

sendo que $\min(n_1, n_2) - 1 \leq \nu^* \leq n_1 + n_2 - 2$.

10.4 Teste t para dados pareados

O teste t-Student para dados pareados é um procedimento similar ao teste t para uma média, e apropriado quando há duas amostras *pareadas* ou *dependentes* de alguma forma. Sua aplicação é comum em estudos em que os n indivíduos da amostra são avaliados antes e após um determinado tratamento, originando *dados longitudinais* ou de *medidas repetidas*. O fato é que a avaliação realizada em dois momentos *nos mesmos* indivíduos causa uma dependência que não é capturada, por exemplo, ao se aplicar o teste t para duas médias visto anteriormente.

Além da dependência temporal, outros tipos de dependência entre amostras ditas pareadas podem surgir, como dependência espacial. Imagine mensurar a umidade do solo em cinco pontos amostrais de uma área experimental. De cada ponto é quantificada a umidade nas camadas 0-20 e 20-40 cm. Perceba então que, se há mais umidade numa das camadas, em geral espera-se que a outra possua valor correspondente, com algum grau de correlação.

Há casos ainda em que as amostras apresentam dependência genética. Imagine agora que o rendimento de grãos de dois híbridos (genótipos) de milho está sendo comparado estatisticamente. Ocorre que esses híbridos são provenientes de cruzamentos genéticos feitos com um mesmo parental, fazendo com que haja correlação genética (parentesco) entre as duas amostras.

Exemplo

Continuemos com o exemplo de potássio no sangue de equinos. Admita que a concentração de potássio foi mensurada em $n = 10$ animais, antes e após estes serem submetidos a uma determinada dieta teste.

```
> y <- c(4.08, 3.46, 4.16, 4.49, 4.51, 4.31, 4.64, 3.27, 4.65, 4.72)
> x <- c(3.80, 4.63, 4.88, 4.58, 4.95, 4.76, 4.37, 5.66, 4.31, 4.06)
```

Como as avaliações foram realizadas nos mesmos indivíduos, há dependência do tipo medidas repetidas. Nesse caso, o interesse não está na comparação das médias dos dois grupos, mas sim em saber se a real (populacional) diferença média $\delta = x - y$ é significativa, ou seja, se em média a dieta teste aumentou a concentração sérica de potássio.

$$H_0 : \delta = 0$$

$$H_1 : \delta > 0$$

A estatística de teste é

$$t = \frac{\bar{d} - \delta}{s_{\bar{d}}} \sim t_\nu$$

em que $\nu = n - 1$ é o número de graus de liberdade da distribuição t; $\bar{d}$ é a média das n diferenças $d_i = x_i - y_i$ $(i = 1, 2, ..., n)$; $s_{\bar{d}}$ é o desvio padrão de $\bar{d}$

$$s_{\bar{d}} = \frac{s}{\sqrt{n}}$$

$$s = \sqrt{\frac{1}{n-1}\sum_{i=1}^{n}(d_i - \bar{d})^2}$$

A solução no R é bastante prática, utilizando a mesma função de antes.

```
> t.test(x, y, paired = TRUE, alternative = "greater")

        Paired t-test

data:  x and y
t = 1.3, df = 9, p-value = 0.1129
alternative hypothesis: true difference in means is greater than 0
```

```
95 percent confidence interval:
 -0.1521314        Inf
sample estimates:
mean of the differences
                 0.371
```

Observe que a diferença não é significativa ($p = 0.1129$), indicando que a dieta não está promovendo *aumento* médio ($\bar{d} = 0.371$) na concentração de potássio. Perceba que utilizamos a palavra *aumento* por causa da hipótese H_1, que nos solicita um teste unilateral à direita. Altere o argumento `alternative` para um teste bilateral e observe como o p-valor dobra.

Procedimento alternativo

Nos testes t para duas médias, as estatísticas de teste para avaliação de uma hipótese feita sobre a real diferença entre as médias, $H_0 : \mu_1 - \mu_2 = \delta$, são assim definidas:

$$t = \frac{\bar{x}_1 - \bar{x}_2 - \delta_{H_0}}{\sqrt{Var(\bar{x}_1 - \bar{x}_2)}}$$

sendo que

$$Var(\bar{x}_1 - \bar{x}_2) = Var(\bar{x}_1) + Var(\bar{x}_2) - 2Cov(\bar{x}_1, \bar{x}_2)$$

isto é, a variância de uma diferença envolve também o termo de covariância (ou correlação), como será visto com mais detalhes no próximo capítulo. Ocorre que ambos os testes apresentados consideram como nula esta covariância. Veja:

$$\begin{aligned} Var(\bar{x}_1 - \bar{x}_2) &= Var(\bar{x}_1) + Var(\bar{x}_2) \\ &= \frac{s_1^2}{n_1} + \frac{s_2^2}{n_2} \end{aligned}$$

e, caso sejam as duas variâncias consideradas homogêneas,

$$\begin{aligned} Var(\bar{x}_1 - \bar{x}_2) &= \frac{s^2}{n_1} + \frac{s^2}{n_2} \\ &= s^2\left(\frac{1}{n_1} + \frac{1}{n_2}\right) \end{aligned}$$

Ocorre que nem sempre é razoável admitir que as duas amostras são independentes. E, nesses casos, considerar $Cov = 0$ pode tornar inflacionada ou subestimada a estimativa de variância utilizada no teste. Logicamente, nem sempre tem-se dados pareados. Isso em geral ocorre com $n_1 \neq n_2$. No entanto, se for razoável admitir, ou melhor, estimar um valor para a covariância entre os dois grupos, o teste t para duas médias ganha consideravelmente em *poder* de detecção, ou em redução do erro tipo I (Zimmerman, 2012).

Será visto mais adiante que

$$Cov(X_1, X_2) = Cor(X_1, X_2)\sqrt{Var(X_1)Var(X_2)}$$

com $Cor(X_1, X_2) \in [-1, 1]$ sendo um índice que nos permite avaliar o grau de dependência linear entre duas variáveis X_1 e X_2. Dependências mais fortes implicam em correlação próxima dos extremos -1 ou 1. Assim, conhecendo as variâncias das médias das duas amostras em teste e tendo em mãos uma estimativa r da correlação, é possível aplicar uma versão mais robusta do teste t para duas médias, com o denominador

$$\frac{s_1^2}{n_1} + \frac{s_2^2}{n_2} - 2r\sqrt{\frac{s_1^2}{n_1} \times \frac{s_2^2}{n_2}}$$

e executando o teste com $\nu*$ graus de liberdade.

10.5 Testes sobre tabelas de contingência

Tabelas de contingência, isto é, tabelas cujos dados consistem de frequências e estejam organizados conforme um ou mais critérios de classificação (categorias), são muito comuns enquanto dados de pesquisa de diversas áreas da ciência. Com dados desse tipo, veremos nesta seção como aplicar o teste do qui-quadrado de Pearson, o teste exato de Fisher e o teste da razão de verossimilhanças, este último já introduzido no Capítulo 4.

Exemplo 1: nematoides

Nematoides são vermes que habitam o solo e/ou a água, havendo também espécies parasitas de animais e plantas. Algumas espécies de nematoides fitopatogênicos causam redução expressiva da produção vegetal por infectarem as raízes das plantas. Em estudos de resistência de plantas a nematoides, vasos contendo solo livre de nematoides são utilizados para cultivo de plantas. Um determinado número de ovos, digamos 500, é então adicionado ao solo e, após certo tempo, é feita a extração/contagem de indivíduos presentes no solo e nas raízes. Quando o número de indivíduos aumenta, diz-se que a planta não possui resistência ao nematoide.

Nesse sentido, dois genótipos (A e B) de soja foram avaliados quanto à resistência a *Pratylenchus brachyurus*[5]; 25 plantas de cada genótipo foram classificadas em resistente (R) ou suscetível (S), conforme dados na tabela a seguir.

Tabela 10.1: Frequências observadas

Genótipo	R	S	Total
A	21	4	25
B	13	12	25
Total	34	16	50

Teste do qui-quadrado

Com o exemplo anterior, há a necessidade de verificar se a proporção de plantas resistentes é homogênea em relação aos genótipos. Isso equivale a testar a hipótese H_0 de independência entre Genótipos e Grupo de Resistência. Sob esta hipótese, esperaríamos a tabela a seguir.

Tabela 10.2: Frequências esperadas

Genótipo	R	S	Total
A	$\frac{34\times25}{50} = 17$	$\frac{16\times25}{50} = 8$	25
B	$\frac{34\times25}{50} = 17$	$\frac{16\times25}{50} = 8$	25
Total	34	16	50

Vejamos como avaliar isso inicialmente com o versátil[6] *teste do qui-quadrado* proposto por Karl Pearson em 1899. A estatística do teste consiste em avaliar distâncias relativas entre as frequências observadas (x_{ij}) e esperadas sob H_0 ($\hat{x}_{ij}$) de cada célula da tabela, isto é, de cada combinação das l linhas e c colunas.

$$Q^2 = \sum_{i=1}^{l} \sum_{j=1}^{c} \frac{(x_{ij} - \hat{x}_{ij})^2}{\hat{x}_{ij}} \sim \chi^2_\nu$$

em que $\nu = (l-1)(c-1)$ é o número de graus de liberdade, parâmetro da distribuição qui-quadrado. Observe o *output* a seguir.

[5]Conhecido como nematoide das lesões, um dos maiores problemas fitossanitários da sojicultura e outras grandes culturas.

[6]O teste de qui-quadrado pode ser aplicado em problemas de aderência como frequências alélicas, aderência de dados à distribuições de probabilidade, associação entre variáveis.

```
> x <- matrix(c(21, 13, 4, 12), nrow = 2)
> qui <- chisq.test(x, correct = FALSE)
> qui

        Pearson's Chi-squared test

data:  x
X-squared = 5.8824, df = 1, p-value = 0.01529
```

com o que obtemos[7] $Q^2 = 5.8824$ e, com $(2-1)(2-1) = 1$ grau de liberdade, p-valor (0.01529) associado inferior a 0.05, evidenciando a rejeição de H_0, ou seja, os genótipos não são igualmente resistentes à *P. brachyurus*.

Observações sobre o teste χ^2

- O teste de qui-quadrado aplica-se a tabelas de dupla entrada e estas podem ter, teoricamente, quaisquer dimensões $l \times c$. O procedimento é o mesmo.
- As categorias ou classificações nas linhas e colunas devem ser mutuamente exclusivas.
- Há algumas restrições de aplicação do teste χ^2 no que se refere às frequências esperadas: (i) estas não devem ser inferiores a 1; (ii) devem ser no mínimo 5 em pelo menos 80% das células.
- O teste não faz pressuposições acerca da distribuição de probabilidades dos dados, sendo, assim, considerado um teste não-paramétrico.
- Quando o número de graus de liberdade é alto, superior 30, há uma aproximação à distribuição normal.

Teste Exato de Fisher

Em casos em que o teste de qui-quadrado não deve ser aplicado, conforme observações anteriores, especificamente ao lidar com poucos dados (baixas frequências), o teste exato de Fisher é a alternativa apropriada.

O teste de Fisher é baseado na distribuição hipergeométrica de valores das células e é dito exato porque consiste em calcular o p-valor diretamente, diferentemente do teste qui-quadrado que se utiliza de uma aproximação à distribuição χ^2.

[7] O argumento `correct` da função `chisq.test()` refere-se à correção de Yates, sugerida para qui-quadrado com 1 grau de liberdade, isto é, tabelas 2×2. A correção consiste em subtrair 0.5 de todas as diferenças $|x_{ij} - \hat{x}_{ij}|$.

$$p = \frac{\binom{x_{1.}}{x_{11}}\binom{x_{2.}}{x_{21}}}{\binom{x_{..}}{x_{.1}}}$$

em que $x_{1.}$ é o total da linha 1, considerado fixo; $x_{.1}$ é o total da coluna 1, considerado fixo; $x_{..}$ é o total geral.

```
> fisher.test(x, alternative = "greater")

        Fisher's Exact Test for Count Data

data:  x
p-value = 0.01608
alternative hypothesis: true odds ratio is greater than 1
95 percent confidence interval:
 1.347139      Inf
sample estimates:
odds ratio
  4.687663
```

O p-valor (0.01608) obtido é semelhante ao obtido com o χ^2. Mas observe que aqui definimos um teste unilateral com a hipótese alternativa. Observe que no qui-quadrado os sinais da diferenças entre frequências observadas e esperadas não importa, já que são elevadas ao quadrado.

Em tabelas 2×2, *output* fornece também a razão de chances (*odds ratio* - *OR*, do inglês), sendo

$$OR = \frac{p_1/(1-p_1)}{p_2/(1-p_2)}$$

sendo $p_1 = 21/25 = 0.84$ e $p_2 = 13/25 = 0.52$ a probabilidade de "sucesso" (classe R, no caso) de cada grupo (genótipo, no caso); $p/(1-p)$ é conhecida como *chance*. Assim,

$$OR = \frac{0.84/(1-0.84)}{0.52/(1-0.52)} \approx 4.84$$

dizemos que a chance de ocorrerem plantas resistentes é cerca de 4.84[8] vezes maior com o genótipo A do que com o B.

[8]A estimativa $OR \approx 4.84$ é dita *marginal*, enquanto que a estimativa $OR \approx 4.68$ mostrada pela `fisher.test()` é uma estimativa *condicional* de máxima verossimilhança baseada na distribuição hipergeométrica.

Exemplo 2: broca em arroz

Num estudo sobre resistência genética de plantas de arroz à *Diatraea saccharalis*[9], 4 genótipos (a-d) foram classificados em resistente (R), suscetível (S) e moderadamente suscetível (MS). De cada genótipo, 10 plantas foram cultivadas em vaso e manualmente infestadas com larvas da praga. Os dados a seguir referem-se ao número de plantas em cada classe de resistência.

```
> X <- matrix(c(8,7,5,2, 0,1,5,5, 2,2,0,3), nrow=4)
> rownames(X) <- letters[1:4]
> colnames(X) <- c("R", "S", "MS")
> X
  R S MS
a 8 0  2
b 7 1  2
c 5 5  0
d 2 5  3
```

É razoável concluir em favor da hipótese H_0 de homogeneidade estatística entre os genótipos considerando as três classes? Ambos os testes já apresentados podem ser considerados. Mas veremos a seguir uma abordagem talvez ainda mais versátil, por meio de um TRV.

TRV multinomial

Nesta seção vamos considerar cada genótipo do último exemplo como uma observação de uma distribuição trinomial, isto é, o caso especial da distribuição multinomial apresentada no Capítulo 3 quando há três resultados possíveis (classes de resistência) mutuamente excludentes.

$$P(X_1 = x_1, X_2 = x_2, X_3 = x_3 | N, p_1, p_2, p_3) = \frac{N!}{x_1!x_2!x_3!} p_1^{x_1} p_2^{x_2} p_3^{x_3}$$

em que X_j $(j = 1, 2, 3)$ representa a frequência de indivíduos da classe j (R, S ou MS, no exemplo); N é o número de ensaios independentes ($N = 10$, no exemplo) em cada observação (genótipo); p_j é a probabilidade de 'sucesso' de cada classe j.

No exemplo, tem-se as seguintes estimativas $\hat{p}_{ij}$ para cada genótipo i $(i = 1, 2, 3, 4)$.

```
> P <- X/10
> P
```

[9]Vulgarmente chamada broca-do-colmo, inseto praga de importância econômica em culturas como arroz e cana-de-açúcar.

```
    R   S  MS
a 0.8 0.0 0.2
b 0.7 0.1 0.2
c 0.5 0.5 0.0
d 0.2 0.5 0.3
```

Mas, sob a hipótese de homogeneidade, não das classes de resistência, pois é esperado que haja diferenças entre elas, mas sim para os genótipos, em termos das probabilidades de ocorrência das três classes, podemos considerar, por exemplo, a média das probabilidades de cada classe. Isso equivale ao procedimento utilizado no teste qui-quadrado para obtenção das frequências esperadas. Assim,

```
> cm <- colMeans(P)
> cm
    R     S    MS
0.550 0.275 0.175

> P0 <- rbind(cm, cm, cm, cm)
> P0
      R     S    MS
cm 0.55 0.275 0.175
cm 0.55 0.275 0.175
cm 0.55 0.275 0.175
cm 0.55 0.275 0.175
```

que equivale a

$$H_0 : p_{1j} = p_{2j} = p_{3j} = p_{4j} \;\; \forall j = 1, 2, 3.$$

Perceba que, com isso, estamos questionando basicamente se o modelo trinomial com $\boldsymbol{P}_{H_0}$ ajusta-se tão bem aos dados $\boldsymbol{X}$ quanto o modelo trinomial com $\hat{\boldsymbol{P}}$. Assim, um TRV pode ser construído a partir das funções log-verossimilhança, irrestrita

$$\log L(\hat{\boldsymbol{P}}|\boldsymbol{X}) \propto \sum_{i=1}^{4}\sum_{j=1}^{3} x_{ij}\log(p_{ij})$$

e, com as restrições impostas em H_0,

$$\log L(\boldsymbol{P}_{H_0}|\boldsymbol{X}) \propto \sum_{i=1}^{4}\sum_{j=1}^{3} x_{ij}\log(p_{ij}^{H_0})$$

com as quais calculamos a estatística do TRV:

$$L_R = 2\log\left(\frac{L[\hat{\boldsymbol{P}}|\boldsymbol{X}]}{L[\boldsymbol{P}_{H_0}|\boldsymbol{X}]}\right) \to \chi^2_\nu$$

com aproximação assintótica da distribuição qui-quadrado, sendo os graus de liberdade $\nu = (l-1)(c-1)$. Observe como ν equivale à diferença do número de parâmetros livres em $\boldsymbol{P}$ (8) e em $\boldsymbol{P}_{H_0}$ (2).

Agora os comandos para construir o teste no R:

```
> logL.ML <- dmultinom(x = X, prob = P, log = TRUE)
> logL.ML
[1] -12.74479

> logL.H0 <- dmultinom(x = X, prob = P0, log = TRUE)
> logL.H0
[1] -22.0486

> LR <- 2*(logL.ML - logL.H0)
> LR
[1] 18.60763
> 1 - pchisq(LR, df = 3*2)  # p-valor
[1] 0.00488025
```

Visto $p = 0.0049$, temos evidência para rejeitar a hipótese de que os genótipos apresentam proporções homogêneas de plantas R, S e MS.

Uma forma conveniente de realizar essa análise é ajustando um modelo log-linear multinomial com a função `multinom()` do pacote *nnet* (Venables & Ripley, 2002).

10.6 Intervalos de confiança

Apesar de estimativas pontuais serem bastante úteis, não fornecem informações completas acerca dos parâmetros estimados, especificamente no que tange ao intervalo de valores que essas estimativas podem assumir de amostra para amostra.

Definição

Seja $\boldsymbol{x}$ uma amostra aleatória de tamanho n e seja θ um parâmetro de interesse. Determina-se as quantidades $q_1(\boldsymbol{x})$ e $q_2(\boldsymbol{x})$ tal que

$$P_\theta(q_1 \leq \theta \leq q_2) = 1 - \alpha$$

em que $1-\alpha$ é o *nível de confiança*[10] do intervalo de confiança para θ definido pelos limites q_1 e q_2. Diz-se então que $1-\alpha$ é a probabilidade de se selecionar uma amostra aleatória tal qual $\boldsymbol{x}$ que produzirá um intervalo contendo o parâmetro

[10] O oposto do *nível de significância* ou margem de erro tipo I de um teste de hipóteses para θ.

θ. A Figura 10.4 ilustra esse conceito. Observe que 10 ICs foram construídos, cada um a partir de uma amostra aleatória distinta, mas de mesmo tamanho e provenientes da mesma população; e cada um com $100(1-\alpha) = 90\%$ de confiança. Perceba que apenas um dos dez ICs não engloba o parâmetro θ.

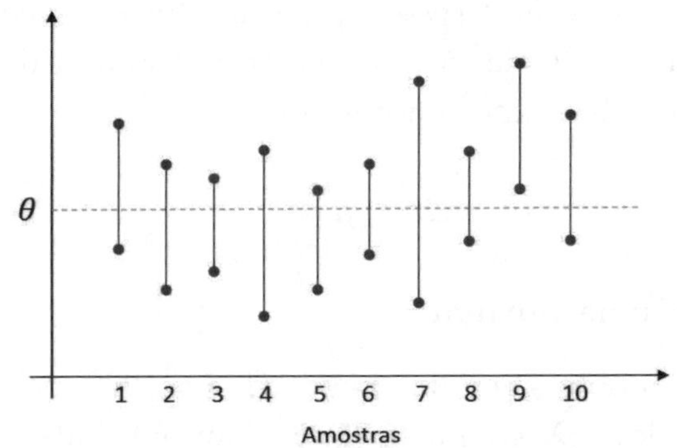

Figura 10.4: Ilustração de dez intervalos de 90% confiança cada para o parâmetro θ.

Embora ilustremos o conceito e interpretação de IC com várias amostras, na prática temos apenas um IC proveniente de uma amostra. Idealmente esse IC deve ter as seguinte propriedades:

- Abranger o valor do parâmetro.
- Apresentar o menor comprimento $(q_2 - q_1)$ possível, que está relacionado com uma maior precisão da estimativa.

Há uma relação direta entre ICs e testes de hipóteses. Em geral observa-se correspondência entre a região de aceitação de H_0 de um teste e os limites do IC. Assim, uma das principais formas de se obter ICs é por meio da inversão de uma estatística de teste, como as vistas para uma e duas médias.

IC para uma média normal

Seja s um estimador de σ, o desvio padrão da distribuição normal, e $\bar{x}$ o estimador da média μ, então um IC de $1-\alpha$ de confiança para μ baseado na estatística t é definido pelas quantidades:

$$q_1 = \bar{x} - t_{1-\alpha/2,\nu}\frac{s}{\sqrt{n}}$$

$$q_2 = \bar{x} + t_{1-\alpha/2,\nu}\frac{s}{\sqrt{n}}$$

sendo $t_{1-\alpha/2,\nu}$ um quantil da distribuição t com $\nu = n - 1$ graus de liberdade. Por exemplo, com $\alpha = 0.05$ e $\nu = 9$, temos $t_{0.975,9} = 2.26$.

```
> qt(p = 0.975, df = 9)
[1] 2.262157
```

Revisite o *output* da seção "Teste t para uma média", com o teste bilateral. Verifique que os limites do IC de 95% de confiança para a média μ da concentração de potássio no sangue de equinos é fornecido.

$$4.23 \leq \mu \leq 4.97$$

IC para uma variância normal

Suponha que se deseja obter um intervalo de $(1 - \alpha)100\%$ de confiança para σ^2, a variância de uma variável X com distribuição normal. Sabe-se que a quantidade a seguir, função da variância amostral s^2, possui distribuição qui-quadrado com $n - 1$ graus de liberdade:

$$\frac{(n-1)s^2}{\sigma^2} \sim \chi^2_{n-1}$$

e, com isso,

$$P\left(q_1 \leq \frac{(n-1)s^2}{\sigma^2} \leq q_2\right) = 1 - \alpha$$

que, quando invertida, produz

$$P\left(\frac{(n-1)s^2}{q_2} \leq \sigma^2 \leq \frac{(n-1)s^2}{q_1}\right) = 1 - \alpha$$

Logicamente, escolhas plausíveis para q_1 e q_2 são obtidas da distribuição qui-quadrado

$$q_1 = \chi^2_{\alpha/2,\nu}$$

$$q_2 = \chi^2_{1-\alpha/2,\nu}$$

Ainda com o exemplo da concentração de potássio, temos o seguinte IC de 95% para a variância:

```
> n <- length(x)
> n
[1] 10
> var(x)
```

```
[1] 0.2688889

> q2 <- qchisq(p = 0.975, df = n-1)
> q2
[1] 19.02277
> q1 <- qchisq(p = 0.025, df = n-1)
> q1
[1] 2.700389

# IC
> (n-1)*var(x)/q2
[1] 0.127216
> (n-1)*var(x)/q1
[1] 0.896167
```

Isto é, $s^2 = 0.2688$ e, com 95% de confiança, $0.1272 \leq \sigma^2 \leq 0.8961$.

Observação

Outras formas de se determinar intervalos de confiança são apresentadas nos Capítulos 5 e 6, via método delta e bootstrap, respectivamente. Essas alternativas podem ser de utilidade especial em situações nas quais o estimador do parâmetro de interesse, ou função deste, é complexo e/ou não é razoável assumir uma distribuição de probabilidades para ele.

10.7 *Jupyter notebook*

Faça a leitura do *QR code* a seguir para executar em nuvem os comandos apresentados neste capítulo com um *Jupyter notebook* com kernel do software R.

10.8 Exercícios

1. Um pesquisador está estudando o efeito de dois métodos de conservação a vácuo de salame tipo italiano – método A: alta barreira ao oxigênio e à luz, método B: baixa barreira ao oxigênio e a luz. O método A é mais

oneroso. Foram retiradas amostras e avaliado o índice de pigmentos totais (em ppm). Com base na comparação estatística das médias, deve-se concluir que o método A proporciona maior pigmentação?

Método	n	Média	Desvio padrão
A	12	52	15
B	15	48	10

2. O diâmetro do colmo é uma variável associada à resistência de arroz à broca-do-colmo. Considere dados de diâmetro do colmo (mm) de dois cultivares. Considerando a Figura 10.5, realize um teste para avaliar a hipótese $H_0 : \mu_I = \mu_C$.
Sugestão: utilize a função `qt()` *do R para obter valores da tabelados de t.*

IR-20 (I)	4.8	5.2	4.9	5	4.8	6.5
Carolina (C)	5.5	4.5	3.7	3.6	4.6	3.5

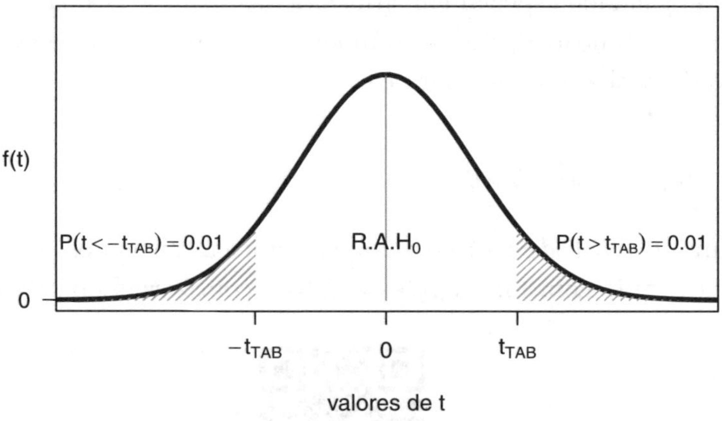

Figura 10.5: Limites da distribuição t-Student para a Região de Aceitação de H_0.

3. (Ervilhas de Mendel) Em um experimento com cruzamento genético de plantas, Mendel obteve 556 sementes de ervilha na geração F2 e as classificou de acordo com a cor e o formato do tegumento em quatro classes: amarela redonda, verde redonda, amarela rugosa, verde rugosa, obtendo as seguintes frequências: 315, 108, 101 e 32, respectivamente. Aplique um teste para avaliar a hipótese H_0 de que os dados se ajustam ao modelo genético de frequências esperadas na proporção 9:3:3:1.

4. Os dados a seguir referem-se ao fator de reprodução, razão entre a população final e inicial, de nematoides em dois genótipos de trigo. Dez plantas de cada foram cultivadas em vasos e classificadas em resistente/tolerante ou suscetível considerando o limiar 1, isto é, $FR > 1$ significa planta suscetível. Verifique se há normalidade com as duas amostras, aplique o teste t apropriado e tome conclusões acerca da resistência dos genótipos. Depois construa uma tabela de contingência de dupla entrada e avalie a hipótese de que a proporção de plantas suscetíveis é a mesma em ambos os genótipos. Compare os resultados do teste t e do teste de independência sobre a tabela de contingência.

```
> A <- c(0.76, 1.85, 0.4, 0.67, 1.64, 1.4, 1.81, 1.21, 0.69, 1.25)
> B <- c(0.94, 0.98, 1.2, 0.9, 0.82, 0.78, 0.96, 0.84, 0.91, 0.93)
```

Capítulo 11

Covariância e correlação

Outra parte fundamental da análise exploratória de dados é o estudo de medidas de associação entre variáveis. Além disso, a existência de associação entre variáveis resposta é condição fundamental para realização de análises multivariadas, no sentido de que interdependência implica em nenhum ganho em relação à informações obtidas com métodos univariados.

O grau de associação linear entre variáveis é usualmente medido por meio da covariância e por meio de coeficientes de correlação. Sendo que a primeira é afetada pelas unidades de medida, as correlações não.

11.1 Covariância e correlação de Pearson

Considere duas variáveis quaisquer, X e Y. A covariância $Cov(X, Y)$ é uma medida do grau de variação linear *conjunta* entre essas variáveis, ou seja, o quanto de variabilidade elas compartilham. Note que, se considerarmos a soma $X + Y$, a variância é

$$Var(X + Y) = Var(X) + Var(Y) + 2Cov(X, Y)$$

A Figura 11.1 ilustra esse conceito.

Para obter a covariância amostral, lembre-se do estimador da variância amostral e note a semelhança. Analogamente, temos:

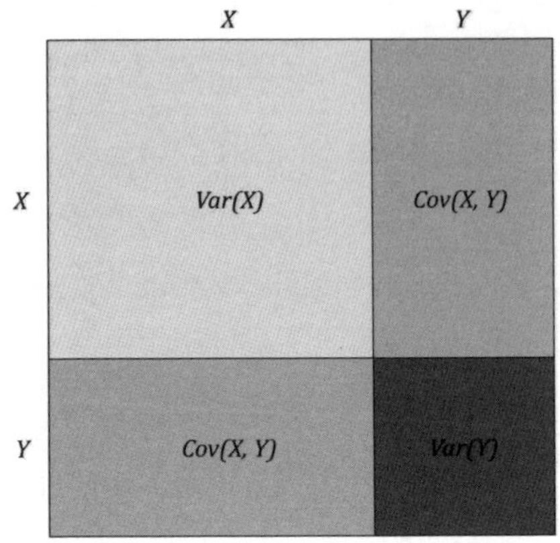

Figura 11.1: Diagrama ilustrativo da (co)variância entre duas variáveis aleatórias X e Y.

$$\hat{C}ov(X,Y) = \hat{\sigma}_{XY} = s_{XY} = \frac{1}{n-1}\sum_{i=1}^{n}(x_i - \bar{x})(y_i - \bar{y})$$

isto é, consiste da média dos produtos cruzados entre os n pares de valores amostrais x e y centrados nas suas médias.

Já importamos os dados camadassolo.csv (Cap. 7) para o objeto `solo` e fizemos `attach(solo)` para *liberar* as colunas como variáveis globais na memória do R[1]. Calcularemos a covariância entre as variáveis US e RP da seguinte forma:

```
> cov(x = US, y = RP)
[1] -1.989888
```

com o que percebemos pelo sinal negativo que a relação entre RP e US é inversa. No entanto, o valor 1.98 não tem de fato um sentido prático, já que consiste de uma combinação de unidades de medidas distintas: MPa $\times$ %, de modo que não sabemos de fato se essa relação inversa entre as variáveis é alta ou baixa. Sabemos apenas que, quanto maior a umidade do solo, menor a resistência a penetração.

A correção deste problema vem com um tipo de padronização feita na covariância, dividindo-a pelo produto dos desvios padrão de cada variável. Observe que s_{RP} é dado em MPa e s_{US} é dado em %. Assim, o resultado da divisão gera um valor adimensional, entre -1 e 1, que nada mais é do que a *correlação amostral* ou, mais especificamente, o *coeficiente de correlação de Pearson.*

[1] Recomenda-se fazer `detach(solo)` em seguida, para evitar conflitos de objetos como variáveis globais.

$$\hat{C}or(X,Y) = r_{XY} = \frac{s_{XY}}{s_X s_Y}$$

```
> cor(RP, US)
[1] -0.7992292
```

e agora, sim, podemos afirmar que a correlação entre RP e US é negativa e relativamente forte, e já está próxima do limite inferior, -1.

11.2 Diagramas de dispersão

Devido ao fato de a covariância e a correlação amostral (Pearson) serem medidas de associação estritamente **linear**, é aconselhável fazer inicialmente uma análise gráfica da dispersão dos pares de valores. Isso pode ser executado com a função geral `plot()`.

```
> plot(x = US, y = RP)
> abline(v = mean(US), h = mean(RP), lty = 3)
```

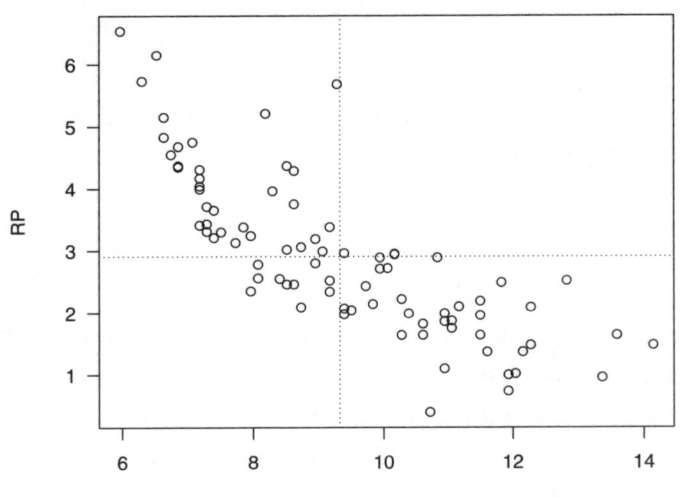

Figura 11.2: Diagrama de dispersão de US e RP

A relação entre US e RP, neste caso, pode ser considerada, pelo menos, aproximadamente linear. Assim, o coeficiente de correlação de Pearson pode ser utilizado como medida de associação. No entanto, faça o diagrama de dispersão das variáveis x e y a seguir e depois calcule a correlação. Você deverá perceber que, dada a relação quadrática entre elas, a correlação é praticamente nula. Com isso, afirmar-se-ia que não há relação, o que não é verdade; esta relação apenas não é *linear*.

```
> x <- seq(-2, 2, by = 0.1)
> y <- x^2
```

11.3 Teste da correlação

Vimos o estimador r para o verdadeiro valor ρ de correlação. A estatística t-Student

$$t = \frac{r\sqrt{n-2}}{\sqrt{1-r^2}}$$

associada a $n-2$ graus de liberdade é utilizada para avaliar a hipótese de nulidade $H_0 : \rho_{XY} = 0$. No R,

```
> cor.test(x = US, y = RP)

        Pearson's product-moment correlation

data:  US and RP
t = -12.042, df = 82, p-value < 2.2e-16
alternative hypothesis: true correlation is not equal to 0
95 percent confidence interval:
 -0.8653465 -0.7057680
sample estimates:
       cor
-0.7992292
```

Uma vez que $p < 0.01$, rejeitamos H_0, indicando que as variáveis RP e US são de fato correlacionadas. Observe o valor da estatística $t = -12.042$, com $n-2 = 82$ graus de liberdade. O *output* contém ainda um intervalo assintótico de 95% de confiança para ρ, entre -0.86 e -0.70, construído pela aproximação de Fisher para a distribuição normal:

$$U = \frac{1}{2}\log\left(\frac{1+r}{1-r}\right) \sim N\left(\mu = 0, \sigma^2 = \frac{1}{n-3}\right)$$

de tal modo que

$$r = \frac{\exp(2U)-1}{\exp(2U)+1}$$

e, assim, com $1-\alpha$ de confiança,

$$\frac{\exp[2(U - U_{1-\alpha/2})] - 1}{\exp[2(U - U_{1-\alpha/2})] + 1} \leq \rho \leq \frac{\exp[2(U + U_{1-\alpha/2})] - 1}{\exp[2(U + U_{1-\alpha/2})] + 1}$$

11.4 Correlações não paramétricas

O coeficiente de Pearson deve ser utilizado quando as variáveis são provenientes da distribuição normal bivariada ou, ao menos, são contínuas. Variáveis discretas ou que não atendem a esse pré-requisito devem ser estudadas por meio dos coeficientes *não paramétricos* de Spearman ou Kendall, os quais podem ser entendidos como índices de monotonicidade, pelo fato de não serem baseados nas observações propriamente ditas. A correlação de Spearman ρ_s, por exemplo, entre duas variáveis quaisquer X e Y é calculada a partir dos ranks m_x e m_y (ou postos) das observações originais.

$$\rho_s = \frac{Cov(m_x, m_y)}{\sqrt{Var(m_x)Var(m_y)}}$$

cujo intervalo de variação também é -1 a 1, e assim a interpretação é a mesma do coeficiente de Pearson. Ocorre que, por ser baseada em ranks, Sperman é robusta a *outliers*.

Para calcular estes coeficientes, basta adicionar modificar o argumento `method` da função `cor()`.

```
> cor(RP, US, method = "spearman")
[1] -0.8606981
```

11.5 Gráfico de *draftsman*

Uma generalização do diagrama de dispersão é o gráfico de draftsman, onde podem ser visualizadas as dispersões envolvendo todos os pares de variáveis. O comando `pairs(solo[, -7])` faz uma versão mais simples da apresentada na Figura 11.3, obtida com o pacote *GGally* (Schloerke et al., 2018). Observe que apenas excluímos a sétima coluna, que não é numérica, mas um fator (camada). Na diagonal é apresentada a densidade kernel de cada variável, por camada.

```
> library(GGally)
> ggpairs(data = solo, columns = 1:6,
+     ggplot2::aes(colour = Camada))
```

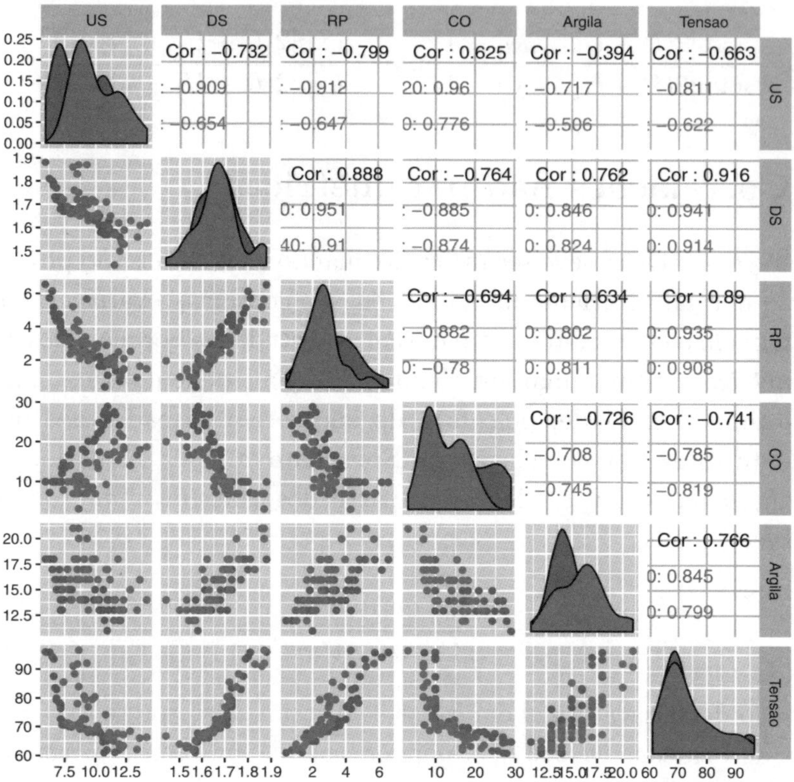

Figura 11.3: Diagramas de dispersão entre pares de variáveis de solo.

11.6 Matrizes de covariância e correlação

Matrizes de covariância e de correlação são facilmente obtidas no R através das funções `cov()` e `cor()`, respectivamente. Ambas permitem calcular os seguintes coeficientes: Pearson (*default*) e não paramétricas de Kendall e Spearman, bastando alterar o argumento `method`.

Exemplo: eliminaremos a coluna `Camada` (sétima coluna) do data frame `solo` para computar a matriz de covariâncias entre as variáveis.

```
> covsolo <- cov(solo[, -7])
```

Observe que armazenamos a matriz no objeto `covsolo`. Iremos agora imprimir no console esta matriz com os valores arredondados em 2 casas decimais.

```
> round(covsolo, 2)
            US    DS    RP     CO Argila Tensao
US        3.75 -0.12 -1.99   7.75  -1.63 -11.69
DS       -0.12  0.01  0.10  -0.41   0.14   0.71
```

```
RP          -1.99  0.10  1.65  -5.73   1.74  10.42
CO           7.75 -0.41 -5.73  41.12  -9.92 -43.31
Argila      -1.63  0.14  1.74  -9.92   4.54  14.88
Tensao     -11.69  0.71 10.42 -43.31  14.88  82.99
```

em que na diagonal observamos as variâncias e fora dela as covariâncias entre pares de variáveis.

Por questões de unidades de medida, dificilmente identificamos quando uma covariância é alta ou baixa. Lembre que $-\infty < Cov < \infty$. No entanto, podemos facilmente transformar uma matriz de covariâncias em uma matriz de correlações. Assim, basta fazer:

```
> corsolo <- cov2cor(covsolo)
> round(corsolo, 2)
          US    DS    RP    CO Argila Tensao
US      1.00 -0.73 -0.80  0.62  -0.39  -0.66
DS     -0.73  1.00  0.89 -0.76   0.76   0.92
RP     -0.80  0.89  1.00 -0.69   0.63   0.89
CO      0.62 -0.76 -0.69  1.00  -0.73  -0.74
Argila -0.39  0.76  0.63 -0.73   1.00   0.77
Tensao -0.66  0.92  0.89 -0.74   0.77   1.00
```

Essa função, `cov2cor()`, é bastante útil em situações em que não dispomos dos dados, mas apenas da matriz de covariâncias. Sim, poderíamos ter obtido a matriz de correlações (Pearson, Spearman ou Kendall) sem precisar obter primeiro a matriz de covariâncias. O procedimento utilizado foi apenas ilustrativo. Por outro lado, se conhecermos apenas a matriz de correlação, não é possível retornar a matriz de covariância, a menos que tenhamos as variâncias ou os desvios padrão.

11.7 Representação gráfica de matrizes de correlação

A representação gráfica de matrizes de correlação pode ser de grande valia quando se deseja examinar a força e a direção das associações para um número considerável de variáveis (digamos > 10), ou mesmo quando se deseja observar correlações em blocos ou grupos de variáveis, facilitando assim a visualização e a descoberta de padrões de associação. Para isso, utilizaremos o pacote *corrplot* (Wei & Simko, 2017).

Os comandos

```
> library(corrplot)
> corrplot(corsolo)
```

produzem a Figura 11.4.

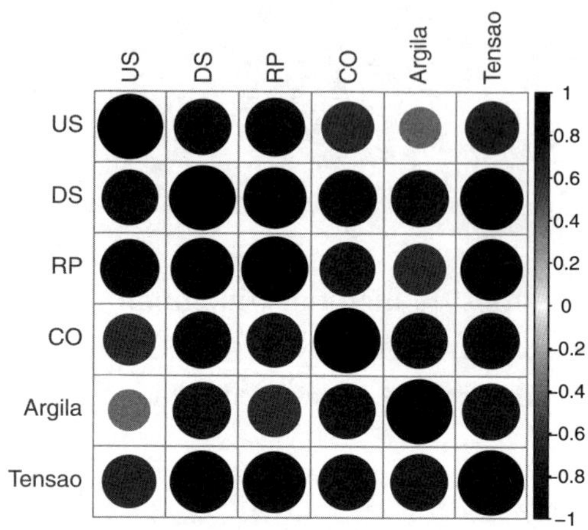

Figura 11.4: Representação gráfica da matriz de correlação do *data frame* `solo`

Silva et al. (2016) sugerem ainda apresentar a matriz de correlação por meio de uma rede de correlações, como a apresentada na Figura 11.5, em que as variáveis são dispostas em *nós* e conectadas conforme o valor e sinal da correlação. Correlações mais fortes apresentam espessura da conexão maior. Correlações negativas apresentam conexão na cor vermelha. A maior correlação da matriz apresenta a maior espessura de linha. As demais linhas têm largura proporcional. Esse tipo de representação é mais eficiente que os demais apresentados, isto é, permite identificar padrões de associação em matrizes de correlação de grandes dimensões (digamos, 20 variáveis ou mais).

O pacote *qgraph* (Epskamp, 2012) foi utilizado para construir a rede de correlações.

```
> library(qgraph)
> qgraph(corsolo, layout = "spring", edge.labels = TRUE)
```

11.8 Inferência em matrizes de correlação

Testes simultâneos

A função `multcor.test()` do pacote *biotools* (Silva, 2021) permite realizar os testes pela estatística t, já apresentada, para cada um das correlações de uma matriz, simultaneamente, bastando informar a matriz de correlação e o número de observações (n). Neste caso, os testes serão executados com $n - 2$ graus de liberdade. Não obstante, é possível informar diretamente o número de graus de liberdade pelo argumento `Df`. Isto pode necessário ao lidar com matrizes

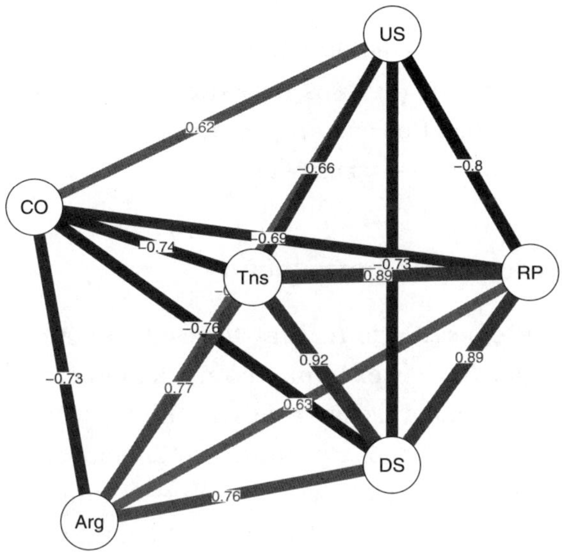

Figura 11.5: Rede de correlações do *data frame* `solo`

de correlação genotípica ou residual, em que os graus de liberdade devem ser especificados de acordo com um modelo. Note que, tendo passado o argumento `Df`, não há necessidade de informar o argumento `n`.

Por exemplo, dada a matriz `corsolo`, a significância de cada correlação dessa matriz pode ser verificada por meio de:

```
> library(biotools)
> multcor.test(corsolo, n = nrow(solo))

        Pairwise correlation t-test

data:  corsolo
degrees of freedom: 82
alternative hypothesis: the true correlation is not equal to 0
p-values (with none adjustment for multiple tests):
        US     DS   RP   CO   Argila Tensao
US      <NA>   ***  ***  ***  ***    ***
DS      0      <NA> ***  ***  ***    ***
RP      0      0    <NA> ***  ***    ***
CO      0      0    0    <NA> ***    ***
Argila  2e-04  0    0    0    <NA>   ***
Tensao  0      0    0    0    0      <NA>
---
```

```
Signif.codes: 0 '***'0.001 '**'0.01 '*'0.05 '.'0.1 ' '1
```

Todas as correlações foram significativas ($p < 0.01$). Com esta implementação, é possível ainda ajustar, por diversos métodos, os valores-p para o número de testes realizados na matriz. Por exemplo, para aplicar a correção de Bonferroni, passa-se o argumento `adjust = 'bonferroni'`.

Estrutura especificada de correlação

Em algumas situações é necessário realizar testes de hipótese acerca da estrutura da matriz de correlação $\boldsymbol{R}$. Por exemplo, no modelo linear de *medidas repetidas*, em que a unidades experimentais são avaliadas ao longo do tempo, assume-se a distribuição Normal$(0, \sigma^2)$ para os resíduos, isto é, homogeneidade de variâncias, como veremos mais adiante; além disso, assume-se também *esfericidade*[2], que equivale a assumir estrutura de *simetria composta* da matriz de correlação. Por simetria composta entenda uma matriz com o mesmo valor de correlação para todos os pares de variáveis (tempos, nesse exemplo).

Vejamos com a matriz `corsolo` anterior como checar a hipótese de ausência de correlação, isto é,

$$H_0 : \boldsymbol{R} = \boldsymbol{I}_6 = \begin{pmatrix} 1 & 0 & 0 & 0 & 0 & 0 \\ 0 & 1 & 0 & 0 & 0 & 0 \\ 0 & 0 & 1 & 0 & 0 & 0 \\ 0 & 0 & 0 & 1 & 0 & 0 \\ 0 & 0 & 0 & 0 & 1 & 0 \\ 0 & 0 & 0 & 0 & 0 & 1 \end{pmatrix}$$

Para isso, construiremos um teste da razão de verossimilhanças (TRV). Assumiremos distribuição normal multivariada para calcular as log-verossimilhanças sob H_0 e irrestrita. A densidade normal multivariada pode ser computada com o pacote *mvtnorm* (Genz et al., 2019).

A seguir, note que com a função `scale()` estamos padronizando cada variável de `solo` para ter média 0 e variância 1, de forma que possamos obter a densidade normal multivariada a partir da matriz de correlação que, estando os dados padronizados, equivale à matriz de covariâncias. Construímos a matriz de correlação sob H_0 com a função `diag()`, informando o número $p = 6$ variáveis.

[2] O teste de Mauchly (1940) pode também ser aplicado para avaliar esfericidade a partir de um modelo linear multivariado ajustado. No R a função `mauchly.test()` pode ser utilizada.

A estatística do TRV (`LR`) é suposta ter distribuição qui-quadrado com $p(p-1)/2 = 15$ graus de liberdade[3], pois este é o número de restrições feitas na matriz $\boldsymbol{R}$ sob H_0. O teste nos dá evidências ($p < 0.05$) para rejeitar H_0, isto é, a matriz identidade não descreve de forma verossímil os dados `solo`.

```
> y <- scale(solo[, -7])
> round(cov(y), 2)
          US    DS    RP    CO Argila Tensao
US      1.00 -0.73 -0.80  0.62  -0.39  -0.66
DS     -0.73  1.00  0.89 -0.76   0.76   0.92
RP     -0.80  0.89  1.00 -0.69   0.63   0.89
CO      0.62 -0.76 -0.69  1.00  -0.73  -0.74
Argila -0.39  0.76  0.63 -0.73   1.00   0.77
Tensao -0.66  0.92  0.89 -0.74   0.77   1.00

> p <- ncol(y)
> cov.H0 <- diag(p)
> cov.H0
     [,1] [,2] [,3] [,4] [,5] [,6]
[1,]    1    0    0    0    0    0
[2,]    0    1    0    0    0    0
[3,]    0    0    1    0    0    0
[4,]    0    0    0    1    0    0
[5,]    0    0    0    0    1    0
[6,]    0    0    0    0    0    1

> library(mvtnorm)
> logL.H0 <- sum(dmvnorm(x = y, mean = colMeans(y), sigma = cov.H0, log
    = TRUE))
> logL.H1 <- sum(dmvnorm(x = y, mean = colMeans(y), sigma = cov(y), log
    = TRUE))
> LR <- 2*(logL.H1 - logL.H0)
> 1 - pchisq(LR, df = choose(p, 2))  # p-valor
[1] 0
```

Já o teste para simetria composta consiste em avaliar:

$$H_0 : \boldsymbol{R} = \begin{pmatrix} 1 & \rho & \rho & \rho & \rho & \rho \\ \rho & 1 & \rho & \rho & \rho & \rho \\ \rho & \rho & 1 & \rho & \rho & \rho \\ \rho & \rho & \rho & 1 & \rho & \rho \\ \rho & \rho & \rho & \rho & 1 & \rho \\ \rho & \rho & \rho & \rho & \rho & 1 \end{pmatrix}$$

[3]Ao aplicar o TRV sobre a matriz de covariâncias, pode-se fazer restrições sobre as p variâncias também. Nesse caso a estatística de teste teria $p(p+1)/2$ graus de liberdade.

sendo $\rho \in [-1, 1]$ o coeficiente de correlação assumido. A matriz de covariâncias seria $\boldsymbol{\Sigma} = \sigma^2 \boldsymbol{R}$. Esta estrutura de covariância contém apenas 2 parâmetros (ρ e σ^2).

Outros tipos comuns de estrutura de covariância/correlação que poderíamos testar são:

Simetria composta heterogênea. Esta estrutura de covariância contém $p + 1$ parâmetros (ρ e os σ_j):

$$\boldsymbol{\Sigma} = \begin{pmatrix} \sigma_1^2 & \rho\sigma_1\sigma_2 & \rho\sigma_1\sigma_3 & \rho\sigma_1\sigma_4 & \rho\sigma_1\sigma_5 & \rho\sigma_1\sigma_6 \\ \rho\sigma_1\sigma_2 & \sigma_2^2 & \rho\sigma_2\sigma_3 & \rho\sigma_2\sigma_4 & \rho\sigma_2\sigma_5 & \rho\sigma_2\sigma_6 \\ \rho\sigma_1\sigma_3 & \rho\sigma_2\sigma_3 & \sigma_3^2 & \rho\sigma_3\sigma_4 & \rho\sigma_3\sigma_5 & \rho\sigma_3\sigma_6 \\ \rho\sigma_1\sigma_4 & \rho\sigma_2\sigma_4 & \rho\sigma_3\sigma_4 & \sigma_4^2 & \rho\sigma_4\sigma_5 & \rho\sigma_4\sigma_6 \\ \rho\sigma_1\sigma_5 & \rho\sigma_2\sigma_5 & \rho\sigma_3\sigma_5 & \rho\sigma_4\sigma_5 & \sigma_5^2 & \rho\sigma_5\sigma_6 \\ \rho\sigma_1\sigma_6 & \rho\sigma_2\sigma_6 & \rho\sigma_3\sigma_6 & \rho\sigma_4\sigma_6 & \rho\sigma_5\sigma_6 & \sigma_6^2 \end{pmatrix}$$

Autorregressiva de primeira ordem - AR(1):

$$\boldsymbol{R} = \begin{pmatrix} 1 & \rho & \rho^2 & \rho^3 & \rho^4 & \rho^5 \\ \rho & 1 & \rho & \rho^2 & \rho^3 & \rho^4 \\ \rho^2 & \rho & 1 & \rho & \rho^2 & \rho^3 \\ \rho^3 & \rho^2 & \rho & 1 & \rho & \rho^2 \\ \rho^4 & \rho^3 & \rho^2 & \rho & 1 & \rho \\ \rho^5 & \rho^4 & \rho^3 & \rho^2 & \rho & 1 \end{pmatrix}$$

com o que se obtém a matriz de covariâncias $\boldsymbol{\Sigma} = \sigma^2 \boldsymbol{R}$.

AR(1) heterogênea: trata-se da estrutura apresentada de simetria composta heterogênea, mas considerando o componente ρ como apresentado para o modelo AR(1), em vez de considerá-lo fixo.

A estatística do TRV aplicado (como sugerido por Aitkin et al., 1968) pode ser resumida em:

$$L_R = n(\log |\boldsymbol{\Sigma}_{H_0}| - \log |\hat{\boldsymbol{\Sigma}}|)$$

sendo n (84, nesse exemplo) o número de observações multivariadas.

Homogeneidade de matrizes de covariância

A hipótese

$$H_0 : \mathbf{\Sigma}_1 = \mathbf{\Sigma}_2 = ... = \mathbf{\Sigma}_k = \mathbf{\Sigma}$$

de igualdade ou homogeneidade das k matrizes de covariância é de especial importância em análise de variância multivariada ou em análise discriminante canônica. Observe a semelhança com a hipótese de casos univariados, de homogeneidade de variâncias, comumente avaliada por testes como o *qui-quadrado de Bartlett* ou o *teste de Levene*. No caso multivariado, o *teste M de Box* (Box, 1949) é comumente utilizado. A estatística de teste é

$$X^2 = [-2\log(M)](1 - c)$$

Com o termo $-2\log(M)$ dado por

$$-2\log(M) = \sum_{i=1}^{k} \nu_i \log(|\hat{\mathbf{\Sigma}}|) - \sum_{i=1}^{k} \nu_i \log(|\hat{\mathbf{\Sigma}}_i|)$$

sendo ν_i os graus de liberdade associados ao i-ésimo grupo, $\hat{\mathbf{\Sigma}}_i$ é a matriz de covariância amostral do i-ésimo grupo, e $\hat{\mathbf{\Sigma}}$ é uma matriz de covariâncias combinada, que pode ser obtida a partir das matrizes dos grupos, ponderando pelos ν_i. O fator de correção c é dado por

$$c = \frac{2p^2 + 3p - 1}{6(p+1)(k-1)} \left[\sum_{i=1}^{k} \frac{1}{\nu_i} - \left(\sum_{i=1}^{k} \nu_i \right)^{-1} \right]$$

A estatística X^2 segue, assintoticamente, distribuição qui-quadrado com ν graus de liberdade, aqui calculado em função do número k de grupos e do número p de variáveis:

$$\nu = (k-1)p(p+1)/2$$

O teste pode ser realizado com a função `boxM()` do pacote *biotools*. Exemplo: Com o data set `solo`, podemos verificar se as matrizes de covariâncias das duas camadas são estatisticamente iguais, da seguinte forma:

```
> boxM(data = solo[, -7], grouping = solo[, 7])

        Box's M-test for Homogeneity of Covariance Matrices

data:  solo[, -7]
Chi-Sq (approx.) = 107.04, df = 21, p-value = 1.605e-13
```

Como $p = 1.605 \times 10^{-13}$, dizemos que as matrizes de covariância não devem ser consideradas homogêneas.

11.9 Correlações parciais

No exemplo "solo", você percebeu que a variável RP é correlacionada ($r = -0.79$) com a variável US. Mas também que RP apresenta correlação com outras variáveis, DS (0.89) por exemplo. Note ainda que US e DS também são correlacionadas (−0.73). Enfim, as variáveis apresentam-se todas correlacionadas. Então surgem questões do tipo: qual é a correlação entre RP e US livre do efeito de DS (Figura 11.6)? A resposta é o objeto da correlação parcial.

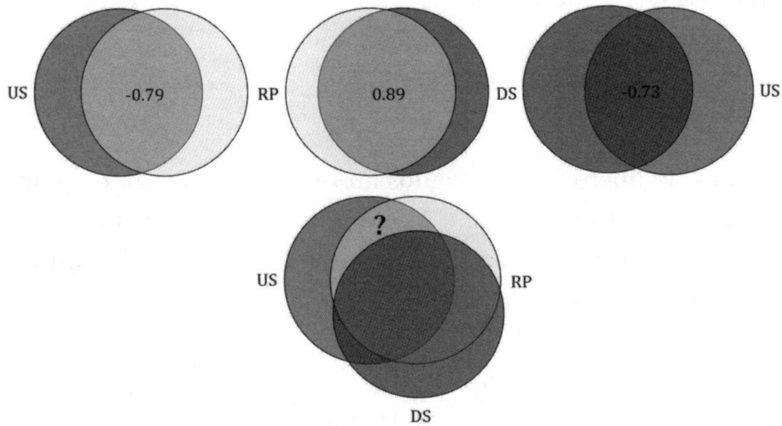

Figura 11.6: Diagramas de Venn para representação de correlações entre as variáveis de solo RP, US e DS, e da correlação parcial entre RP e US (a ser calculada).

A noção de correlação parcial provém da teoria de distribuições marginais de probabilidade normal multivariada. Considere um vetor com p variáveis normal p-variado $\boldsymbol{X} \sim N_p(\boldsymbol{\mu}, \boldsymbol{\Sigma})$ particionado em dois subvetores $\boldsymbol{X} = [\boldsymbol{X}_1|\boldsymbol{X}_2]$, com p_1 e p_2 variáveis cada. Note: $p = p_1 + p_2$. Em que $\boldsymbol{X}_1 \sim N_{p_1}(\boldsymbol{\mu}_1, \boldsymbol{\Sigma}_{11})$, $\boldsymbol{X}_2 \sim N_{p_2}(\boldsymbol{\mu}_2, \boldsymbol{\Sigma}_{22})$. A matriz $\boldsymbol{\Sigma}_{12}$ contém as covariâncias entre as variáveis dos dois grupos.

A média e a variância da distribuição marginal $\boldsymbol{X}_1|\boldsymbol{X}_2$, isto é, do primeiro grupo de variáveis fixado o segundo grupo de variáveis, são:

$$\boldsymbol{\mu}_1 = \boldsymbol{\mu}_{1.2} - \boldsymbol{\Sigma}_{12}\boldsymbol{\Sigma}_{22}^{-1}(\boldsymbol{X}_2 - \boldsymbol{\mu}_2)$$

$$\boldsymbol{\Sigma}_{11.2} = \boldsymbol{\Sigma}_{11} - \boldsymbol{\Sigma}_{12}\boldsymbol{\Sigma}_{22}^{-1}\boldsymbol{\Sigma}_{21}$$

de modo que a covariância parcial entre duas variáveis quaisquer X_1 e X_2 livre do efeito linear de uma terceira variável X_3 é dada por:

$$\sigma_{12.3} = \sigma_{12} - \frac{\sigma_{13}\sigma_{23}}{\sigma_3^2}$$

As variâncias marginais são dadas por:

$$\sigma_{1.3}^2 = \sigma_1^2 - \frac{\sigma_{13}^2}{\sigma_3^2} \qquad \sigma_{2.3}^2 = \sigma_2^2 - \frac{\sigma_{23}^2}{\sigma_3^2}$$

Logo, a correlação parcial é:

$$\rho_{12.3} = \frac{\sigma_{12.3}}{\sigma_{1.3}\sigma_{2.3}} = \frac{\rho_{12} - \rho_{13}\rho_{23}}{\sqrt{(1-\rho_{13})^2(1-\rho_{23})^2}}$$

Assim, a correlação parcial entre RP e US livre de DS é:

```
# original
> cor(RP, US)
[1] -0.7992292

# parcial (RP,US) | DS
> (cor(RP, US) - cor(RP, DS)*cor(US, DS)) /
+     sqrt((1 - cor(RP, DS)^2) * (1 - cor(US, DS)^2))
[1] -0.4772121
```

que é inferior à correlação original.

Agora, qual é a correlação entre essas duas variáveis sem a influência das demais variáveis? A matriz de correlações parciais entre pares de variáveis *fixadas as demais* pode ser obtida de forma prática por meio da matriz de correlações

$$\boldsymbol{R} = \begin{pmatrix} 1 & \rho_{12} & \cdots & \rho_{1p} \\ \rho_{12} & 1 & \cdots & \rho_{2p} \\ \vdots & \vdots & \ddots & \vdots \\ \rho_{1p} & \rho_{2p} & \cdots & 1 \end{pmatrix}$$

e sua inversa

$$\boldsymbol{C} = \boldsymbol{R}^{-1} = \begin{pmatrix} c_{11} & c_{12} & \cdots & c_{1p} \\ c_{12} & c_{22} & \cdots & c_{2p} \\ \vdots & \vdots & \ddots & \vdots \\ c_{1p} & c_{2p} & \cdots & c_{pp} \end{pmatrix}$$

A matriz $\boldsymbol{P}$ de correlações parciais contém elementos

$$\frac{-c_{ij}}{\sqrt{c_{ii}c_{jj}}}$$

Esse procedimento é equivalente a calcular a correlação entre os resíduos de dois modelos de regressão linear múltipla, para X_1 e X_2, em função das demais variáveis $X_1, ..., X_p$ do conjunto de dados. Ao usar os resíduos de X_1 e de X_2, estamos nos livrando dos efeitos lineares das demais variáveis.

Obtenhamos a matriz de correlações parciais para todos os pares de variáveis de solo, fixadas as restantes:

```
> R <- cor(solo[, -7])
> C <- solve(R)
> P <- -cov2cor(C)
> round(P, 2)
          US    DS    RP    CO Argila Tensao
US     -1.00 -0.27 -0.48  0.31   0.37   0.19
DS     -0.27 -1.00  0.23 -0.09   0.32   0.43
RP     -0.48  0.23 -1.00  0.08  -0.07   0.50
CO      0.31 -0.09  0.08 -1.00  -0.40  -0.09
Argila  0.37  0.32 -0.07 -0.40  -1.00   0.23
Tensao  0.19  0.43  0.50 -0.09   0.23  -1.00
```

11.10 *Jupyter notebook*

Faça a leitura do *QR code* a seguir para executar em nuvem os comandos apresentados neste capítulo com um *Jupyter notebook*[4] com kernel do software R.

11.11 Exercícios

1. Construa o seguinte gráfico de correlação (figura 11.7):

[4]Esse notebook pode demorar um pouco mais para carregar, dado o número de dependências. Se for o caso, por favor, aguarde; e, se necessário, recarregue a página da web.

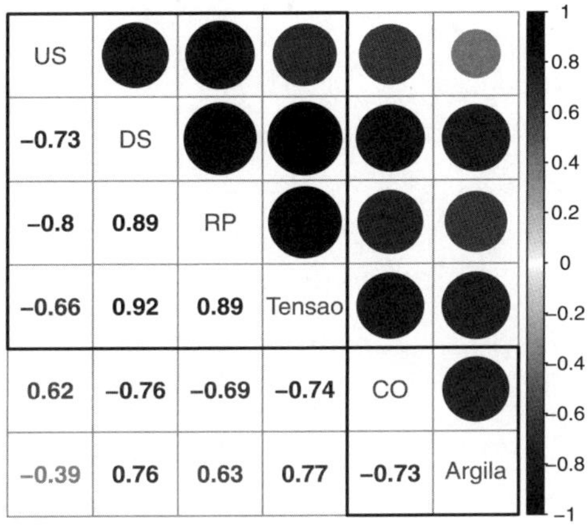

Figura 11.7: Representação gráfica da matriz de correlação do *data frame* `solo`.

2. Agora faça um gráfico representando as correlações e indicando quais são significativas (p < 0,05).
   Sugestão: use o resultado da função `multcor.test()` do pacote *biotools*.

3. Instale/carregue o pacote *soilphysics*. Carregue o conjunto de dados `bulkDensity` (execute `data(bulkDensity)`).

   - Teste a correlação entre as variáveis `MOIS` e `BULK`.

   - Teste a igualdade de matrizes de covariância para as amostras (coluna `Id`)

Capítulo 12

Regressão

It is better to be content with the fraction of a right solution than to beguile ourselves with the whole of a wrong solution.

– **Karl Pearson**

A simples correlação entre duas variáveis não fornece ideia de causa e efeito de uma variável sobre outra. Por exemplo, quanto será a mudança média em Y quando X variar em uma unidade? Além disso, na análise de correlação ambas as variáveis são consideradas resposta, ou variáveis aleatórias, o que nem sempre ocorre. Considere, por exemplo, um estudo de dose-resposta de um fertilizante sobre a produção vegetal. A variável dose é a controlada pelo pesquisador, isto é, não é aleatória, mas sim uma variável explanatória[1] cujo efeito sobre a resposta produção está sendo avaliado.

12.1 Regressão linear simples

Vimos no capítulo anterior que a resistência do solo à penetração (dados camadassolo.csv, disponíveis no Cap. 7) apresenta correlação linear negativa com a quantidade de água no solo e positiva com a densidade. Faça:

```
> plot(RP ~ DS, data = solo)
```

[1]Podem ser considerados termos sinônimos: variável regressora, regressor, variável preditora, preditor ou variável independente.

Perceba que a relação é linear. Ajustaremos então uma *reta de mínimos quadrados*, isto é, um modelo de regressão linear simples cujos parâmetros (b_0 e b_1) são estimados, como será visto a seguir, pelo *método dos mínimos quadrados - MMQ*.

$$y_i = b_0 + b_1 x_i + \epsilon_i$$

em que ϵ_i é o erro aleatório ou resíduo associado a observação y_i. Em geral, para realizar inferências sobre os parâmetros, assumimos distribuição normal para os resíduos[2] com média zero e variância constante σ^2.

A função a ser chamada é a `lm()` (de *linear models*).

```
> m1 <- lm(RP ~ DS, data = solo)
> m1

Call:
lm(formula = RP ~ DS, data = solo)

Coefficients:
(Intercept)           DS
     -19.62        13.49
```

A estimativa $\hat{b}_0 = -19.62$ do intercepto nesse exemplo não possui interpretação, pois o modelo não passa pela origem em x, isto é, os valores de densidade do solo (DS) analisados são todos maiores que zero, de modo que o modelo ajustado só tem validade para valores de DS entre 1.44 e 1.88 kg m^{-3}, que são, respectivamente, o menor e maior da amostra. Já a estimativa $\hat{b}_1 = 13.49$ indica o coeficiente angular. Sendo este positivo, a reta é ascendente ou, ainda, significa que estamos descrevendo uma relação positiva entre x (DS) e y (RP). E mais, podemos interpretar esse valor como sendo a mudança esperada em y quando x variar em uma unidade. Ou seja, para cada unidade de densidade do solo que se aumenta, há um aumento (veja que o sinal de $\hat{b}_1$ é positivo) esperado de 13.49 MPa na resistência do solo a penetração.

Adicione a reta ao diagrama de dispersão (Figura 12.1) com:

```
> abline(m1, col = "blue")
```

O método dos mínimos quadrados

Você percebeu que as estimativas $\hat{b}_0 = -19.62$ e $\hat{b}_1 = 13.49$ fornecem o ajuste "ótimo" da reta. Esse critério de *otimalidade* é baseado na minimização do

[2]Veremos mais adiante como checar a normalidade dos resíduos e também outras exigências do modelo, para o caso de se fazer inferências.

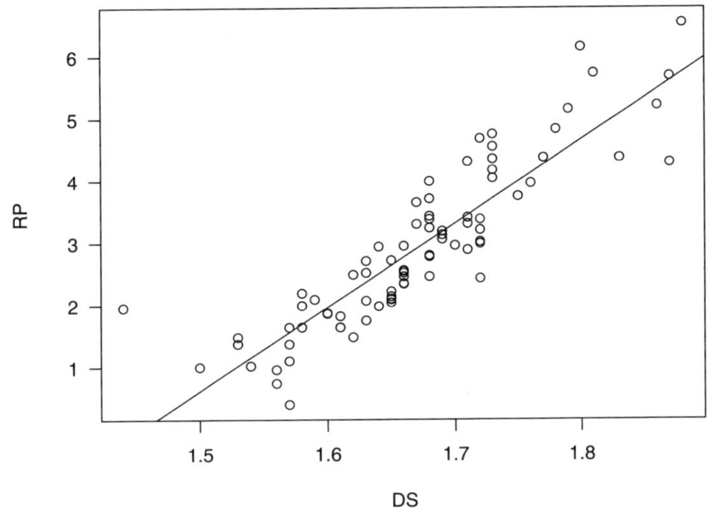

Figura 12.1: Ajuste do modelo de reta para resistência à penetração em função da densidade do solo.

quadrado dos resíduos $\hat{\epsilon}$ do modelo, isso porque a simples soma dos resíduos é nula em modelo de regressão. Vamos obter os resíduos

$$\hat{\epsilon}_i = y_i - \hat{b}_0 - \hat{b}_1 x_i$$

```
> res <- residuals(m1)
> res
         1           2  ...          83          84
 0.11355742 -0.05367787  ... -0.58250140 -0.04738375

> sum(res)
[1] -1.920339e-15
> sum(res^2)
[1] 29.05909
```

Foram apresentados apenas os dois primeiros e os dois últimos dos 84 resíduos. Perceba que a soma é nula, mas a soma de quadrados não. Para ilustrar o MMQ, considere agora manter o mesmo intercepto encontrado, mas com uma inclinação menor ($\hat{b}_1 = 12$) e, em outro caso, com inclinação maior ($\hat{b}_1 = 14$) do que a encontrada (ótima). Observe o que acontece com a soma de quadrados dos resíduos nesses dois casos.

```
# residuos com b1 = 12
> res.12 <- solo$RP - (-19.62 + 12 * solo$DS)
> sum(res.12^2)
```

```
[1] 550.1898

# residuos com b1 = 14
> res.14 <- solo$RP - (-19.62 + 14 * solo$DS)
> sum(res.14^2)
[1] 90.2454
```

Ambas as somas de quadrados de resíduos são maiores do que a obtida com $\hat{b_1} = 13.49$. Veja na Figura 12.2 como fica a soma de quadrados dos resíduos (SQR) à medida que alteramos o valor de b_1 numa sequência de 100 valores variando de 10 a 16.

```
> b1 <- seq(10, 16, length.out = 100)
> SQR <- c()
> for(i in 1:100) {
+     res. <- solo$RP - (-19.62 + b1[i] * solo$DS)
+     SQR[i] <- sum(res.^2)
+ }
> plot(SQR ~ b1)
> abline(h = 29.06, v = 13.49, lty = 2, col = "red")
```

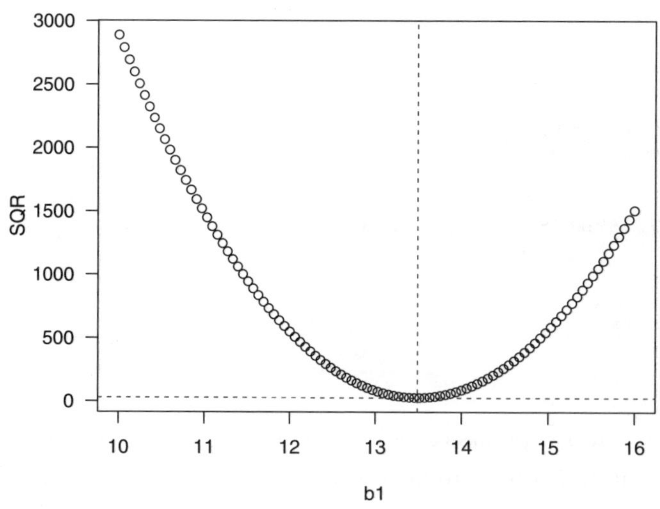

Figura 12.2: Soma de quadrados dos resíduos do modelo de regressão em função do valor suposto para o parâmetro b_1. A linha tracejada indica o valor de mínimos quadrados e a SQR correspondente (29.06).

Dizemos então que $\hat{b}_1 = 13.49$ é a estimativa de mínimos quadrados de b_1, de modo que qualquer valor diferente deste promoverá ajuste inferior aos dados.

O procedimento primariamente didático apresentado é matematicamente resolvido por meio do sistema de equações resultante das derivadas parciais de SQR em relação a b_0 e b_1:

$$\frac{\partial}{\partial b_0}\sum_{i=1}^{n}\hat{\epsilon}_i^2 = 0$$

$$\frac{\partial}{\partial b_1}\sum_{i=1}^{n}\hat{\epsilon}_i^2 = 0$$

que resulta nos *estimadores de mínimos quadrados*:

$$\hat{b}_0 = \bar{y} - \hat{b}_1\bar{x}$$

$$\hat{b}_1 = \frac{\sum_{i=1}^{n}(x_i - \bar{x})(y_i - \bar{y})}{\sum_{i=1}^{n}(x_i - \bar{x})^2} = \frac{\hat{C}ov(x, y)}{\hat{V}ar(x)}$$

Outros métodos de estimação podem ser utilizados para encontrar estimadores de coeficientes de modelos de regressão, como o método da máxima verossimilhança apresentado no Capítulo 4. Neste caso, a estimação é feita assumindo uma distribuição de probabilidade para os resíduos – frequentemente a distribuição normal de média zero e variância constante.

Coeficiente de determinação

Um dos critérios mais simples e amplamente utilizados para verificar o grau de ajuste do modelo é o coeficiente de determinação R^2, que mede a proporção da variação explicada pelo modelo ($SQreg$) em relação à variação total contida na variável resposta ($SQtotal$).

$$R^2 = \frac{SQreg}{SQtotal} = 1 - \frac{SQR}{SQtotal}$$

em que

$$\begin{aligned} SQR &= \sum_{i=1}^{n} \hat{\epsilon}^2 \\ SQtotal &= \sum_{i=1}^{n} (y_i - \bar{y})^2 \\ SQreg &= SQtotal - SQR \end{aligned}$$

Especificamente no modelo de regressão linear simples, pode-se mostrar que R^2 equivale a $[\hat{C}or(x,y)]^2$, pois

$$\begin{aligned} R^2 &= \frac{\sum_{i=1}^{n} (\hat{y}_i - \bar{y})^2}{\sum_{i=1}^{n} (y_i - \bar{y})^2} \\ &= \frac{\sum_{i=1}^{n} (\hat{b}_0 + \hat{b}_1 x_i - \bar{y})^2}{\sum_{i=1}^{n} (y_i - \bar{y})^2} \\ &= \hat{b}_1^2 \frac{\sum_{i=1}^{n} (x_i - \bar{x})^2}{\sum_{i=1}^{n} (y_i - \bar{y})^2} \\ &= \frac{[\hat{C}ov(x,y)]^2}{\hat{V}ar(x)\hat{V}ar(y)} \end{aligned}$$

Tem-se que $R^2 \in [0,1]$, e quanto maior o seu valor, melhor o ajuste do modelo. No entanto, deve-se considerar que o R^2, além de ser uma função crescente do número de parâmetros do modelo (p), é esperado ser maior quando o modelo é ajustado com um menor número de observações (n). O *coeficiente de determinação ajustado* deve então ser utilizado quando da comparação de modelos.

$$R^2_{aj.} = \frac{R^2(n-1) - p + 1}{n - p}$$

A função `Rsq()` do pacote *soilphysics* (Silva & Lima, 2020) calcula ambos os coeficientes de determinação a partir do objeto `m1`.

```
> Rsq(m1)
$R.squared
[1] 0.7883671

$adj.R.squared
[1] 0.7857862

```

```
attr(,"class")
[1] "Rsq"
```

Independência e normalidade residual

Quando se pretende fazer inferências acerca dos parâmetros do modelo linear, assume-se que os resíduos sejam independentes e normalmente distribuídos. Para checar tais exigências, utilizaremos aqui dois testes de fácil aplicação: o teste de Durbin-Watson[3] para independência e o teste de Shapiro-Wilk para normalidade.

```
> library(car)
> dwt(m1)
 lag Autocorrelation D-W Statistic p-value
   1      0.01462032      1.970238   0.912
 Alternative hypothesis: rho != 0

> resid <- residuals(m1)
> shapiro.test(resid)

        Shapiro-Wilk normality test

data:  resid
W = 0.96404, p-value = 0.01908
```

No exemplo corrente, podemos afirmar a 5% de significância que os resíduos são independentes ($p = 0.912$), mas não apresentam normalidade ($p = 0.0198$).

Análise de variância da regressão

Uma vez ajustado o modelo sob as pressuposições acerca dos resíduos, o teste F da análise de variância pode ser utilizado para avaliar a hipótese de nulidade:

$$H_0 : b_1 = 0$$

contra a alternativa de que b_1 é não nulo, o que implica dizer que a variável regressora x afeta significativamente a resposta y, neste caso de forma linear.

A análise de variância consiste de um procedimento para desdobrar a variação total (soma de quadrados total) observada na variável resposta y (RP, no exemplo) em uma parte conhecida, devida a regressão em x (DS), e numa parte desconhecida – o resíduo. A partir destas quantidades é derivado o teste F:

[3]Na verdade, o teste é para autocorrelação serial, sendo indiretamente usado para testar independência.

$$F = \frac{SQreg/(p-1)}{SQR/(n-p)}$$

sendo n o número de observações da variável resposta e p o número de parâmetros do modelo.

```
> anova(m1)
Analysis of Variance Table

Response: RP
          Df  Sum Sq Mean Sq F value    Pr(>F)
DS         1 108.250 108.250  305.46 < 2.2e-16 ***
Residuals 82  29.059   0.354
---
Signif.codes: 0 ‘***’0.001 ‘**’0.01 ‘*’0.05 ‘.’0.1 ‘ ’1
```

Sendo p-valor < 0.01, devemos rejeitar H_0. Das seções anteriores, você deve lembrar que a soma de quadrados dos resíduos (SQR) foi de 29.059.

Nos casos em que há mais de um regressor no modelo, como é o caso de regressão múltipla e, por exemplo, do modelo quadrático:

$$y = b_0 + b_1 x + b_2 x^2 + \epsilon$$

a hipótese em teste na ANOVA é

$$H_0 : b_1 = b_2 = 0$$

contra a alternativa de que ao menos um desses dois parâmetros é não nulo.

Teste t

A hipótese anterior, verificada com o teste F, nem sempre é de interesse. Por vezes, pode ser necessário realizar um teste para o intercepto b_0 também. Quando há mais de um regressor no modelo, testes individuais para cada parâmetro associado são ainda mais interessantes. Neste sentido, o teste t pode ser aplicado para testar a nulidade ($H_0 : b_j = 0$) de cada um dos parâmetros do modelo, individualmente, por meio da estatística de teste:

$$t = \frac{\hat{b}_j}{\sqrt{\hat{V}ar(\hat{b}_j)}}$$

que é assumido ter distribuição t-Student com $n - p$ graus de liberdade. Na seção "Estimação de parâmetros", mais adiante, veja como calcular a variância dos $\hat{b}_j$.

Um `summary` no objeto `m1` irá apresentar, além do resumo dos testes t para cada parâmetro, o valor do R^2 e do R^2 ajustado.

```
> summary(m1)

Call:
lm(formula = RP ~ DS, data = solo)

Residuals:
    Min      1Q  Median      3Q     Max
-1.3153 -0.4391 -0.1104  0.3594  2.1547

Coefficients:
            Estimate Std. Error t value Pr(>|t|)
(Intercept) -19.6177     1.2905  -15.20   <2e-16 ***
DS           13.4882     0.7717   17.48   <2e-16 ***
---
Signif.codes: 0 ‘***’0.001 ‘**’0.01 ‘*’0.05 ‘.’0.1 ‘ ’1

Residual standard error: 0.5953 on 82 degrees of freedom
Multiple R-squared: 0.7884,  Adjusted R-squared:  0.7858
F-statistic: 305.5 on 1 and 82 DF,  p-value: < 2.2e-16
```

Observe que `Std. Error` representa o desvio padrão de cada estimativa ($\hat{b}_0$ e $\hat{b}_1$), que serão apresentados mais adiante, na seção de regressão múltipla; `t value` são os valores da estatística t apresentada na equação anterior; `Pr(>|t|)` os $p-$valores dos testes, indicando rejeitar H_0 para b_0 e para b_1. Há $n-p = 84-2 = 82$ graus de liberdade para os resíduos. Das seções anteriores, você deve lembrar que a soma de quadrados dos resíduos (SQR) foi de 29.059. Com 82 graus de liberdade, tem-se uma variância média residual de $29.059/82 = 0.354$ e, tirando raiz quadrada, obtemos o erro padrão residual de 0.595.

Intervalo de confiança e de predição

Um intervalo de $100(1-\alpha)\%$ confiança para o valor esperado $E(Y_h) = b_0 + b_1 x_h$ é dado por:

$$\hat{y}_h \pm t_{1-\frac{\alpha}{2}} \sqrt{\hat{V}ar(\hat{y}_h)}$$

podendo y_h ser ou não um valor observado. Por outro lado, o erro de predição associado a uma observação *futura* pode ser utilizado para construir um intervalo de predição de $100(1-\alpha)\%$ de confiança:

$$\hat{y}_h \pm t_{1-\frac{\alpha}{2}} \sqrt{\hat{\sigma}^2 + \hat{V}ar(\hat{y}_h)}$$

Adiante neste capítulo, em "Estimação de parâmetros", veja diretrizes sobre como calcular $\hat{V}ar(\hat{y}_h) = \boldsymbol{x}'_h(\boldsymbol{X}'\boldsymbol{X})^{-1}\boldsymbol{x}_h\hat{\sigma}^2$.

A diferença básica entre os intervalos reside no fato de que os limites do intervalo de confiança são para um parâmetro $E(Y_h)$, enquanto que a predição está associada a uma variável aleatória não observada (*valor predito*). Note também que o intervalo de predição é sempre maior que o intervalo de confiança.

Com a função genérica `predict()`, iremos construir e adicionar ao *plot* anterior intervalos de 95% confiança e de predição com o ajuste obtido em `m1`.

```
> new <- data.frame(DS = seq(min(solo$DS), max(solo$DS), len = 99))
> ic <- predict(m1, newdata=new, interval="confidence")
> ip <- predict(m1, newdata=new, interval="prediction")
> matlines(new$DS, ic, col=c("black","red","red"),lty=2)
> matlines(new$DS, ip, col=c("black","blue","blue"),lty=3)
> legend("topleft", c("confianca", "predicao"),
+        title = "Intervalo de", lty = 2:3,
+        col = c("red", "blue"), cex = 0.8)
```

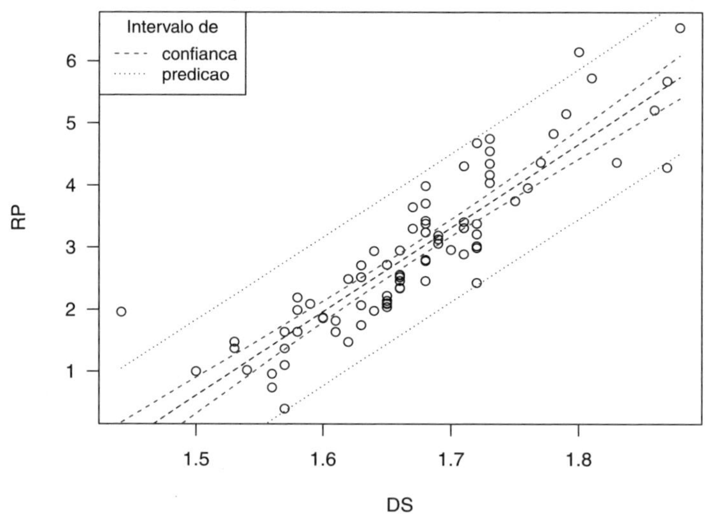

Figura 12.3: Intervalos de 95% confiança e de predição para regressão linear da resistência do solo à penetração em função da densidade.

12.2 Regressão linear múltipla

Quando o modelo de regressão linear é composto por mais de um regressor, este modelo pode ser entendido como um modelo de regressão múltipla. Exemplo: o modelo $y = b_0 + b_1x + b_2x^2 + \epsilon$ tem apenas uma variável explicativa (ou variável preditora), X, mas tem dois regressores: os termos x e x^2. Essa é uma forma geral de tratar modelos de regressão múltipla. Note que, de forma análoga, Y pode ser explicado em função de mais de uma variável explicativa propriamente dita ($X_1, X_2, ..., X_k$), digamos $y = b_0 + b_1x_1 + b_2x_2 + b_3x_3 + \epsilon$. E ainda poderíamos adicionar a este modelo termos quadráticos, cúbicos... e ainda de produtos cruzados (interação). Suponha então ajustar um modelo da RP em função de US, DS, CO e Argila.

```
> m2 <- lm(RP ~ DS + US + CO + Argila, data = solo)
> summary(m2)

Call:
lm(formula = RP ~ DS + US + CO + Argila, data = solo)

Residuals:
     Min       1Q   Median       3Q      Max
-1.23224 -0.41100 -0.04888  0.32306  1.74196

Coefficients:
             Estimate Std. Error t value Pr(>|t|)
(Intercept) -11.42886    2.59128  -4.411 3.22e-05 ***
DS            9.56573    1.56371   6.117 3.43e-08 ***
US           -0.22656    0.05022  -4.512 2.21e-05 ***
CO            0.00607    0.01585   0.383    0.703
Argila        0.02524    0.05057   0.499    0.619
---
Signif.codes: 0 ‘***’0.001 ‘**’0.01 ‘*’0.05 ‘.’0.1 ‘ ’1

Residual standard error: 0.532 on 79 degrees of freedom
Multiple R-squared: 0.8371,  Adjusted R-squared:  0.8289
F-statistic: 101.5 on 4 and 79 DF,  p-value: < 2.2e-16
```

A equação de regressão ajustada é:

$$\hat{RP} = -11.42 + 9.56DS - 0.22US + 0.006CO + 0.025Argila$$

Contudo, pelo teste t, apenas termos DS e US foram significativos (p < 0,05).

Estimação de parâmetros

A estimação de parâmetros de modelos de regressão linear múltipla é feita também pelo método dos mínimos quadrados. Aliás, o mesmo é feito em modelos de análise de variância associados a dados experimentais, a serem apresentados mais adiante neste livro. Na verdade todos esses constituem uma classe de modelos só, os modelos lineares clássicos, e a diferença básica entre eles está no tipo de variáveis preditoras X, que nos modelos de ANOVA são usualmente do tipo categórica (qualitativa).

Os modelos lineares podem ser convenientemente especificados na forma matricial a seguir, o que nos ajuda a generalizar o processo de estimação e de obtenção de quantidades como somas de quadrados e variâncias dos coeficientes $\hat{b}_j$. Então considere

$$\boldsymbol{y} = \boldsymbol{X}\boldsymbol{\beta} + \boldsymbol{\epsilon}$$

em que $\boldsymbol{\beta}$ é o vetor de $p+1$ parâmetros, $\boldsymbol{X}$ é a matriz do modelo com as p variáveis preditoras X_j $(j = 1, 2, ..., p)$ e $\boldsymbol{\epsilon}$ é o vetor de erros aleatórios. Observe a forma genérica das referidas matrizes:

$$\begin{pmatrix} y_1 \\ y_2 \\ \vdots \\ y_n \end{pmatrix} = \begin{pmatrix} 1 & x_{11} & x_{21} & \cdots & x_{p1} \\ 1 & x_{12} & x_{21} & \cdots & x_{p2} \\ \vdots & \vdots & \vdots & \vdots & \vdots \\ 1 & x_{1n} & x_{21} & \cdots & x_{pn} \end{pmatrix} \begin{pmatrix} b_0 \\ b_1 \\ \vdots \\ b_p \end{pmatrix} + \begin{pmatrix} \epsilon_1 \\ \epsilon_2 \\ \vdots \\ \epsilon_n \end{pmatrix}$$

de modo que a primeira observação é

$$y_1 = b_0 + b_1 x_{11} + b_2 x_{21} + \cdots + b_p x_{p1} + \epsilon_1$$

Pelo MMQ, tem-se:

$$\boldsymbol{\epsilon}'\boldsymbol{\epsilon} = (\boldsymbol{y} - \boldsymbol{X}\boldsymbol{\beta})'(\boldsymbol{y} - \boldsymbol{X}\boldsymbol{\beta})$$

tal que a solução de

$$\frac{\partial}{\partial \boldsymbol{\beta}} \boldsymbol{\epsilon}'\boldsymbol{\epsilon} = 0$$

produz o vetor de estimadores de mínimos quadrados

$$\hat{\boldsymbol{\beta}} = (\boldsymbol{X}'\boldsymbol{X})^{-1}\boldsymbol{X}'\boldsymbol{y}$$

cuja matriz de covariância é, considerando independência e variância constante σ^2 dos erros:

$$
\begin{aligned}
Var(\hat{\boldsymbol{\beta}}) &= (\boldsymbol{X'X})^{-1}\boldsymbol{X'}Var(\boldsymbol{y})\boldsymbol{X}(\boldsymbol{X'X})^{-1} \\
&= (\boldsymbol{X'X})^{-1}\boldsymbol{X'}Var(\boldsymbol{\epsilon})\boldsymbol{X}(\boldsymbol{X'X})^{-1} \\
&= (\boldsymbol{X'X})^{-1}\boldsymbol{X'}(\boldsymbol{I}\sigma^2)\boldsymbol{X}(\boldsymbol{X'X})^{-1} \\
&= (\boldsymbol{X'X})^{-1}\sigma^2
\end{aligned}
$$

cuja diagonal principal contém as variâncias dos coeficientes do modelo e fora da diagonal tem-se as covariâncias; na equação acima, $\boldsymbol{I}$ denota uma matriz identidade (1 na diagonal e zero fora) de dimensão $n \times n$. A estimativa da matriz de covariância é obtida utilizando para σ^2 o valor do quadrado médio do resíduo.

Os valores ajustados $\hat{\boldsymbol{y}}$ podem ser obtidos em função da matriz de projeção $\boldsymbol{H}$, ou *hat matrix*,

$$
\begin{aligned}
\hat{\boldsymbol{y}} &= \boldsymbol{X}\hat{\boldsymbol{\beta}} \\
&= \boldsymbol{X}(\boldsymbol{X'X})^{-1}\boldsymbol{X'y} \\
&= \boldsymbol{Hy}
\end{aligned}
$$

A matriz $\boldsymbol{H}$, de dimensão $n \times n$, é simétrica e *idempotente*, propriedade que implica em $\boldsymbol{H'H} = \boldsymbol{HH'} = \boldsymbol{H}$. E essa propriedade é útil para calcular

$$
\begin{aligned}
Var(\hat{\boldsymbol{y}}) &= \boldsymbol{H}Var(\boldsymbol{y})\boldsymbol{H'} \\
&= \boldsymbol{H}\sigma^2
\end{aligned}
$$

e também para mostrar que as somas de quadrados podem também ser obtidas em função de $\boldsymbol{H}$:

$$
\begin{aligned}
SQR &= \hat{\boldsymbol{\epsilon}}'\hat{\boldsymbol{\epsilon}} \\
&= (\boldsymbol{y} - \boldsymbol{Hy})'(\boldsymbol{y} - \boldsymbol{Hy}) \\
&= \boldsymbol{y}'(\boldsymbol{I} - \boldsymbol{H})\boldsymbol{y}
\end{aligned}
$$

que está associada a $n - p - 1$ graus de liberdade; e, associada a p graus de liberdade, tem-se:

$$\begin{aligned} SQreg &= SQtotal - SQR \\ &= \boldsymbol{y}'(\boldsymbol{I} - \boldsymbol{J})\boldsymbol{y} - \boldsymbol{y}'(\boldsymbol{I} - \boldsymbol{H})\boldsymbol{y} \\ &= \boldsymbol{y}'(\boldsymbol{H} - \boldsymbol{J})\boldsymbol{y} \end{aligned}$$

sendo $\boldsymbol{J}$ uma matriz de dimensão $n \times n$ contendo todos os valores iguais a $1/n$.

Diagnóstico de colinearidade

Quando se ajusta regressão linear múltipla com variáveis preditoras supostas terem algum grau de correlação, é necessário realizar um diagnóstico de colinearidade. Vale a pena um exame sobre a matriz de correlação das variáveis preditoras. Porém, quando há multicolinearidade, isto é, colinearidade múltipla, o exame das correlações não é tão simples. É quando se necessita de outras ferramentas.

Chama-se colinearidade a falta de ortogonalidade entre os preditores X do modelo de regressão. Em outras palavras, significa que grande parte da informação contida em um ou mais preditores está contida em outro(s) preditor(es). Como consequência, obtêm-se estimativas inflacionadas das variâncias dos coeficientes $\hat{\beta}$ do modelo, o que pode resultar em testes de hipóteses cujos resultados são incoerentes.

Por mínimos quadrados, tem-se:

$$\hat{\beta} = (\boldsymbol{X}'\boldsymbol{X})^{-1}\boldsymbol{X}'\boldsymbol{y}$$

A informação de correlação entre variáveis preditoras está contida na matriz $(\boldsymbol{X}'\boldsymbol{X})$. A ocorrência de colinearidade faz com que esta matriz fique *mal condicionada*, com determinante próximo de zero, tornando inviável a sua inversa comum. O *condicionamento* dessa matriz pode ser avaliado pelo **número de condição** (NC), dado pela razão entre o maior e o menor autovalores[4] dessa matriz. Valores de NC acima de 100 geralmente indicam problemas de (multi)colinearidade. Acima de 1000 indica problemas sérios, como é o caso com o modelo m2, pois:

```
> X <- model.matrix(m2)
> M <- t(X) %*% X
> autoval <- eigen(M)$values
> max(autoval)/min(autoval)    # NC
[1] 1472029
```

[4]Por ser de maior apelo em análises multivariadas, não entraremos em detalhes sobre a análise de autovalor e autovetor. Apenas será mostrado como obtê-los no R.

Perceba que o número de condição dá indicativo de colinearidade, mas não identifica exatamente quais das variáveis são a causa do problema. Para isso, pode-se recorrer ao **fator de inflação da variância** (ou *VIF* - *variance inflation factor*, do inglês), que indica para cada variável preditora a contribuição na inflação da variância dos coeficientes β. Tem-se:

$$VIF_j = (\boldsymbol{X}'\boldsymbol{X})^{-1}_{jj} \sum_{i=1}^{n}(x_{ij} - \bar{x}_j)^2 = (1 - R_j^2)^{-1}$$

ou seja, os elementos da diagonal principal da matriz $(\boldsymbol{X}'\boldsymbol{X})^{-1}$ constituem a base para determinação dos VIF das variáveis preditoras. Pode ser mostrado que, para um modelo apenas com X_j como preditora, o termo

$$(\boldsymbol{X}'\boldsymbol{X})^{-1}_{jj} = \frac{1}{\sum_{i=1}^{n}(x_{ij} - \bar{x}_j)^2}$$

o que implica em $VIF_j = 1$. O mesmo ocorre com o modelo de regressão múltipla quando não há correlação entre as variáveis preditoras. Assim, a presença de variáveis preditoras correlacionadas com X_j causa inflação no termo $(\boldsymbol{X}'\boldsymbol{X})^{-1}_{jj}$. E isso nos faria superestimar

$$Var(\hat{\beta}_j) = \sigma^2(\boldsymbol{X}'\boldsymbol{X})^{-1}_{jj}$$

Note que, de forma simplificada, os VIF podem ser obtidos calculando os coeficientes de determinação múltiplo R_j^2 da regressão de cada variável X_j em função das demais preditoras. O pacote *car* (Fox & Weisberg, 2011) permite obter os VIF em modelos lineares.

```
> library(car)
> vif(m2)
      DS       US       CO   Argila
5.139945 2.770881 3.029384 3.407938
```

Em geral, considera-se um problema $VIF > 5$. Mas esta é uma regra de bolso. Há quem diga que acima de 10 é que se deve corrigir o problema de colinearidade. Assim, a variável densidade do solo (DS) é suspeita de causar influência. Algumas alternativas para solucionar problemas de multicolinearidade são: regressão por mínimos quadrados parciais (*partial least squares*, do inglês), regressão de componentes principais (similar a última), regressão de cumeeira (*ridge regression*).

Regressão de cumeeira

Regressão de cumeeira (*ridge regression*, do inglês) consiste de um método introduzido por Hoerl & Kennard (1970) para estimação dos coeficientes β_j do modelo de regressão linear múltipla utilizando um mecanismo de *encolhimento* das estimativas $\hat{\beta}_j$ do modelo, de modo a obter variâncias não inflacionadas.

No procedimento, as variáveis X_j são padronizadas para terem média 0 e variância 1, para que os seus respectivos coeficientes β_j sejam comparáveis em termos de escala. O vetor de estimadores $\hat{\boldsymbol{\beta}}(k)$ de cumeeira de mínimos quadrados é obtido resolvendo

$$\hat{\boldsymbol{\beta}}(k) = (\boldsymbol{X}'\boldsymbol{X} + k\boldsymbol{I})^{-1}\boldsymbol{X}'\boldsymbol{y}$$

sendo $k \in [0, \infty)$ uma constante denominada de *parâmetro de cumeeira* e $\hat{\boldsymbol{\beta}}(k)$ é então uma versão encolhida dos estimadores originais $\hat{\boldsymbol{\beta}}$. Quanto maior o valor de k, maior será o encolhimento de $\hat{\boldsymbol{\beta}}(k)$. Quando $k = 0$, tem-se $\hat{\boldsymbol{\beta}}(0) = \hat{\boldsymbol{\beta}}$.

A variância de $\hat{\boldsymbol{\beta}}(k)$ é

$$Var[\hat{\boldsymbol{\beta}}(k)] = (\boldsymbol{X}'\boldsymbol{X} + k\boldsymbol{I})^{-1}\boldsymbol{X}'\boldsymbol{X}(\boldsymbol{X}'\boldsymbol{X} + k\boldsymbol{I})^{-1}\sigma^2$$

É importante observar que, à medida que k aumenta, há certos ganhos e perdas: primeiro porque as variâncias de $\hat{\boldsymbol{\beta}}(k)$ vão se tornando cada vez menos inflacionadas; por outro lado, as estimativas $\hat{\boldsymbol{\beta}}(k)$ vão se tornando mais viesadas, ou seja, em média o estimador $\hat{\boldsymbol{\beta}}(k)$ não encontra o alvo $\boldsymbol{\beta}$.

Em geral, uma escolha empírica para k é feita analisando graficamente o efeito desse parâmetro sobre as estimativas $\hat{\boldsymbol{\beta}}(k)$, adotando-se o menor valor de k (menor viés) que promove estabilidade das estimativas. A Figura 12.4 mostra o efeito de k sobre os coeficientes do modelo de regressão múltipla da variável RP em função de DS, US, CO e Argila, padronizadas. Os coeficientes estão na mesma escala, mas podem ser transformados para a escala original de cada variável preditora dividindo $\hat{\beta}_j(k)$ pelo respectivo desvio padrão de X_j.

Uma alternativa menos subjetiva para determinar k é a utilização de técnicas de validação cruzada, como no pacote *MASS* (Venables & Ripley, 2002) ou no *glmnet* (Friedman et al., 2010).

Uma aplicação derivada da regressão de cumeeira é a *análise de trilha* de cumeeira, como utilizado por Silva et al. (2013).

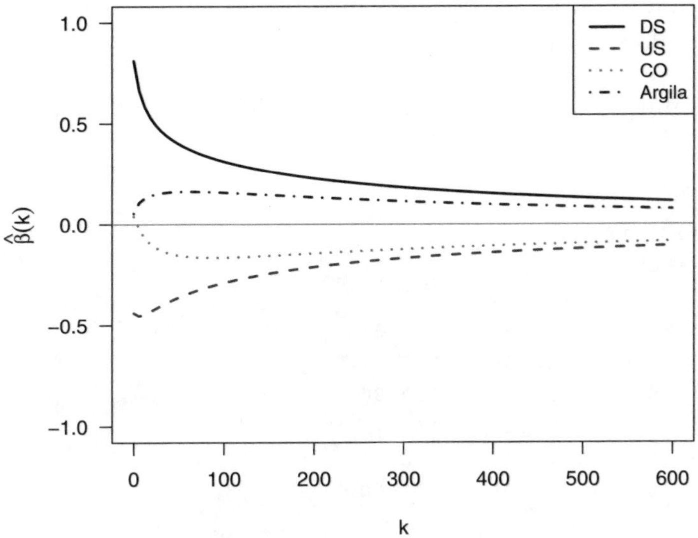

Figura 12.4: Traço de cumeeira para variáveis físicas do solo.

Stepwise

Em regressão múltipla, deve-se sempre buscar por modelos parcimoniosos, isto é, que sejam bem ajustados e com um mínimo possível de parâmetros. Tais modelos são em geral obtidos por meio de seleção de variáveis explicativas. Um método amplamente utilizado de seleção é o *stepwise*, que consiste em:

- (Método *backward*) Ajustar inicialmente um modelo com todas as variáveis e, em seguida, eliminar uma a uma, desde que isso promova redução do *AIC* do modelo.

- (Método *forward*) Ajustar um modelo inicial, em geral apenas com a constante (b_0), e em seguida adicionar variáveis que promovam diminuição do AIC.

- (Método *stepwise*) Consiste na mistura dos dois anteriores. Geralmente parte-se de um modelo completo, e então avalia-se a exclusão e inclusão de variáveis em cada passo.

Assim como o R^2 ajustado, critérios de informação são bastante utilizados como critério de escolha do modelo. Destaca-se aqui o critério de Akaike (AIC), apresentado no Capítulo 4, que toma como base a *função de verossimilhança* do modelo, e o número de parâmetros estimados. Quanto menor o valor do AIC, melhor o ajuste do modelo.

Realizando um stepwise bidirecional no modelo `m2`, teremos:

```
> step(m2)
Start:  AIC=-101.17
RP ~ DS + US + CO + Argila

         Df Sum of Sq    RSS      AIC
- CO      1    0.0415 22.403 -103.017
- Argila  1    0.0705 22.432 -102.908
<none>                22.361 -101.173
- US      1    5.7615 28.123  -83.916
- DS      1   10.5924 32.954  -70.600

Step:  AIC=-103.02
RP ~ DS + US + Argila

         Df Sum of Sq    RSS      AIC
- Argila  1    0.0387 22.441 -104.872
<none>                22.403 -103.017
- US      1    6.0633 28.466  -84.897
- DS      1   10.6293 33.032  -72.400

Step:  AIC=-104.87
RP ~ DS + US

       Df Sum of Sq    RSS      AIC
<none>              22.441 -104.872
- US    1    6.6177 29.059  -85.165
- DS    1   27.1590 49.600  -40.253

Call:
lm(formula = RP ~ DS + US, data = solo)

Coefficients:
(Intercept)           DS           US
    -11.646        9.910       -0.214
```

E, assim, o modelo selecionado é:

$$\hat{RP} = -11.646 + 9.910DS - 0.214US$$

Construindo superfícies de resposta

Assim como fazemos diagramas de dispersão bidimensional para verificar a relação entre duas variáveis, um gráfico tridimensional pode ser feito com o exemplo usado aqui. Para tal, utilizaremos o pacote *plot3D* (Soetaert, 2017).

```
> library(plot3D)
> with(solo, points3D(x = DS, y = US, z = RP,
+   phi = 0, bty = "g", pch = 20, ticktype = "detailed",
+   xlab="Densidade", ylab="Umidade", zlab="RP (MPa)",
+   col = 1))
```

Feito isso, e tendo-se ajustado o modelo (`m2`), é possível adicionar ainda um plano 3D representando o ajuste da regressão.

```
> m2 <- lm(RP ~ DS + US, data = solo)
> m2

Call:
lm(formula = RP ~ DS + US, data = solo)

Coefficients:
(Intercept)           DS           US
    -11.646        9.910       -0.214

> xy <- mesh(x=seq(min(solo$DS), max(solo$DS), length=50),
+   y=seq(min(solo$US), max(solo$US), length=50))
> with(xy, surf3D(x, y, z = -11.6 + 9.91*x  - 0.21*y,
+   add = TRUE, facets = NA))
```

12.3 Regressão não linear

Introdução

A relação entre uma variável explicativa ou explanatória X e uma variável resposta Y pode ser do tipo linear ou não linear. Mas atenção: NÃO é esta forma de associação que define se um modelo de regressão é linear ou não. Isto é, na verdade, definido pela forma como os parâmetros do modelo se relacionam. Assim, dizemos que a equação $y = b_0 + b_1x + b_2x^2 + \epsilon$ constitui um modelo de regressão *linear nos parâmetros*. Matematicamente, dizemos que um modelo é não linear se pelo menos uma das derivadas parciais em relação aos parâmetros for uma função de pelo menos um parâmetro. Por exemplo, o modelo $y = b_0 + x^{b_1} + \epsilon$ é não linear, pois:

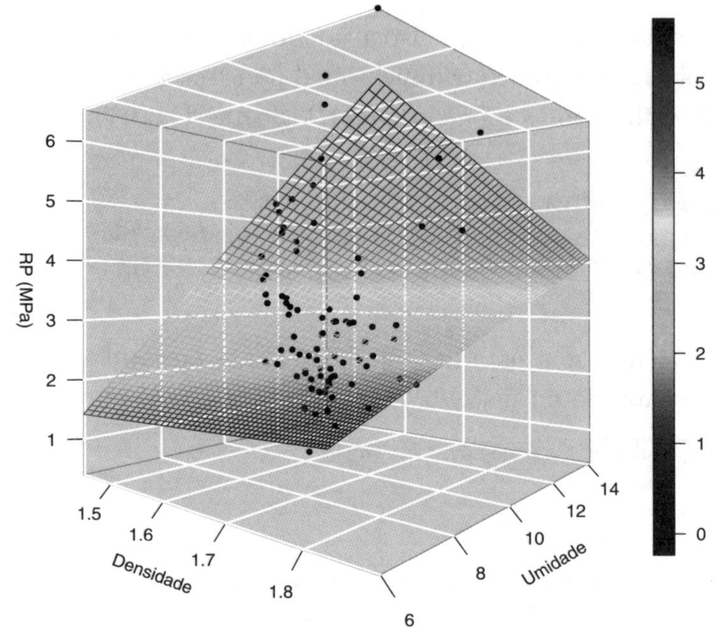

Figura 12.5: Diagrama de dispersão em 3D e plano de regressão ajustado para resistência à penetração em função da densidade e umidade do solo.

```
> D(expression(b0 + x^b1), "b1")
x^b1 * log(x)
```

isto é,

$$\frac{\partial y}{\partial b_1} = f(b_1) = x^{b_1}\log(x)$$

Um método de estimação amplamente utilizado é o *método dos mínimos quadrados não lineares*, cujo princípio é o mesmo do método de mínimos quadrados para modelos lineares. Contudo, modelos não lineares raramente possuem solução analítica para os estimadores. Assim sendo, a estimação é feita por um processo iterativo, de acordo com algum algoritmo de otimização numérica, a exemplo do Gauss-Newton. Daí a necessidade de valores (ou *chutes*) iniciais para os parâmetros.

Exemplo

Visando determinar o tamanho ideal de parcelas experimentais, Lessman & Atkins (1963) propuseram o seguinte modelo para o coeficiente de variação experimental:

$$y = b_0 x^{-b_1} + \epsilon$$

em que y é o coeficiente de variação experimental; x é o tamanho da parcela; b_0 e b_1 são parâmetros.

Uma forma bastante simples de se obter valores iniciais é por meio da *linearização* do modelo não linear, ignorando, obviamente, o erro aleatório. Mas, claro, nem todos os modelos são passíveis de linearização. Mas, com o exemplo, podemos fazer:

$$\log(y) = \log(b_0) - b_1 \log(x)$$

que é, agora, um modelo de regressão linear simples.

Considere agora os seguintes dados de $CV\%$ e tamanho de parcela (m^2):

```
> ps <- c(1, 2, 3, 4, 6, 8, 12)
> cv <- c(35.6, 29, 27.1, 25.6, 24.4, 23.3, 21.6)
> lm(log(cv) ~ log(ps))

Call:
lm(formula = log(cv) ~ log(ps))

Coefficients:
(Intercept)      log(ps)
     3.5309      -0.1908
```

Poderíamos então utilizar esses valores iniciais (3.53 e -0.19) para obter as estimativas de mínimos quadrados não lineares, usando a função `nls()`.

```
> nls(cv ~ b0*ps^-b1,
+     start = list(b0 = exp(3.53), b1 = 0.19))
Nonlinear regression model
  model: cv ~ b0 * ps^-b1
   data: parent.frame()
     b0      b1
34.5394  0.1996
 residual sum-of-squares: 3.665

Number of iterations to convergence: 3
Achieved convergence tolerance: 3.061e-06
```

Podemos agora desenhar o ajuste da regressão (Figura 12.6):

```
> plot(ps, cv)
> curve(34.54*x^-0.1996, add = TRUE, col = "blue")
```

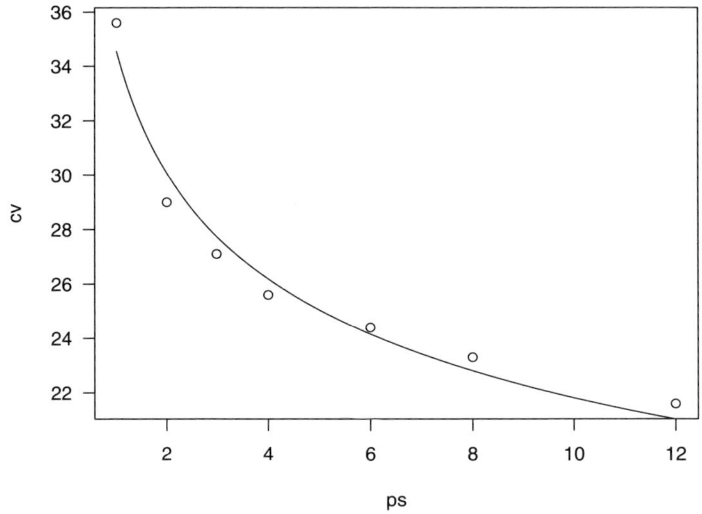

Figura 12.6: Ajuste do modelo não linear para o coeficiente de variação experimental em função do tamanho da parcela.

Mínimos quadrados não lineares

De modo genérico, um modelo não linear toma a forma

$$y_i = f(x_i, \boldsymbol{\theta}) + \epsilon_i$$

sendo $f(\cdot)$ uma função não linear no vetor de parâmetros $\boldsymbol{\theta}$ que determina o valor esperado (média) $E(Y_i|X = x_i) = f(x_i, \boldsymbol{\theta})$. E aqui percebemos que a diferença em relação ao modelo linear está na modelagem da média, sendo o modelo linear um caso particular, em que $f(x_i, \boldsymbol{\theta}) = \sum_j x_i\theta_j$.

Observe que, nessa definição, x_i representa uma variável explicativa, mas, assim como em regressão linear múltipla, pode também representar múltiplas variáveis. E, assumindo que as n observações y_i são independentes, tem-se $Var(Y_i|X = x_i) = Var(\epsilon_i) = \sigma^2$.

A partir dessa formulação, pode-se utilizar o método dos mínimos quadrados para estimar $\boldsymbol{\theta}$ por meio de $\hat{\boldsymbol{\theta}}$ que minimiza

$$SQR = \sum_{i=1}^{n}[y_i - f(x_i, \boldsymbol{\theta})]^2$$

Como dito anteriormente, raramente há solução analítica para a minimização da soma de quadrados residual em modelos não lineares. Utiliza-se então alguma solução de otimização numérica. O algoritmo Gauss-Newton, amplamente utilizado nesse caso, é baseado em aproximação por séries de Taylor.

Uma função $f(\boldsymbol{\theta})$ do vetor de parâmetros desconhecidos $\boldsymbol{\theta}$ pode ser aproximada utilizando valores fixados $\boldsymbol{\theta}^*$ por expansão da série de Taylor. Veja, por exemplo, como fica a expansão para a segunda ordem:

$$f(\boldsymbol{\theta}) = f(\boldsymbol{\theta}^*) + \boldsymbol{u}(\boldsymbol{\theta}^*)'(\boldsymbol{\theta} - \boldsymbol{\theta}^*) + \frac{1}{2}(\boldsymbol{\theta} - \boldsymbol{\theta}^*)'\boldsymbol{H}(\boldsymbol{\theta}^*)(\boldsymbol{\theta} - \boldsymbol{\theta}^*) + R$$

em que $\boldsymbol{u}(\boldsymbol{\theta}^*)$ é o vetor *Escore* ou vetor de derivadas parciais de primeira ordem de $f(\boldsymbol{\theta})$ em relação a cada parâmetro em $\boldsymbol{\theta}$, avaliadas em $\boldsymbol{\theta}^*$, e $\boldsymbol{H}(\boldsymbol{\theta}^*)$ é a matriz *Hessiana* de derivadas parciais de segunda ordem avaliadas em $\boldsymbol{\theta}^*$; R representa o resto (demais ordens do polinômio de Taylor). Em geral, aproximações de primeira ordem são suficientes para obter a solução de mínimos quadrados. Numa aproximação de primeira ordem,

$$\begin{aligned} SQR &= \sum_{i=1}^{n}[y_i - f(x_i, \boldsymbol{\theta})]^2 \\ &\approx \sum_{i=1}^{n}[y_i - f(x_i, \boldsymbol{\theta}^*) - \boldsymbol{u}(x_i, \boldsymbol{\theta}^*)'(\boldsymbol{\theta} - \boldsymbol{\theta}^*)]^2 \\ &= \sum_{i=1}^{n}[\epsilon_i^* - \boldsymbol{u}(x_i, \boldsymbol{\theta}^*)'(\boldsymbol{\theta} - \boldsymbol{\theta}^*)]^2 \end{aligned}$$

SQR é agora da mesma forma que nos modelos lineares, $SQR = (\boldsymbol{y} - \boldsymbol{X\beta})'(\boldsymbol{y} - \boldsymbol{X\beta})$, cuja solução é $\hat{\boldsymbol{\beta}} = (\boldsymbol{X'X})^{-1}\boldsymbol{X'y}$. Assim, na forma matricial, a solução de mínimos quadrados não lineares é obtida com

$$\begin{aligned} \widehat{\boldsymbol{\theta} - \boldsymbol{\theta}^*} &= (\boldsymbol{U'U})^{-1}\boldsymbol{U'\epsilon}^* \\ \hat{\boldsymbol{\theta}} &= \boldsymbol{\theta}^* + (\boldsymbol{U'U})^{-1}\boldsymbol{U'\epsilon}^* \end{aligned}$$

em que $\boldsymbol{U}$ é uma matriz constituída dos n vetores escore $\boldsymbol{u}(x_i, \boldsymbol{\theta}^*)$, e $\boldsymbol{\epsilon}^* = \boldsymbol{y} - f(\boldsymbol{x}, \boldsymbol{\theta}^*)$.

O Gauss-Newton é iniciado com um valor (*chute*) inicial $\boldsymbol{\theta}^{(0)}$, com o qual se obtém $SQR^{(0)}$. Em seguida, o processo iterativo consiste de obter uma nova estimativa $\hat{\boldsymbol{\theta}}^{(k)}$ pela solução de mínimos quadrados, computando $SQR^{(k)}$, sendo repetidamente atualizada até que em uma determinada iteração k seja atingida a convergência ao se observar um valor suficientemente baixo de $SQR^{(k)} - SQR^{(k+1)}$. É basicamente o que faz a implementação `nls()`.

Por simplicidade, foi introduzido o método dos mínimos quadrados não lineares *ordinários*. Não obstante, *pesos* para as observações podem ser atribuídos como multiplicadores dos termos de SQR. A solução então equivale à de mínimos quadrados *generalizados* ou *ponderados* (Weisberg, 2005).

Inferência

Testes de hipóteses e intervalos de confiança para os parâmetros $\boldsymbol{\theta}$ são comumente realizados assumindo distribuição normal[5] para os estimadores $\hat{\boldsymbol{\theta}}$, com vetor de médias $E(\hat{\boldsymbol{\theta}}) = \boldsymbol{\theta}$ e matriz de covariância

$$Var(\hat{\boldsymbol{\theta}}) = [\boldsymbol{U}(\hat{\boldsymbol{\theta}})'\boldsymbol{U}(\hat{\boldsymbol{\theta}})]^{-1}\sigma^2$$

cuja estimativa é obtida pelo estimador da variância residual $\hat{\sigma}^2 = (n-p)^{-1}\sum_{i=1}^{n}[y_i - f(x_i, \hat{\boldsymbol{\theta}})]^2$, sendo p o número de parâmetros em $\boldsymbol{\theta}$.

Por exemplo, hipóteses do tipo

$$H_0 : \theta_j = 0$$

podem ser avaliadas utilizando a estatística t-Student com $n-p$ graus de liberdade:

$$t = \frac{\hat{\theta}_j}{\sqrt{\hat{V}ar(\hat{\theta}_j)}}$$

em que $\hat{V}ar(\hat{\theta}_j) = [\boldsymbol{U}(\hat{\boldsymbol{\theta}})'\boldsymbol{U}(\hat{\boldsymbol{\theta}})]^{-1}_{jj}\hat{\sigma}^2$ é o elemento da diagonal da matriz $\hat{V}ar(\hat{\boldsymbol{\theta}})$ na posição j.

Resultados de testes assim podem ser obtidos com a função `summary()` em um objeto da classe `nls`.

12.4 *Linear Response Plateau*

Não raramente, em estudos de nutrição de plantas, é esperado que a partir de certo ponto haja uma faixa de estabilização da produção ou crescimento vegetal em função da adição de nutrientes. Nesse caso, parece apropriado ajustar um

[5]Desde que $n-p$ seja suficientemente grande. Para pequenas amostras, as inferências baseadas na aproximação normal podem não ser acuradas.

modelo de regressão do tipo LRP (*linear response plateau*, do inglês) ou platô de resposta linear.

O modelo LRP nada mais é do que um modelo de regressão segmentado, em duas partes, sendo que em uma delas a resposta é descrita por um modelo de regressão linear simples, e a outra é descrita por um paralelo a x (platô), isto é, onde a resposta é constante. Formalmente, o escrevemos da seguinte forma: $y = f(x) + \epsilon$, em que:

$$f(x) = \begin{cases} b_0 + b_1 x, & x \leq x_0 \\ b_0 + b_1 x_0, & x > x_0 \end{cases}$$

sendo o parâmetro x_0 o valor no eixo-x que delimita o platô.

Exemplo

Hartinee et al. (2010) utilizaram o modelo LRP para determinar a exigência de nitrogênio por arroz. Dados de produção em função de doses de um fertilizante nitrogenado são mostrados na tabela a seguir:

Tabela 12.1: Efeito de N na produção de arroz (Hartinee et al., 2010).

N	0	50	100	150	200
Prod.	7.67	14.46	19.84	20.04	20.59

A relação entre produção e dose de N pode ser mais bem entendida quando visualizada graficamente. Isso ainda nos ajudará a identificar onde deve estar o platô.

```
> N <- c(0, 50, 100, 150, 200)
> prod <- c(7.67, 14.46, 19.84, 20.04, 20.59)
> plot(prod ~ N)
```

No R, uma forma prática de estimar os parâmetros do modelo LRP é tratando-o como um modelo não linear, pela implementação `nls()`.

```
> lrp <- function (x, b0, b1, x0)
+      ifelse(x <= x0, b0 + b1*x, b0 + b1*x0)
> nls(prod ~ lrp(N, b0, b1, x0),
+      start = list(b0 = 8, b1 = 0.1, x0 = 80))
Nonlinear regression model
  model: prod ~ lrp(N, b0, b1, x0)
   data: parent.frame()
     b0      b1      x0
 7.6700  0.1358 91.9489
```

```
 residual sum-of-squares: 0.3017

Number of iterations to convergence: 2
Achieved convergence tolerance: 1.147e-08
```

Logo, a equação ajustada foi:

$$\hat{y} = \begin{cases} 7.67 + 0.1358x, & x \leq 91.9489 \\ 20.15666, & x > 91.9489 \end{cases}$$

sendo 21.15666 o platô de resposta. A Figura 12.7 mostra o ajuste do modelo.

```
> curve(lrp(x, b0 = 7.67, b1 = 0.1358, x0 = 91.95), col = "blue", add =
    TRUE)
```

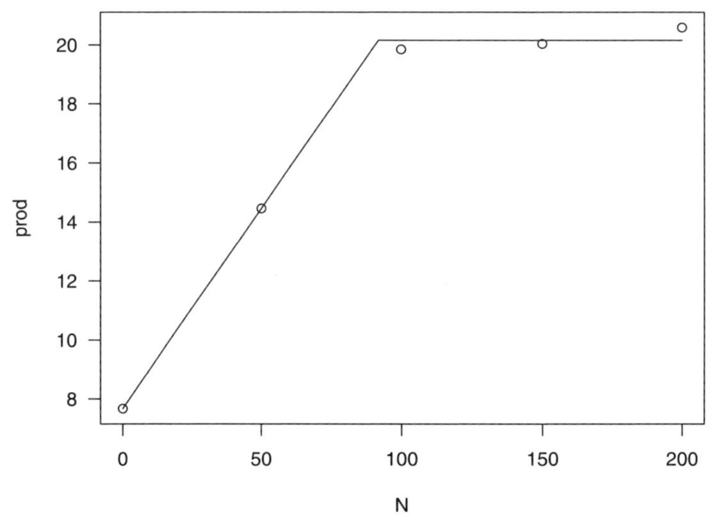

Figura 12.7: Ajuste do modelo LRP aos dados de produção de arroz em função de doses de fertilizante nitrogenado.

12.5 Bootstrap na regressão

O leitor deve ter percebido que as inferências realizadas para os parâmetros dos modelos de regressão foram baseadas em pressupostos paramétricos – distribuição normal e variância constante. No entanto, vimos no Capítulo 6 que a técnica de reamostragem bootstrap é livre de pressuposições e pode ser utilizada para obter o desvio padrão de estimativas de parâmetros, bem como para construir intervalos de confiança. Foi apresentado o bootstrap não paramétrico aplicado a uma amostra. Aqui mostraremos como o bootstrap pode ser útil em situações em que não é razoável fazer pressuposições paramétricas acerca da variável resposta (y) num modelo de regressão, linear ou não linear.

O bootstrap aplicado a uma amostra $\boldsymbol{x} = (x_1, x_2, ..., x_n)$ recria um número grande B de reamostras com reposição, digamos $\boldsymbol{x}^*$, de mesmo tamanho n. De cada reamostra bootstrap, calcula-se $\hat{\theta}^* = f(\boldsymbol{x}^*)$, um estimador para um parâmetro θ de interesse. A partir dos B valores de $\hat{\theta}^*$ pode-se construir, por exemplo, intervalos de confiança tomando-lhes os percentis.

Em regressão temos uma amostra de trabalho que é constituída não de uma variável apenas, mas de n pares (x_i, y_i), com o que construímos o modelo:

$$y_i = f(x_i|\boldsymbol{b}) + \epsilon_i$$

Pois bem, nesse caso o bootstrap pode ser aplicado de duas formas:

- Tomando reamostras dos pares (x_i, y_i), retirados com resposição da amostra original ($\boldsymbol{x}$, $\boldsymbol{y}$). Para cada reamostra bootstrap ($\boldsymbol{x}^*$, $\boldsymbol{y}^*$), ajusta-se o modelo $f(x_i|\boldsymbol{b})$ de regressão e obtêm-se as estimativas bootstrap $\hat{\boldsymbol{b}}^*$ dos parâmetros do modelo ($\boldsymbol{b}$).

- Ajustando-se o modelo $f(x_i|\boldsymbol{b})$ de regressão aos dados originais ($\boldsymbol{x}$, $\boldsymbol{y}$), obtendo as estimativas $\hat{\boldsymbol{b}}$ dos parâmetros, calculando os valores preditos $\hat{\boldsymbol{y}} = f(\boldsymbol{x}|\hat{\boldsymbol{b}})$, extraindo os resíduos $\hat{\boldsymbol{\epsilon}} = \boldsymbol{y} - \hat{\boldsymbol{y}}$, aplicando-se a reamostragem bootstrap nos resíduos, obtendo B reamostras $\hat{\epsilon}^*$, reconstruindo $\boldsymbol{y}^* = \hat{\boldsymbol{y}} + \hat{\epsilon}^*$, ajustando-se para cada reamostra $(\boldsymbol{x}, \boldsymbol{y}^*)$ o modelo de regressão e assim obtendo B estimativas bootstrap dos parâmetros $\boldsymbol{b}$ do modelo.

O inconveniente de se realizar a primeira forma de bootstrap na regressão é que os valores x são também aleatorizados, isto é, não são tratados como uma variável *fixa*.

Exemplo

Utilizaremo-nos do exemplo apresentado na seção 12.3.

```
> mod <- nls(cv ~ b0*ps^-b1,
+        start = list(b0 = exp(3.53), b1 = 0.19))
> yhat <- fitted(mod)  # valores preditos
> res <- residuals(mod) # residuos
> res
[1]  1.0606354 -1.0772961 -0.6393862 -0.5916730  0.2442073  0.4919746
   0.5648438
```

```
attr(,"label")
[1] "Residuals"
```

Faremos 1000 reamostragens dos resíduos (**res**) do modelo ajustado. No código a seguir, note que estamos criando uma matriz nula b (1000 linhas e 2 colunas) para receber em cada linha as estimativas bootstrap de b_0 e b_1 do modelo. Observe ainda que as versões bootstrap da variável resposta (**yboot**) estão sendo obtidas pela soma de valores preditos (**yhat**) e resíduos bootstrap (**res.boot**).

```
> nboot <- 1000
> b <- matrix(nrow = nboot, ncol = 2)
> colnames(b) <- c("b0", "b1")
> for(i in 1:nboot) {
+     res.boot <- sample(res, replace = TRUE)
+     yboot <- yhat + res.boot
+     b[i, ] <- coef(nls(yboot ~ b0*ps^-b1,
+                  start = c(b0 = exp(3.53), b1 = 0.19)))
+ }

# percentis bootstrap 2,5% e 97,5%
> apply(b, 2, quantile, p = c(0.025, 0.975))
            b0        b1
2.5%  33.47760 0.1754445
97.5% 35.60846 0.2238421

# intervalos de 95% confianca
> confint(mod)
Waiting for profiling to be done...
         2.5%      97.5%
b0 32.7203485 36.3799185
b1  0.1606861  0.2385172
```

Compare os limites dos intervalos de 95% de confiança bootstrap pelo método percentil usando $\hat{b_0}^*$ e $\hat{b_1}^*$ com os limites do IC paramétrico (admitindo normalidade).

Algo talvez ainda mais interessante é a possibilidade de construir intervalos de confiança bootstrap para os valores esperados ao longo do intervalo da variável explanatória x, isto é, a construção de bandas de confiança.

```
# sequencia de 100 valores x (tam. parcela)
> ps. <- seq(1, 12, length.out = 100)

# matriz nula para receber predicoes bootstrap
> yhat.boot <- matrix(nrow = nboot, ncol = length(ps.))

# loop das predicoes
```

```
> for(i in 1:nboot) yhat.boot[i, ] <- b[i,1] * ps.^-b[i,2]

# percentis em cada valor de ps.
> IC.boot <- apply(yhat.boot, 2, quantile, p = c(0.025, 0.5, 0.975))

# grafico
> matplot(x = ps., y = t(IC.boot), type = "l")
> points(cv ~ ps)
> legend("topright", c("2.5", "50", "97.5"), title = "Percentil", lty =
    1:3, col = 1:3, cex = 0.9)
```

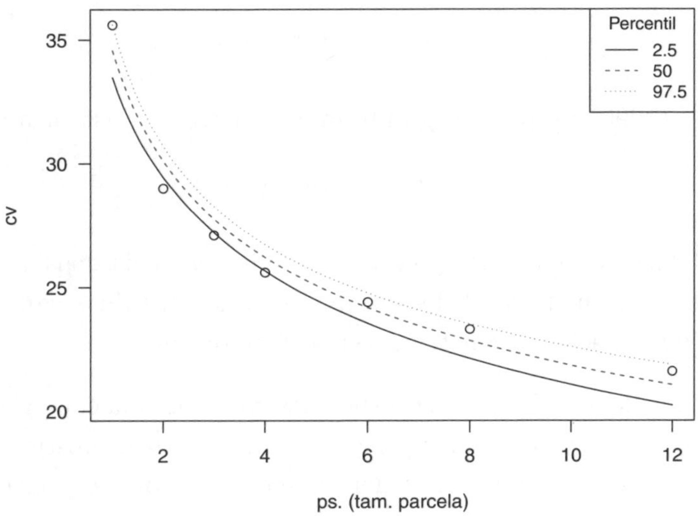

Figura 12.8: Bandas de 95% de confiança obtidas pelo método boostrap percentil para valores esperados pelo modelo de regressão.

12.6 *Jupyter notebook*

Faça a leitura do *QR code* a seguir para executar em nuvem os comandos apresentados neste capítulo com um *Jupyter notebook* com kernel do software R.

12.7 Exercícios

1. Ajuste um modelo de regressão linear múltipla para a resistência à penetração em função da densidade e umidade do solo de cada uma das duas camadas (0-20 e 20-40 cm). Depois construa um diagrama de dispersão 3D, indicando com cores diferentes as observações tomadas em cada camada. Finalmente, adicione a esse gráfico os dois planos de regressão ajustados, separando também pelas cores das observações.

2. Como deve ser classificado o seguinte modelo, linear ou não linear?

$$y = b_1\sqrt{x} + b_2x + \epsilon$$

3. Busscher (1990) propôs o seguinte modelo para a resistência à penetração:

$$RP = b_0\theta^{b_1}\rho^{b_2} + \epsilon$$

Em que θ é o conteúdo de água no solo, ρ é o valor da densidade do solo, b_0, b_1 e b_2 são parâmetros. Pede-se: com os dados das duas camadas, ajuste o modelo de Busscher e construa a superfície de resposta.

4. Em 1909, o alemão E. A. Mitscherlich desenvolveu uma equação relacionando o crescimento de plantas ao suprimento de nutrientes, substituindo o modelo linear de Leibig. A lei de Mitscherlich é descrita pela equação:

$$y = A[1 - 10^{-c(x+b)}] + \epsilon$$

em que y é a resposta obtida (produção), x é a dose do fertilizante, A é um parâmetro que representa a produção máxima, b é um parâmetro que representa a quantidade (dose) previamente existente no solo e c é um parâmetro que representa um coeficiente de eficácia do fertilizante. À exceção de c, todos os demais componentes da equação são expressos em kg ha^{-1}. Esta lei foi estudada por Pimentel-Gomes (1953) com os seguintes dados de produtividade de cana-de-açúcar (t ha^{-1}) em função de doses de vinhaça (m^3 ha^{-1}).

Dose	0	250	500	1000
Prod.	47	75	90	98

Ajuste o modelo de Mitscherlich e represente-o graficamente.

Você conseguiu perceber alguma desvantagem do modelo de Mitscherlich? Será que o modelo linear quadrático seria mais apropriado no caso presente (sim/não, por quê)?

5. Ajuste o modelo de van Genuchten (1980) para retenção de água no solo, utilizando os dados apresentados no exercício do Capítulo 5.

6. Os dados a seguir referem-se ao controle visual (%) de plantas daninhas de folha estreita por dois herbicidas (A - 7,5 g i.a./ha, B - 140 g i.a./ha) pós-emergentes em parcelas cultivadas com soja. Ajuste o modelo proposto por Streibig (1988) para cada herbicida:

$$y = \frac{a}{1 + \left(\frac{b}{x}\right)^c} + \epsilon$$

em que: a representa o controle máximo (amplitude entre máximo e mínimo de y), b representa a dose que proporciona metade do controle máximo, c é a declividade da curva ao redor de b. Em seguida calcule a dose efetiva 50 (DE50) para comparar a eficácia dos produtos.

Dose (% bula)	Herbicida A	Herbicida B
0	0	0
25	3	2
50	15	10
100	65	50
200	95	70
400	99	85

7. O modelo a seguir, chamado *Peleg adaptado*, foi apresentado por Silva et al. (2018) para descrever a cinética de embebição de sementes que apresentam um processo trifásico de absorção de água. Carregue os dados `onionseeds` do pacote *seedwater* (Silva, 2020b) e ajuste o modelo para y_i, o coeficiente de absorção percentual de água por sementes de cebola, calculado em função do peso (p_i, em gramas) da amostra de sementes em embebição: $y_i = 100(p_i - p_1)/p_1$, sendo p_1 o peso inicial da amostra; x_i é o tempo de embebição, em horas; k_1, k_2, b_2 e c_2 são os parâmetros do modelo, representando, respectivamente, a taxa cinética de absorção na fase I (1ª inflexão), a constante de capacidade, a cinética de absorção na fase III (3ª inflexão) e o tempo até início da fase III.

$$y_i = x_i(k_1 + k_2 x_i)^{-1} + \exp(b_2(x_i - c_2))$$

Em seguida, calcule pelo Método Delta (Cap. 5) a variância dos valores ajustados $\hat{y}_t$ pelo modelo para uma sequência de 200 valores de x_t variando de 0 a 96 (horas), de forma a obter os 200 intervalos de 95% de confiança com base na aproximação normal

$$\hat{y}_t \pm 1.96\sqrt{Var(\hat{y}_t)}$$

Por fim, apresente graficamente as bandas (limites superiores e inferiores dos ICs) de 95% de confiança. *Sugestão: obtenha a matriz de covariâncias dos coeficientes do modelo não linear ajustado com a função* `vcov()`.

Capítulo 13

Análise de resíduos

Após o ajuste de um modelo, é importante checar o seu grau de ajuste aos dados. Em modelos lineares clássicos, algumas análises podem ser realizadas sobre os resíduos ordinários, como o coeficiente de determinação. Contudo, há certas limitações nesse tipo de resíduos, como será visto. Não obstante, outros tipos de resíduos podem e devem ser priorizados para se avaliar o ajuste e a influência de observações no ajuste geral do modelo.

A presença de *ouliers*, pontos de alavanca (*leverage*), a escolha inapropriada dos fatores do modelo, da escala da variável podem causar falhas no ajuste. Em geral a falta de ajuste ocorre por uma combinação destes.

13.1 Resíduos ordinários

Consistem da diferença entre o valor observado (y_i) da variável resposta e o seu valor esperado ($\hat{\mu}_i$) de acordo com o modelo.

$$\hat{\epsilon}_i = y_i - \hat{\mu}_i$$

No modelo linear clássico $\boldsymbol{y} = \boldsymbol{X\beta} + \boldsymbol{\epsilon}$, $\boldsymbol{\mu} = \boldsymbol{X\beta}$. O modelo pode ainda ser expresso em função da matriz $\boldsymbol{H}$ de projeção: $\boldsymbol{y} = \boldsymbol{Hy} + \boldsymbol{\epsilon}$, em que $\boldsymbol{H} = \boldsymbol{X'(X'X)^{-1}X}$, cujos elementos da diagonal principal são chamados *leverages* (h_i), tal que $h_i = \boldsymbol{x}_i'(\boldsymbol{X'X})^{-1}\boldsymbol{x}_i$. A matriz $\boldsymbol{H}$ é também conhecida como *hat matrix*, por ser a matriz que coloca o *chapéu* no vetor de observações $\boldsymbol{y}$, isto é, fornece os valores preditos $\hat{\boldsymbol{y}}$. Então, tem-se:

$$\hat{\epsilon} = \boldsymbol{y} - \boldsymbol{H}\boldsymbol{y} = (\boldsymbol{I} - \boldsymbol{H})\boldsymbol{y}$$

$$Var(\hat{\epsilon}_i) = (1 - h_i)\sigma^2$$

Na prática isso quer dizer que os resíduos ordinários não possuem variâncias iguais, pois dependem de h_i, nem são independentes, pois $Cov(\hat{\epsilon}_i, \hat{\epsilon}_j) = -h_{ij}\sigma^2$, para $i \neq j$.

No R, a função `residuals()` extrai os resíduos de objetos contendo o resultado do ajuste dos modelos. Já os *leverages* são obtidos com a função `hatvalues()`.

Exemplo

Revisitemos o objeto `m1` ajustado no capítulo anterior contendo o ajuste de uma regressão linear simples da resistência a penetração em função da densidade do solo (dados camadassolo.csv).

```
> m1 <- lm(RP ~ DS, data = solo)
> m1

Call:
lm(formula = RP ~ DS, data = solo)

Coefficients:
(Intercept)           DS
     -19.62        13.49
```

A matriz $\boldsymbol{H}$ de projeção, de dimensão 84×84, é obtida fazendo:

```
> X <- model.matrix(m1)
> H <- X %*% solve(t(X) %*% X, t(X))
> H[1:5, 1:5]
           1          2          3          4          5
1  0.0287114 -0.0032212  0.0320728  0.0303921 -0.0049019
2 -0.0032212  0.0255182 -0.0062464 -0.0047338  0.0270308
3  0.0320728 -0.0062464  0.0361064  0.0340896 -0.0082633
4  0.0303921 -0.0047338  0.0340896  0.0322408 -0.0065826
5 -0.0049019  0.0270308 -0.0082633 -0.0065826  0.0287114

> h <- hatvalues(m1)
> h[1:5]
       1        2        3        4        5
0.028711 0.025518 0.036106 0.032240 0.028711
```

sendo mostrados apenas as cinco primeiras linhas e colunas. Os elementos da diagonal são os *leverages*, que na prática obtidos com a função `hatvalues()`. Observe como esses dados são utilizados para obter os resíduos ordinários.

```
> y <- solo$RP
> ro <- y - H %*% y    # residuos ordinarios
> ro[1:5]
[1]  0.1135574 -0.0536778  0.6237927  0.4386750 -1.1587955

> residuals(m1)[1:5]         # checando
        1         2         3         4         5
 0.113557 -0.053677  0.623792  0.438675 -1.158795
```

Agora calculemos as variâncias de **cada** resíduo $\hat{\epsilon}_i$ utilizando, para isso, a estimativa de variância residual $\widehat{\sigma^2}$.

```
> s2 <- drop( var(ro) )    # var residual
> s2
[1] 0.3501095
> var.ro <- (1 - h)*s2     # var dos 'ro'
> var.ro[1:5]
        1         2         3         4         5
0.3400574 0.3411754 0.3374683 0.3388217 0.3400574
```

13.2 Resíduos padronizados

Este tipo de resíduo pondera os resíduos ordinários pela suas variâncias distintas. Para isso, utiliza-se uma estimativa de variância residual $\hat{\sigma}^2$, em geral o quadrado médio do resíduo.

$$\hat{\epsilon}_i^* = \frac{\hat{\epsilon}_i}{\sqrt{(1-h_i)\hat{\sigma}^2}}$$

No R:

```
> rp <- rstandard(m1)
> rp[1:5]
         1          2          3          4          5
 0.1935563 -0.0913428  1.0673127  0.7490749 -1.9751432
```

13.3 Resíduos estudentizados

Também chamados resíduos estudentizados externamente ou resíduos jackknife ou ainda resíduos de deleção. Esse tipo de resíduo é calculado utilizando uma estimativa de variância residual livre da influência de cada observação y_i.

$$\hat{\epsilon}_i^S = \frac{\hat{\epsilon}_i}{\hat{\sigma}_{(i)}\sqrt{(1-h_i)}}$$

sendo $\hat{\sigma}^2_{(i)}$ a estimativa de variância residual desconsiderando a observação y_i.

Sob normalidade, $\hat{\epsilon}_i^S$ segue distribuição t-Student com ν graus de liberdade do resíduo. Assim, é conveniente procurar por *outliers* residuais a partir dos percentis $100\alpha/(2n)$ e $100(1-\alpha/(2n))$ de t_ν, sendo n o número de observações.

No R:

```
> rs <- rstudent(m1)
> rs[1:5]
          1           2           3           4           5
 0.19241642 -0.09078874  1.06823068  0.74705371 -2.01149470
```

Agora vejamos que a observação de ordem 78 apresenta resíduo acima do limite superior esperado, sendo considerado então *outlier*.

```
> n <- nrow(solo)  # n dados
> n
[1] 84
> p <- 2      # n parametros do modelo
> li.rs <- qt(0.025/(2*n), df = 84 - 2)  # lim. inferior
> li.rs
[1] -3.77887
> ls.rs <- qt(1 - 0.025/(2*n), df = 84 - 2)  # lim. superior
> ls.rs
[1] 3.77887

> which(rs < li.rs)     # teste: rs abaixo
named integer(0)

> which(rs > ls.rs)     # teste: rs acima
78
78
```

13.4 Medidas de influência

Algumas medidas podem ser utilizadas para medir a *influência* geral de uma observação y_i sobre os valores ajustados $\hat{y}_i$ ou ainda sobre as estimativas dos parâmetros $\boldsymbol{\beta}$. Entenda-se *influência* como a promoção de *outlier* e/ou *leverage* alto. Por exemplo, a estatística $DFFit_i$ mede a alteração em $\hat{y}_i$ causada pela ausência de y_i ao se ajustar o modelo.

$$DFFit_i = \hat{\epsilon}_i^S \sqrt{\frac{h_i}{1-h_i}}$$

Valores de $DFFit_i$ excedendo os limites $\pm\sqrt{4p/n}$ indicam observações influentes, sendo p o número de parâmetros β do modelo. Com o exemplo,

```
> dff <- dffits(m1)
> dff[1:5]
        1         2         3         4         5
 0.033082 -0.014691  0.206748  0.136355 -0.345837

 > which(abs(dff) > sqrt(4*p/n))  # testando os limites
 5 18 20 22 78 80
 5 18 20 22 78 80
```

com o que se observa que as observações 5, 18, 20, 22, 78 e 80 são pontos de influência.

Outras medidas como *DFBeta* e *distância de Cook* podem também ser utilizadas para avaliar a influência de observações.

13.5 Análise gráfica

Gráfico de índices

O gráfico dos resíduos contra os índices $i = 1, 2, ..., n$ deve apresentar dispersão aleatória dos resíduos em torno de zero, sendo útil para localizar observações y_i que promovem *outliers* residuais. Deve-se dar preferência aos resíduos estudentizados, adicionando os limites da distribuição t mencionados. Em modelos de regressão, é útil também para identificar *leverages* altos. Para descobrir possíveis observações influentes, pode-se ainda construir um gráfico de $DFFit$ contra os índices.

Na Figura 13.1 observe que não há tendência visível dos resíduos estudentizados, mas pode-se identificar o *outlier* e as observações influentes através dos gráficos de índices.

Resíduos *vs.* valores ajustados

Esse gráfico de dispersão pode ser feito com os resíduos ordinários ou, preferencialmente, com os resíduos padronizados (ou estudentizados) contra os valores ajustados $\hat{y}_i$, devendo idealmente apresentar padrão aleatório em torno de zero. Tendências nos resíduos podem significar ausência de um termo de interação ou variável explicativa no modelo.

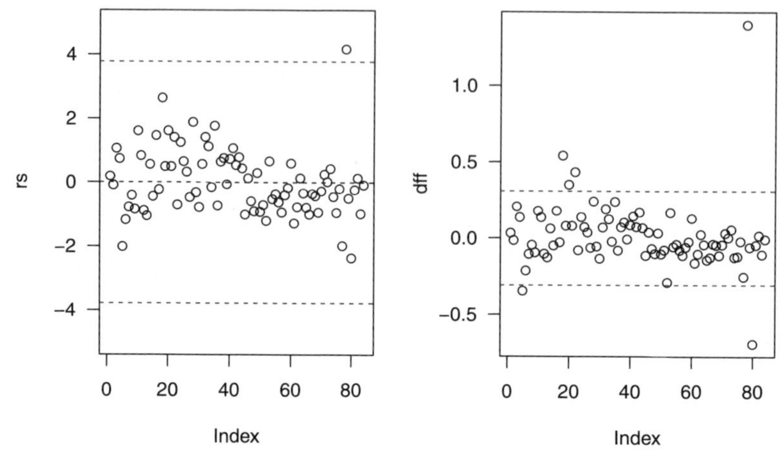

Figura 13.1: Gráfico de índices de resíduos estudentizados e DFfits do modelo de regressão linear de resistência a penetração em função da densidade do solo.

Com esse gráfico é possível identificar heterogeneidade de variâncias. Por exemplo, não raramente se observa um padrão do tipo "megafone", indicativo de heterocedasticidade, em que a dispersão dos resíduos aumenta ou diminui de acordo com os valores ajustados. Em outros casos um padrão tão claro pode não ser identificado, mas ainda assim é possível identificar que a variabilidade nos resíduos muda de acordo com $\hat{y}_i$. Não obstante, para o primeiro caso vale recorrer ao ajuste de um modelo linear generalizado apropriado ou de um modelo misto; no segundo caso, um modelo misto pode ser mais útil.

Uma ressalva: não se deve construir gráfico de dispersão dos valores observados (y_i) contra os resíduos, pois há dependência (correlação) entre esses termos, diferentemente dos resíduos vs. valores ajustados ($\hat{y}_i$).

Q-Q *plot*

Admitindo que os erros aleatórios ϵ_i tenham distribuição normal, um gráfico do tipo Quantil-Quantil pode ser construído para avaliar a aderência dos resíduos à distribuição normal através da comparação gráfica dos valores ordenados de $\hat{\epsilon}_i$ com os quantis teóricos z_i da distribuição $N(0,1)$. Isso produz o *Q-Q Normal*, sendo

$$z_i = \Phi^{-1}\left(\frac{i-a}{n+(1-a)-a}\right)$$

em que $\Phi()$ é a função de distribuição acumulada normal padrão, i é a i-ésima estatística de ordem $(1 \leq i \leq n)$, n é o número de observações e

$$a = \begin{cases} \frac{3}{8}, & n \leq 10 \\ \frac{1}{2}, & n > 10 \end{cases}$$

Desvios da reta esperada[1] são indicativos de *outlier*, enquanto que desvios nos extremos (nas caudas) indicam problema de heterogeneidade de variâncias.

Logicamente, o *Q-Q plot* é um procedimento genérico, podendo ser utilizado com outras distribuições de probabilidade, não somente a normal. No R, use as funções `qqnorm()` e `qqline()`, ou a função `qqplot()`, mais genérica.

No QQ-normal para os resíduos ordinários (Figura 13.2), observam-se desvios da distribuição normal nas caudas da distribuição. Isso é indício de heterogeneidade de variâncias, podendo ser causada pelas observações influentes.

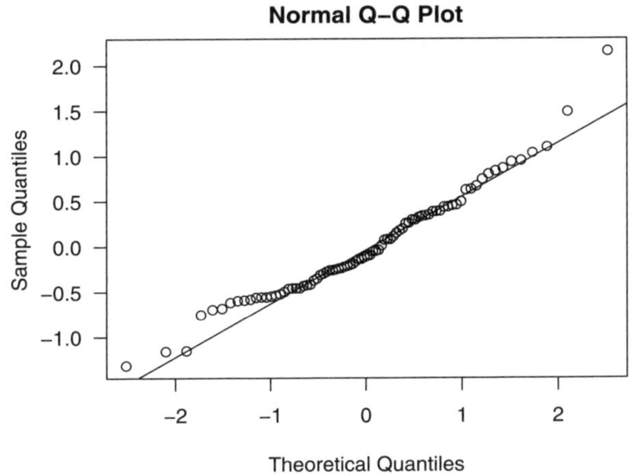

Figura 13.2: QQ-normal de resíduos ordinários

Half-normal plot com envelope simulado

Assim como o QQ-normal (ou *normal plot*), o *half-normal plot* pode ser utilizado com o mesmo objetivo, de identificação de *outlier*, avaliar a especificação dos fatores do modelo ou a escolha do modelo de distribuição da variável resposta, sendo esta última especialmente útil em modelos lineares generalizados.

O *half*-normal plot é construído a partir dos quantis z_i da distribuição N(0, 1):

[1] A aderência perfeita implica em reta com inclinação de 45°.

$$z_i = \Phi^{-1}\left(\frac{i + n - \frac{1}{8}}{2n + \frac{1}{2}}\right)$$

Os valores **absolutos** ordenados dos resíduos do modelo são graficamente confrontados com os de z_i. Ocorre que desvios da reta esperada são avaliados subjetivamente. Então, um envelope pode ser construído a partir de simulações da variável resposta e obtenção de resíduos simulados $\hat{\epsilon}_i^*$. A partir desses são obtidos os quantis $(\alpha/2, 1/2, 1-\alpha/2)$ desejados em cada $\hat{\epsilon}_i^*$ para obtenção do envelope. É de se esperar que, com um modelo bem ajustado, os resíduos estejam dentro do envelope.

O pacote *hnp* (Moral, Hinde & Demétrio, 2017) oferece uma implementação para diversas classes de modelos, incluindo os lineares clássicos, os lineares generalizados e os mistos. Para os lineares clássicos, a função homônima usa como padrão os resíduos estudentizados. Vejamos (Figura 13.3) como fica o envelope simulado (99 simulações), com $\alpha = 0.05$, para o modelo `m1` exemplificado. Percebe-se que alguns pontos estão fora do envelope, indicando problemas de ajuste, o que é esperado, já que nem o fator Camada foi incluído no modelo, nem outras particularidades advindas disso.

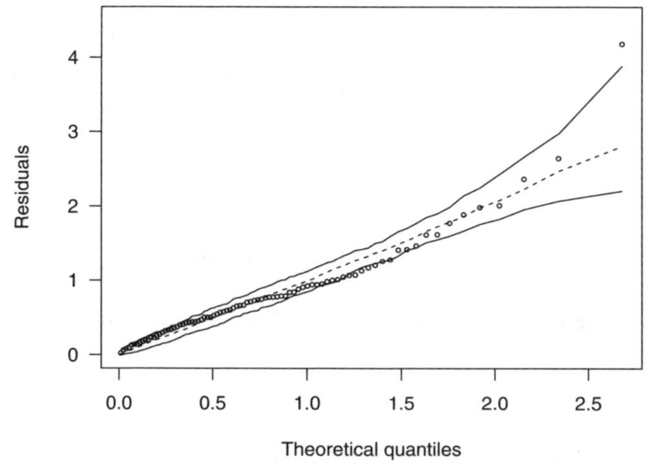

Figura 13.3: *Half*-normal plot dos resíduos estudentizados do modelo `m1`

13.6 *Jupyter notebook*

Faça a leitura do *QR code* a seguir para executar em nuvem os comandos utilizados neste capítulo com um *Jupyter notebook* com kernel do software R.

Capítulo 14

Análise de variância

However, perhaps the main point is that you are under no obligation to analyse variance into its parts if it does not come apart easily, and its unwillingness to do so naturally indicates that one's line of approach is not very fruitful.

– **Fisher, 1933**

Frequentemente conduzimos experimentos para provar hipóteses científicas. Admitindo que estes sejam delineados de forma adequada e regidos pelos princípios básicos da experimentação (repetição, casualização, controle local), a variação total dos dados pode ser decomposta em partes conhecidas, devidas aos fatores estudados, e em parte desconhecida, o erro experimental. Essa técnica de decomposição é denominada *análise de variância* (ANOVA), e está associada ao teste F para as fontes de variação conhecidas, tais como tratamentos, interação etc.

Veremos neste capítulo, como realizar análise de variância de dados experimentais provenientes do delineamento inteiramente casualizado (DIC) e de blocos casualizados (DBC), ambos envolvendo apenas um fator de tratamento.

14.1 *Nuts and bolts*

Antes de formalizar o conceito de ANOVA, dado o protagonismo desta técnica em análises estatísticas de dados experimentais, faremos uma introdução mais **intuitiva**, por meio de um exemplo simples, para que o leitor iniciante nesse tipo de procedimento possa entender bem como funciona.

Considere uma amostra com $n = 20$ dados[1] de produção (kg) de grãos de milho. Chamaremos produção de variável resposta y. Cada valor de y foi obtido de uma parcela de 4 m^2 num experimento de campo, isto é, há 20 parcelas no total.

```
> y <- c(25, 26, 20, 23, 21, 31, 25, 28, 27, 24, 22, 26, 28, 25, 29,
    33, 29, 31, 34, 28)
```

Ocorre que estas parcelas foram cultivadas com quatro materiais genéticos (variedades) distintos de milho (A, B, C e D). Cada material, que aqui chamaremos de tratamento, foi cultivado em 5 parcelas, isto é, foi *repetido* cinco vezes.

```
> variedade <- gl(4, 5, labels = LETTERS[1:4])
> variedade
 [1] A A A A A B B B B B C C C C C D D D D D
Levels: A B C D
```

Podemos dizer ainda que, por exemplo, as cinco repetições do tratamento A representam uma amostra retirada da população de valores de A. Estamos interessados em saber se há diferenças entre os tratamentos, em nível de populações. Como não temos os dados das populações, faremos conclusões sobre elas com base nos dados das amostras. Chamamos isso de *inferência estatística*.

Aprendemos em capítulos anteriores a mensurar a variabilidade de uma amostra. Isso pode ser feito, por exemplo, por meio da variância amostral, que basicamente mede o quanto os valores y se desviam da média $\bar{y} = 26.75$ kg. A quantidade

$$SQ_y = \sum(y - \bar{y})^2$$

chamada de soma de quadrados, reflete exatamente essa variação total em y. No exemplo, $SQ_y = 275.75$. A unidade de medida não nos convém. A parte superior da Figura 14.1 mostra a localização de cada valor de y e, abaixo, mostra separadamente os cinco valores de cada tratamento.

Supostamente, as vinte parcelas onde foi instalado o experimento são homogêneas. Apesar disso, observe que ainda assim há variação nos dados de produção entre as parcelas que receberam um mesmo tratamento. Por exemplo, a variação (SQ) dentro no tratamento A é de 26; no tratamento B é de 30; e assim por diante. A soma dessas variações internas é de 112. Observe ainda que esses valores de variação interna são semelhantes. E isso é uma das exigências para se realizar a ANOVA. Chamamos isto de *homocedasticidade*.

[1]Extraídos de Vieira & Hoffmann (1999).

A variação *entre* um tratamento e outro é de fato esperada, pois estamos *promovendo* isso quando plantamos variedades diferentes. A variação *dentro* de um tratamento também é esperada, embora esperamos que seja baixa, e é causada pelo acaso, ou melhor, por uma soma de fatores que nos são desconhecidos, como variações na fertilidade ou umidade do solo, ou seja, fatores que não foram controlados. Em estatística chamamos essa variação de *resíduo* ou *erro aleatório.*

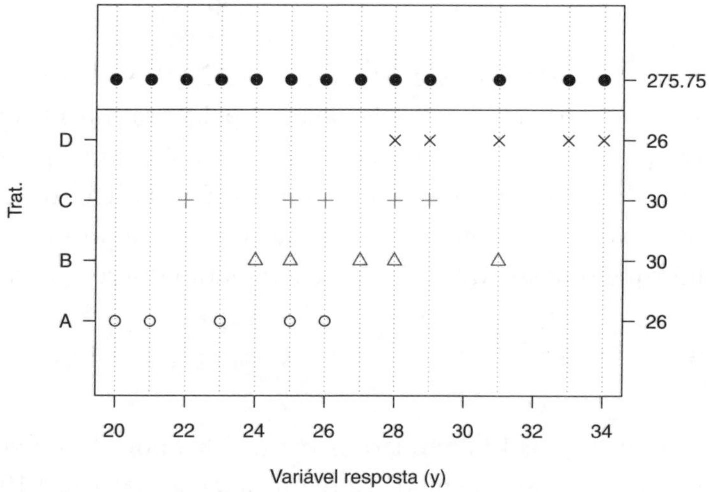

Figura 14.1: Dados da variável resposta y nos tratamentos A a D. No eixo lateral direito, a variabilidade (soma de quadrados) de cada tratamento.

Então faça as contas: se a variação total dos dados é de 275.75 e desta variação uma parte equivalente a 112 é devida ao "acaso", a variação restante (163.75) só pode ter sido ocasionada pelos tratamentos.

Agora indague-se o seguinte: se a variação ocasionada pelos tratamentos fosse igual à variação ao acaso, o que poderíamos inferir? A resposta é simples, diríamos que não há diferenças entre os tratamentos. Seria como se as vinte parcelas estivessem sido cultivadas com uma só variedade de milho.

Mas se, por outro lado, a variação ocasionada pelos tratamentos for relativamente maior que a variação ao acaso, então poderíamos dizer que a produção é realmente diferente entre uma variedade e outra. Pois bem, esse *relativamente maior* quem cuida de nos dizer é a tabela ou distribuição de probabilidade da estatística F, cujos valores são tabelados sob a hipótese de variação equivalente de tratamentos e do acaso. Quando isso ocorre, o valor de F é próximo de 1, pois esta estatística consiste da razão entre as variâncias de tratamento e do acaso.

Perceba que falamos agora em *variância*, cujo símbolo é s^2, que consiste simplesmente de SQ/GL, sendo GL os graus de liberdade. Grau de liberdade, de forma simplista, é o número de *itens* menos 1. Por exemplo, o GL total de y é $20 - 1 = 19$. O GL de tratamentos é $4 - 1 = 3$. Ora, se há 19 para o total e 3 para os tratamentos, restam 16 para o acaso. E assim $s^2_{acaso} = 112/16 = 7$. E $s^2_{trat} = 163.75/3 = 54.583$. Dividindo

$$\frac{s^2_{trat}}{s^2_{acaso}} = \frac{54.583}{7} = 7.79$$

temos exatamente o valor da estatística F da ANOVA. Esse valor pode ser entendido da seguinte forma: a variância causada pelos tratamentos nos dados y é 7.79 vezes maior que a variância devida ao acaso. *–Isso é muito?*, pergunte à tabela ou a distribuição de F. Esta nos diz que, quando não há efeito de tratamentos sobre os dados, o valor esperado em 95% das vezes é de até 3.23. O que nos permite concluir que o nosso valor (7.79) reflete então diferenças significativas.

```
# valor tabelado de F
> qf(0.95, df1 = 3, df2 = 16)
[1] 3.238872
```

De fato, veja na Figura 14.2 o quão *estranho* é o valor obtido em relação aos valores esperados de F nesse exemplo. Note que apenas $100 \times 0.0019 = 0.19\%$ dos valores de F superam o valor calculado. Esse *percentual* que define a *estranheza* do valor calculado de F é chamado de *p-valor*.

```
# p-valor
> 1 - pf(q = 7.79, df1 = 3, df2 = 16)
[1] 0.001984461
```

14.2 *One-way ANOVA*

Nesta seção, uma apresentação um pouco mais formal da ANOVA para **um fator** ou tipo de tratamento. Para tal, suponha estudar um fator com I níveis ($i = 1, 2, ..., I$), cada um repetido r_i vezes ($j = 1, 2, ..., r_i$). O modelo de ANOVA associado é:

$$y_{ij} = \mu + \tau_i + \epsilon_{ij}$$

em que y_{ij} é a observação tomada na j-ésima repetição do i-ésimo nível do fator; μ representa o intercepto ou a média geral de y; τ_i é o efeito do i-ésimo nível do fator; ϵ_{ij} é o erro aleatório associado a observação y_{ij}, suposto ter

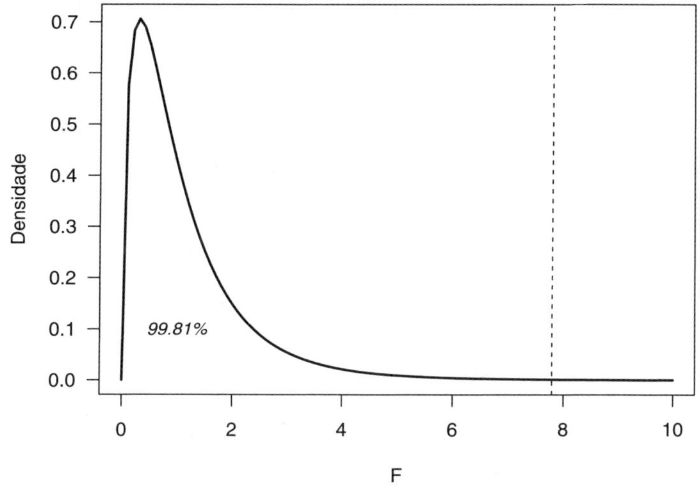

Figura 14.2: Distribuição de probabilidades da variável F com 3 (no numerador) e 16 (no denominador) graus de liberdade. A linha tracejada indica o valor de F calculado.

distribuição normal($\mu = 0$, σ^2). Perceba a semelhança com o modelo de regressão linear $y_i = b_0 + b_1 x_i + \epsilon_i$. A diferença é que aqui a variável preditora X não é quantitativa, mas sim categórica.

O modelo de ANOVA apresentado é conhecido como *modelo de efeitos*, que pode ser reparametrizado para o *modelo de médias*, em que os termos τ_i e μ são somados de modo a representar as médias μ_i do fator:

$$y_{ij} = \mu_i + \epsilon_{ij}$$

Observe que neste modelo o parâmetro μ não é estimado. Com isso, em vez de $I - 1$, há I graus de liberdade associados ao fator, já não que não foi utilizado 1 grau de liberdade para estimar μ. Então, numa definição mais formal, *o número de graus de liberdade do fator em estudo é o número de parâmetros desse fator estimados de forma independente.*

A hipótese a ser verificada é

$$H_0 : \tau_1 = \tau_2 = ... = \tau_I = 0$$

ou, de forma equivalente,

$$H_0 : \mu_1 = \mu_2 = ... = \mu_I$$

contra a alternativa de que ao menos um dos níveis tem efeito não nulo ou que ao menos uma das médias dos níveis difere das demais. Avaliamos essa hipótese com a estatística

$$F = \frac{QMfator}{QMres}$$

em que $QMfator$ representa quadrado médio ou variância devida ao fator em estudo; $QMres$ representa a variância do erro aleatório ou resíduo. Observe que quando há variação expressiva entre os tratamentos, isto é, maior que a variação natural (ou ao acaso ou residual), a razão F é esperada ser elevada. Obviamente, o critério para determinação da *variação ou diferença significativa* entre tratamentos é determinada pela distribuição (Tabela de) F construída sob H_0, ou seja, considerando a tal variação ao acaso.

Os quadrados médios são obtidos de forma semelhante à variância amostral:

$$\begin{aligned} QMfator &= \frac{SQfator}{I-1} \\ SQfator &= \sum_{i=1}^{I} r_i(\bar{y}_i - \bar{y})^2 \\ QMres &= \frac{SQres}{n-I} \\ SQres &= SQtotal - SQfator \\ SQtotal &= \sum_{i=1}^{n} (y_i - \bar{y})^2 \end{aligned}$$

sendo $I-1$ o número de graus de liberdade do fator, $n-I$ os graus de liberdade do resíduo. A tabela parcial de ANOVA é:

Tabela 14.1: Tabela parcial *one-way* ANOVA.

Fonte de Variação	Graus de Liberdade
Fator	$I-1$
Resíduo	$n-I$
Total	$n-1$

Exemplo

Sigamos utilizando os dados apresentados no início deste capítulo, referentes à produção de quatro variedades de milho, obtidos de um experimento em *delineamento inteiramente casualizado* (DIC) com cinco repetições.

```
> milho <- data.frame(variedade, prod = y)
> str(milho)
'data.frame':   20 obs. of  2 variables:
 $ variedade: Factor w/ 4 levels "A","B","C","D": 1 1 ...
 $ prod     : int  25 26 20 23 21 31 25 28 27 24 ...
```

O ajuste do modelo de ANOVA é ajustado com a função `lm()`, da seguinte forma:

```
> lm.milho <- lm(prod ~ variedade, data = milho)
> lm.milho

Call:
lm(formula = prod ~ variedade, data = milho)

Coefficients:
(Intercept)   variedadeB   variedadeC   variedadeD
         23            4            3            8
```

O objeto `lm.milho` contém as estimativas $\hat{\mu}_A = 23$, $\hat{\mu}_B = \hat{\mu}_A + 4$, $\hat{\mu}_C = \hat{\mu}_A + 3$ e $\hat{\mu}_D = \hat{\mu}_A + 8$. Observe que μ_A aqui representa o intercepto (μ) do modelo[2], de modo que as demais estimativas do modelo de efeitos representam desvios em relação a μ_A, sendo $\hat{\tau}_B = 4$, $\hat{\tau}_C = 3$ e $\hat{\tau}_D = 8$. Isso é feito porque o modelo é de posto coluna incompleto, quer dizer, possui um problema de *identificabilidade*, pois o número de parâmetros (μ e os τ_i's) é maior do que o número de médias (μ_i's) de variedade. O problema é contornado com a restrição $\tau_A = 0$. Não obstante, o modelo de médias pode ser ajustado eliminando o intercepto μ, obtendo-se assim as médias dos níveis do fator:

```
> lm(prod ~ -1 + variedade, data = milho)

Call:
lm(formula = prod ~ -1 + variedade, data = milho)

Coefficients:
variedadeA  variedadeB  variedadeC  variedadeD
        23          27          26          31
```

A tabela da ANOVA e o teste F são obtidos com a função `anova()`:

[2]Nesse caso, a função `lm()` considera, por *default*, nulo o efeito do primeiro nível.

```
> anova(lm.milho)
Analysis of Variance Table

Response: prod
          Df Sum Sq Mean Sq F value   Pr(>F)
variedade  3 163.75  54.583  7.7976 0.001976 **
Residuals 16 112.00   7.000
---
Signif.codes: 0 ‘***’0.001 ‘**’0.01 ‘*’0.05 ‘.’0.1 ‘ ’1
```

Concluímos então pelo teste F que há diferença ($p = 0.0019$) entre ao menos duas das médias das variedades.

Estimação de parâmetros

O modelo de ANOVA é entendido como um modelo linear clássico, assim como os modelos de regressão linear, simples ou múltipla. Então, a estimação de parâmetros é usualmente feita pelo método dos mínimos quadrados. Mas pode também ser realizada por máxima verossimilhança.

Como o processo de estimação já foi detalhado no capítulo de regressão, serão apresentadas aqui apenas partes essenciais, a iniciar pela forma das matrizes do modelo

$$\boldsymbol{y} = \boldsymbol{X\beta} + \boldsymbol{\epsilon}$$

em que $\boldsymbol{\beta}$ é o vetor de I parâmetros (μ e os τ_i), $\boldsymbol{X}$ é a matriz do modelo com I colunas, representando a incidência da média geral μ e dos níveis do fator em estudo; $\boldsymbol{\epsilon}$ é o vetor de erros aleatórios. Observe a forma genérica das referidas matrizes a seguir. Mas, para facilitar o entendimento, considere um modelo de ANOVA de um fator com apenas **3 níveis e 2 repetições** para cada.

$$\begin{pmatrix} y_{11} \\ y_{12} \\ y_{21} \\ y_{22} \\ y_{31} \\ y_{32} \end{pmatrix} = \begin{pmatrix} 1 & 0 & 0 \\ 1 & 0 & 0 \\ 1 & 1 & 0 \\ 1 & 1 & 0 \\ 1 & 0 & 1 \\ 1 & 0 & 1 \end{pmatrix} \begin{pmatrix} \mu \\ \tau_2 \\ \tau_3 \end{pmatrix} + \begin{pmatrix} \epsilon_{11} \\ \epsilon_{12} \\ \epsilon_{21} \\ \epsilon_{22} \\ \epsilon_{31} \\ \epsilon_{32} \end{pmatrix}$$

de modo que a primeira observação (nível 1, repetição 1) é

$$y_{11} = \mu + \epsilon_{11}$$

Já a primeira repetição do nível 2 é modelada da seguinte forma:

$$y_{21} = \mu + \tau_2 + \epsilon_{21}$$

Com isso, observe que, diferente do modelo de regressão, as variáveis preditoras em $\boldsymbol{X}$ são variáveis *dummy*, indicando presença/ausência dos níveis do fator sobre as observações em $\boldsymbol{y}$. Observe também que a coluna que seria referente a τ_1 não foi incluída. E já se sabe o porquê. Se fosse incluída, a soma das colunas de $\boldsymbol{X}$ referente aos τ_i daria exatamente a coluna referente a μ. Daí o porquê de dizermos que $\boldsymbol{X}$ seria de posto coluna incompleto, isto é, suas colunas não seriam linearmente independentes.

Pelo MMQ, tem-se o vetor de estimadores de mínimos quadrados

$$\hat{\boldsymbol{\beta}} = (\boldsymbol{X}'\boldsymbol{X})^{-1}\boldsymbol{X}'\boldsymbol{y} = \begin{pmatrix} \hat{\mu} \\ \hat{\tau}_2 \\ \hat{\tau}_3 \end{pmatrix}$$

cuja matriz de covariância é, considerando independência e variância constante σ^2 dos erros:

$$Var(\hat{\boldsymbol{\beta}}) = (\boldsymbol{X}'\boldsymbol{X})^{-1}\sigma^2$$

cuja diagonal principal contém as variâncias e fora da diagonal tem-se as covariâncias; a estimativa para σ^2 é o quadrado médio do resíduo.

Para construir a ANOVA, as somas de quadrados são obtidas com os produtos de matrizes:

$$\begin{aligned} SQtotal &= \boldsymbol{y}'(\boldsymbol{I}_n - \boldsymbol{J})\boldsymbol{y} \\ SQR &= \boldsymbol{y}'(\boldsymbol{I}_n - \boldsymbol{H})\boldsymbol{y} \\ SQfator &= \boldsymbol{y}'(\boldsymbol{H} - \boldsymbol{J})\boldsymbol{y} \end{aligned}$$

sendo que $\boldsymbol{I}_n$ é uma matriz identidade de dimensão $n \times n$, $\boldsymbol{J}$ é uma matriz de mesma dimensão contendo todos os valores iguais a $1/n$, $\boldsymbol{H}$ é a matriz de projeção do modelo:

$$\boldsymbol{H} = \boldsymbol{X}(\boldsymbol{X}'\boldsymbol{X})^{-1}\boldsymbol{X}'$$

A conveniência de se trabalhar com a forma matricial está no fato de poder generalizar o procedimento de estimação para modelos lineares mais complexos, com dois ou mais fatores, incluindo termos de interação ou de efeito aninhado.

No R, execute `model.matrix(lm.milho)` para obter $\boldsymbol{X}$ daquele exemplo. A partir dessa matriz e dos dados `y`, faça o exercício de estimação e cálculo das somas de quadrados.

14.3 Teste de homocedasticidade

Ao se ajustar um modelo de ANOVA, além de independência e normalidade dos erros, assumimos também que as variâncias residuais sejam homogêneas ou homocedásticas para o fator em estudo (variedade, no exemplo), sob pena de se fazer inferências errôneas. Assim, há que se verificar a hipótese de homocedasticidade,

$$H_0 : \sigma_1^2 = \sigma_2^2 = ... = \sigma_I^2$$

que pode ser avaliada com a estatística qui-quadrado de Bartlett:

$$K^2 = \frac{(n-I)\log s_c^2 - \sum_{i=1}^{I}(r_i - 1)\log s_i^2}{1 + \frac{1}{3(I-1)}\left(\sum_{i=1}^{I}\frac{1}{r_i-1} - \frac{1}{n-I}\right)}$$

sendo r_i e s_i^2 o número de repetições e a variância amostral do i-ésimo ($i = 1, 2, ..., I$) grupo, e s_c^2 a variância amostral combinada

$$s_c^2 = (n-I)^{-1}\sum_{i=1}^{I}(r_i - 1)s_i^2$$

Rejeita-se H_0 quando $K^2 > \chi^2_{1-\alpha,\ I-1}$. E agora façamos o procedimento no R:

```
> bartlett.test(residuals(lm.milho) ~ variedade, data = milho)

        Bartlett test of homogeneity of variances

data:  residuals(lm.milho) by variedade
Bartlett's K-squared = 0.03706, df = 3, p-value = 0.9981
```

Em se obtendo $p = 0.9981$, concluímos que as variâncias das variedades podem ser consideradas homogêneas.

A Figura 14.3 ilustra, com os dados do exemplo, as pressuposições do modelo de ANOVA, em termos da distribuição normal assumida. Observe também como, sob a hipótese H_0, não há diferença entre as verdadeiras médias μ_i de variedades, e que as variâncias dessas são assumidas serem homogêneas, cuja estimativa é a variância residual ($s^2 = 7$).

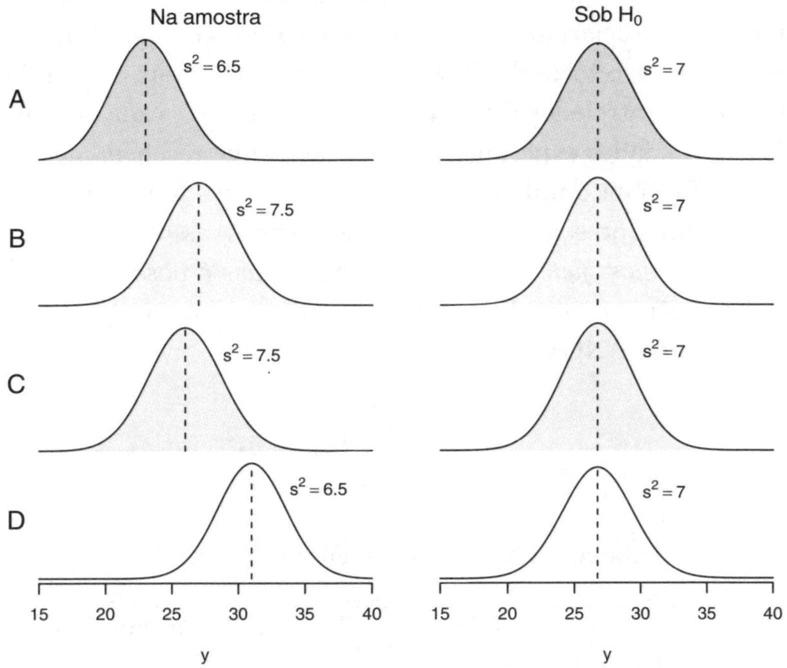

Figura 14.3: Ilustração da hipótese $H_0 : \mu_A = \mu_B = \mu_C = \mu_D$ e das pressuposições de normalidade e homocedasticidade na ANOVA.

É muito importante que os testes de normalidade e de homogeneidade de variâncias sejam feitos com base nos **resíduos** do modelo, não nos dados y, pois estes não correspondem necessariamente a uma variável aleatória. Isso é ainda mais perceptível em modelos com mais de um fator.

14.4 *Two-way ANOVA*

Suponha agora estudar **dois** fatores, um com I níveis ($i = 1, 2, ..., I$) e o outro com J níveis ($j = 1, 2, ..., J$), em que cada observação y_{ij} está sob o efeito da combinação de dois níveis desses fatores. O modelo de ANOVA associado é:

$$y_{ij} = \mu + \tau_i + \beta_j + \epsilon_{ij}$$

em que μ é a média geral ou intercepto; τ_i é o efeito do i-ésimo $(i = 1, 2, ..., I)$ nível do primeiro fator; β_j é o efeito do j-ésimo $(j = 1, 2, ..., J)$ nível do segundo fator; ϵ_{ij} é o erro aleatório associado a observação y_{ij}.

A hipótese a ser verificada pode ser tanto de igualdade de médias de um quanto do outro fator. Se associarmos este modelo ao *delineamento de blocos casualizados* (DBC), então apenas o teste do fator de tratamentos interessa, sendo o segundo fator apenas para controle local ou blocagem. Neste caso, cada um dos J blocos é constituído por unidades experimentais (parcelas) que recebem aleatoriamente os I tratamentos, formando um subconjunto de parcelas homogêneas. Isso é feito quando o ambiente apresenta-se heterogêneo, isto é, as unidades experimentais não são todas, digamos, *fisicamente* homogêneas, mas é possível formar conjuntos de parcelas homogêneas – os blocos. Assim sendo, a soma de quadrados de blocos e a tabela parcial da ANOVA são dadas a seguir.

$$SQbloco = \sum_{j=1}^{J} I(\bar{y}_j - \bar{y})^2$$

Tabela 14.2: Tabela parcial *two-way* ANOVA.

Fonte de Variação	Graus de Liberdade
Fator 1 (tratamento)	$I - 1$
Fator 2 (bloco)	$J - 1$
Resíduo	$(I - 1)(J - 1)$
Total	$IJ - 1$

Observe que o resíduo é nada mais do que a interação entre ambos os fatores. Vale destacar ainda que para análise desse tipo de dado experimental é necessário a condição de *balanceamento*, isto é, que o número de repetições (blocos) em cada tratamento seja o mesmo. Em experimentos inteiramente ao acaso, quer dizer, em dados experimentais com apenas um fator, vimos que essa não é uma exigência, pois o número r_i de repetições pode variar para cada nível do fator (tratamento). Claro, em ambos os casos é possível lidar com a perda de parcelas através de técnicas de *imputação de dados*.

Exemplo

Considere os dados batata.txt (vide Cap. 7), referentes à produção de tubérculos (kg) de quatro cultivares de batata, obtidos de um experimento em *delineamento em blocos ao acaso* (DBC), com três blocos.

```
> batata <- read.table(file = "https://raw.githubusercontent.com/
    arsilva87/statsbook/main/datasets/batata.txt", header = TRUE,
    colClasses = c("factor", "factor", "numeric"))

> str(batata)
'data.frame':   12 obs. of  3 variables:
 $ cultivar: Factor w/ 4 levels "1","2","3","4": 1 1 1 ...
 $ bloco   : Factor w/ 3 levels "1","2","3": 1 2 3 1 2 ...
 $ prod    : num  50.9 50.6 51.2 49.1 49.3 49.9 49.9 ...
```

Perceba que o argumento `colClasses` é necessário para que, ao se ajustar o modelo linear, o programa não entenda os níveis de `cultivar` nem de `bloco` como valores numéricos, e sim como fatores cujos valores são categóricos. A ANOVA é obtida com:

```
> lm.batata <- lm(prod ~ cultivar + bloco, data = batata)
> anova(lm.batata)
Analysis of Variance Table

Response: prod
          Df Sum Sq Mean Sq F value   Pr(>F)
cultivar   3 4.3825 1.46083 13.8031 0.004218 **
bloco      2 0.4650 0.23250  2.1969 0.192373
Residuals  6 0.6350 0.10583
---
Signif.codes: 0 '***'0.001 '**'0.01 '*'0.05 '.'0.1 ' '1
```

14.5 O teste da aditividade

Em experimentos em DBC, é assumido no modelo que não há interação entre blocos e fatores principais, isto é, que os efeitos de blocos e tratamentos sejam aditivos (não multiplicativos). Esta pressuposição pode ser avaliada por meio do *Teste de Tukey para aditividade*. O teste consiste em separar um grau de liberdade do resíduo, que de fato consiste da interação tratamentos × blocos, da análise de variância e aplicar o teste F para testar a hipótese H_0 de aditividade. Para isso, o termo $\lambda\tau_i\beta_j$ é adicionado ao modelo. Neste caso, podemos escrever $H_0 : \lambda = 0$, e para executar o teste basta extrair os valores preditos $\hat{y}_{ij}$ e inseri-los como efeito quadrático no modelo, pois

$$\begin{aligned}\hat{y}_{ij}^2 &= (\hat{\mu} + \hat{\tau}_i + \hat{\beta}_j)^2 \\ &= \hat{\mu}^2 + \hat{\tau}_i^2 + \hat{\beta}_j^2 + 2\hat{\mu}\hat{\tau}_i + 2\hat{\mu}\hat{\beta}_j + 2\hat{\tau}_i\hat{\beta}_j\end{aligned}$$

Observe que, por serem categóricos, os efeitos quadráticos de μ, τ_i e β_j não afetam o ajuste do modelo, pois equivalem aos respectivos efeitos lineares; o mesmo vale para os duplos produtos $\mu\tau_i$ e $\mu\beta_j$. Já o termo $\tau_i\beta_j$ é tido como nulo no modelo original e encontra-se no resíduo.

```
> lambda <- predict(lm.batata)^2
> anova(lm(prod ~ cultivar + bloco + lambda, data=batata))
Analysis of Variance Table

Response: prod
          Df Sum Sq Mean Sq F value Pr(>F)
cultivar   3 4.3825 1.46083 11.6357 0.0108 *
bloco      2 0.4650 0.23250  1.8519 0.2501
lambda     1 0.0073 0.00727  0.0579 0.8195
Residuals  5 0.6277 0.12555
---
Signif.codes: 0 '***'0.001 '**'0.01 '*'0.05 '.'0.1 ' '1
```

A fonte de variação `lambda` corresponde ao teste da aditividade. Como $p = 0.8195$, não rejeitamos H_0, não havendo evidências de problemas de interação de tratamentos e blocos. Caso contrário, seria necessário tomar alguma medida de solução, como a eliminação de um dos blocos ou tratamentos, ou ainda a adoção de modelos lineares generalizados com uma função de ligação apropriada, diferente da função identidade.

14.6 A precisão experimental: CV *vs.* IV

A precisão experimental é comumente avaliada pelo coeficiente de variação experimental, dado por:

$$CV(\%) = \frac{100\sqrt{QMres}}{\hat{\mu}}$$

Com os dados do primeiro exemplo deste capítulo (milho),

$$CV(\%) = \frac{100\sqrt{7.0}}{26.75} = 9.98\%$$

De acordo a classificação proposta por Pimentel-Gomes (2009), esse valor indica alta precisão experimental. Entretanto, é preciso uma análise mais cuidadosa quanto à classificação do CV, já que este varia conforme o ambiente, delineamento experimental, espécie, variável resposta, tipo de estudo etc.

Quando da comparação da precisão de experimentos instalados em condições diferentes, como número de repetições (r) diferentes, é sabido que o coeficiente de variação não é a medida mais indicada, já que quanto maior o número de repetições, menor tende a ser o CV. Pimentel-Gomes (1991) propôs então utilizar uma medida mais conveniente, o *índice de variação* (IV), corrigindo assim o problema do número diferente de repetições.

$$IV(\%) = \frac{CV}{\sqrt{r}}$$

Bootstrap na ANOVA

Em modelos de regressão vimos aplicações da técnica de reamostragem bootstrap para obter estimativas de desvio padrão dos parâmetros do modelo de interesse ou mesmo para realizar inferências de forma não paramétrica. Aqui faremos aplicação semelhante, visto que o modelo de ANOVA é um modelo linear, visando realizar comparações entre os níveis de um fator (tratamentos). Observe que isto é útil, principalmente, quando não são verificadas as pressuposições de normalidade e homocedasticidade. O leitor deve ter percebido pelos exemplos realizados que o bootstrap automaticamente lida com o problema de heterogeneidade de variâncias.

Exemplo 1

Vejamos então como construir intervalos de 95% de confiança para os parâmetros do modelo ajustado aos dados “milho”, isto é, μ_A, τ_B, τ_C e τ_D. O processo de construção do bootstrap é o mesmo utilizado em regressão. Faremos reamostragens com reposição dos resíduos $\hat{\epsilon}$ do modelo original.

$$\hat{\epsilon}_{ij} = \hat{y}_{ij} - \hat{\mu} - \hat{\tau}_i$$

```
> pred <- fitted(lm.milho)    # valores preditos
> res <- residuals(lm.milho) # residuos
```

Observe que com `pred + res` podemos recuperar a variável resposta. Necessitamos dessa soma nos ajustes a serem feitos no processo de reamostragem. Utilizaremos a função `lm()` apenas para obter as estimativas bootstrap, não para fazer inferências.

```
> nboot <- 1000  # n reamostragens
# matriz para rebeber as estimativas bootstrap
> pars <- matrix(nrow = nboot, ncol = 4)
> colnames(pars) <- names(coef(lm.milho))

# loop
```

```
> for(i in 1:nboot) {
+     obs <- pred + sample(res, replace = TRUE)
+     pars[i, ] <- coef(lm(obs ~ variedade, data = milho))
+ }

# percentis 2.5 e 97.5
> apply(pars, 2, quantile, p = c(0.025, 0.975))
      (Intercept) variedadeB variedadeC variedadeD
2.5%         20.8        1.2     -0.005          5
97.5%        25.2        7.2      6.000         11

# IC parametrico
> confint(lm.milho)
               2.5 %   97.5 %
(Intercept) 20.49169 25.50831
variedadeB   0.45272  7.54728
variedadeC  -0.54728  6.54728
variedadeD   4.45272 11.54728
```

Veja que o IC pelo método bootstrap percentil para o intercepto, ou média de A, é de 20.8 a 25.2, enquanto pelo método paramétrico, isto é, sob as pressuposições de ANOVA, é bastante semelhante (20.49 a 25.5). Note também que as conclusões em termos de comparação de tratamentos são as mesmas. Veja que as variedades B e D não diferem ($p > 0.05$) entre si, pois seus ICs se sobrepõem, mas ambas diferem de A, pois seus ICs não passam pelo zero; C não difere de A. Essa semelhança com os ICs paramétricos é esperada, já que os dados "milho" não fogem dos pressupostos. Veja a seguir que o desvio padrão (`Std. Error`) das estimativas é o mesmo (1.673) para todas as variedades de milho.

```
> summary(lm.milho)

Call:
lm(formula = prod ~ variedade, data = milho)

Residuals:
   Min     1Q Median     3Q    Max
    -4     -2      0      2      4

Coefficients:
            Estimate Std. Error t value Pr(>|t|)
(Intercept)   23.000      1.183  19.439 1.48e-12 ***
variedadeB     4.000      1.673   2.390 0.029473 *
variedadeC     3.000      1.673   1.793 0.091923 .
variedadeD     8.000      1.673   4.781 0.000204 ***
---
Signif.codes: 0 '***'0.001 '**'0.01 '*'0.05 '.'0.1 ' '1
```

```

Residual standard error: 2.646 on 16 degrees of freedom
Multiple R-squared:  0.5938,    Adjusted R-squared:  0.5177
F-statistic: 7.798 on 3 and 16 DF,  p-value: 0.001976

# desvios padrao bootstrap
> apply(pars, 2, sd)
(Intercept)  variedadeB  variedadeC  variedadeD
   1.093915    1.513003    1.552331    1.508269
```

Exemplo 2

Considere agora o conjunto de dados dadosboot.txt (vide Cap. 7), de um experimento inteiramente aleatorizado em que y é a variável resposta. Quatro tratamentos estão sendo comparados. Há quatro repetições para cada. Observe no *box plot* a seguir (Figura 14.4) que diferenças entre os tratamentos são esperadas, principalmente em relação ao tratamento d. Não há *outliers* em nenhum dos tratamentos. No entanto, há claramente um problema de heterocedasticidade.

```
> dados <- read.table("https://raw.githubusercontent.com/arsilva87/
    statsbook/main/datasets/dadosboot.txt", header = TRUE)

> str(dados)
'data.frame':   16 obs. of  2 variables:
 $ trt: Factor w/ 4 levels "a","b","c","d": 1 2 3 4 1 ...
 $ y  : num  18.2 18.6 22.8 17.7 19.5 21.6 22 17 22.2 ...
```

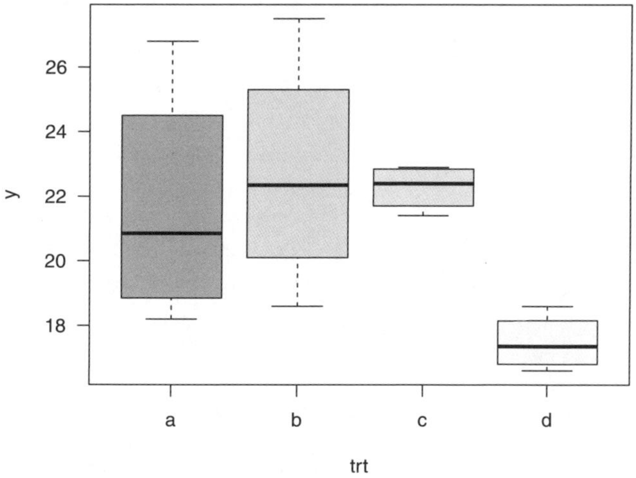

Figura 14.4: *Box plot* da variável resposta y para cada tratamento.

Construiremos desta vez o modelo de médias, isto é, sem o intercepto, para mais clara comparação de médias de tratamentos. Note que há normalidade residual ($p = 0.1095$), mas o teste de Bartlett acusa heterocedasticidade ($p = 0.0222$). Pelos ICs paramétricos, nenhuma diferença entre médias é detectada ($p > 0.05$).

```
> m <- lm(y ~ -1 + trt, data = dados)
> res <- residuals(m)
> shapiro.test(res)

        Shapiro-Wilk normality test

data:  res
W = 0.90835, p-value = 0.1095

> bartlett.test(res ~ trt, data = dados)

        Bartlett test of homogeneity of variances

data:  res by trt
Bartlett's K-squared = 9.606, df = 3, p-value = 0.02223

> confint(m)
        2.5 %   97.5 %
trta 18.71847 24.63153
trtb 19.74347 25.65653
trtc 19.31847 25.23153
trtd 14.51847 20.43153
```

Vejamos com os ICs bootstrap a seguir que o IC do tratamento não se sobrepõe ao dos tratamentos b e d, sendo, portanto, estatisticamente inferior ($p < 0.05$). Fica assim ilustrada a robustez do bootstrap.

```
> pred <- fitted(m)
> nboot <- 1000
> pars <- matrix(nrow = nboot, ncol = length(coef(m)))
> colnames(pars) <- names(coef(m))
> for(i in 1:nboot) {
+    obs <- pred + sample(res, rep = T)
+    pars[i, ] <- coef(lm(obs ~ -1 + trt, data = dados))
+ }

# ICs bootstrap percentil
> apply(pars, 2, quantile, p = c(0.025, 0.975))
          trta     trtb     trtc     trtd
2.5%  19.50594 20.46875 20.26219 15.45578
97.5% 24.26922 25.06391 24.59438 19.95000
```

14.7 Outros tipos de decomposição

A decomposição da variação total (em y) apresentada neste capítulo é conhecida como **decomposição de somas de quadrados tipo I** ou *sequencial*, mas não é a única. Há pelo menos duas outras formas de decomposição, que devem ser consideradas em especial quando a estrutura dos fatores é desbalanceada. Isso porque, quando há desbalanceamento[3], a ordem na qual os fatores aparecem no modelo afeta o resultado das inferências feitas a partir das SQ tipo I.

Isso ocorre, por exemplo, com os *delineamentos de blocos incompletos*, isto é, nos quais os blocos não apresentam todos os tratamentos.

Note que o problema tratado nesta seção só se aplica a experimentos com mais de um fator, sejam estes de tratamento ou de controle local. Nesse sentido, considere o modelo de ANOVA de blocos completos casualizados, como apresentado neste capítulo. As somas de quadrados de blocos (B) e tratamentos (T) podem ser convenientemente apresentadas como reduções na soma de quadrados residual SQR causadas pela adição desses fatores no modelo, da seguinte forma:

$$\begin{aligned} SQ(B) &= SQR(1) - SQR(B) \\ SQ(T) &= SQR(1) - SQR(T) \end{aligned}$$

sendo $SQR(1)$ a soma de quadrados residual do modelo contendo apenas a constante (μ, média geral). Como exemplo, recorde a ANOVA do objeto `lm.batata`. Calculemos as SQ residuais com a função `deviance()`.

```
> deviance(lm(prod ~ 1, data = batata))
[1] 5.4825
> deviance(lm(prod ~ bloco, data = batata))
[1] 5.0175
> deviance(lm(prod ~ cultivar, data = batata))
[1] 1.1
```

Assim, $SQ(B) = 5.4825 - 5.0175 = 0.465$ e $SQ(T) = 5.4825 - 1.1 = 4.3825$. Ou, poderíamos usar, de forma mais prática, a função `add1()`, e verificar a redução causada na SQ residual (RSS).

```
> add1(lm(prod ~ 1, data = batata), "bloco")
Single term additions

Model:
prod ~ 1
       Df Sum of Sq     RSS     AIC
```

[3] É importante destacar aqui que o termo desbalanceamento não se refere a número diferentes de repetições.

```
<none>                  5.4825 -7.4001
bloco    2      0.465 5.0175 -4.4637

> add1(lm(prod ~ 1, data = batata), "cultivar")
Single term additions

Model:
prod ~ 1
         Df Sum of Sq    RSS      AIC
<none>                5.4825   -7.4001
cultivar  3    4.3825 1.1000 -20.6752
```

Sendo este um delineamento de blocos completos, os fatores cultivar e blocos são balanceados. Isso implica em ortogonalidade desses termos no modelo. E, por sua vez, isso significa que a ordem em que os termos aparecem no modelo não altera o resultado da decomposição das somas de quadrados ('Sum Sq') tipo I.

```
> anova(lm(prod ~ bloco + cultivar, data = batata))
Analysis of Variance Table

Response: prod
          Df Sum Sq Mean Sq F value   Pr(>F)
bloco      2 0.4650 0.23250  2.1969 0.192373
cultivar   3 4.3825 1.46083 13.8031 0.004218 **
Residuals  6 0.6350 0.10583
---

> anova(lm(prod ~ cultivar + bloco, data = batata))
Analysis of Variance Table

Response: prod
          Df Sum Sq Mean Sq F value   Pr(>F)
cultivar   3 4.3825 1.46083 13.8031 0.004218 **
bloco      2 0.4650 0.23250  2.1969 0.192373
Residuals  6 0.6350 0.10583
---
Signif.codes: 0 '***'0.001 '**'0.01 '*'0.05 '.'0.1 ' '1
```

Um exemplo de blocos aumentados

Agora considere um experimento instalado em campo de produção de feijão-caupi em que o desempenho agronômico (a variável resposta (resp) é o comprimento (cm) de vagens verdes) de 40 acessos (01 a 40) de um banco de germoplasma foi confrontado com o de 4 variedades (X, Y, W, Z). Observe que é natural considerar blocos como fator de controle ambiental. Mas observe também que o delineamento de blocos completos não seria a opção mais eficiente, pois, com 44 tratamentos, os blocos poderiam perder sua funcionalidade original de manter homogeneidade interna, já que ficariam muito extensos (44 parcelas cada). Não obstante, um delineamento de blocos incompletos deve ser considerado. Neste caso, o ensaio foi instalado no *delineamento de blocos aumentados* (Federer, 1956; Nogueira & Pimentel-Gomes, 1978). Foram montados quatro blocos, cada um com 14 parcelas, sendo 10 ocupadas com acessos (ou tratamentos regulares) e 4 com as variedades (ou tratamentos comuns). A seguir a estrutura dos dados:

```
> caupi <- read.csv("https://raw.githubusercontent.com/arsilva87/
    statsbook/main/datasets/caupi.csv", colClasses = c("factor", "
    factor", "numeric"))
> str(caupi)
'data.frame':   56 obs. of  3 variables:
 $ genotipo: Factor w/ 44 levels "01","02","03",..: 41 ...
 $ bloco   : Factor w/ 4 levels "1","2","3","4": 1 1 1 ...
 $ resp    : num  20 22.7 16 22.3 30.7 ...

> t(xtabs( ~ bloco + genotipo, data = caupi, sparse=TRUE))
44 x 4 sparse Matrix of class "dgCMatrix"
        bloco
genotipo 1 2 3 4
      01 1 . . .
      02 1 . . .
      03 1 . . .
      04 1 . . .
      05 1 . . .
      06 1 . . .
      07 1 . . .
      08 1 . . .
      09 1 . . .
      10 1 . . .
      11 . 1 . .
      12 . 1 . .
      13 . 1 . .
      14 . 1 . .
      15 . 1 . .
      16 . 1 . .
      17 . 1 . .
      18 . 1 . .
      19 . 1 . .
      20 . 1 . .
      21 . . 1 .
      22 . . 1 .
      23 . . 1 .
      24 . . 1 .
```

```
    25 . . 1 .
    26 . . 1 .
    27 . . 1 .
    28 . . 1 .
    29 . . 1 .
    30 . . 1 .
    31 . . . 1
    32 . . . 1
    33 . . . 1
    34 . . . 1
    35 . . . 1
    36 . . . 1
    37 . . . 1
    38 . . . 1
    39 . . . 1
    40 . . . 1
    W  1 1 1 1
    X  1 1 1 1
    Y  1 1 1 1
    Z  1 1 1 1
```

Há 56 unidades experimentais. Observe como cada acesso aparece apenas em uma unidade experimental em todo o ensaio. Os 40 acessos foram distribuídos em 4 blocos de 10 parcelas, sendo estes blocos *aumentados* em 4 parcelas com as variedades (W, X, Y e Z). Os acessos 01 a 10 aparecem no bloco 1, os acessos 11 a 20 no bloco 2, e assim por diante. Mas as 4 variedades são *comuns* a todos os blocos. Vale salientar: foi feita a casualização dos 14 tratamentos em cada bloco, de modo que a codificação sequencial dos acessos e variedades foi adotada apenas por conveniência.

O modelo de ANOVA associado a este ensaio é

$$y_{ij} = \mu + \beta_j + \tau_{i(j)} + \epsilon_{ij}$$

sendo $\tau_{i(j)}$ o efeito *aninhado* de um tratamento i num bloco j.

Agora vejamos como a ordem dos fatores bloco e genótipo afeta as somas de quadrado:

```
> mod1.caupi <- lm(resp ~ bloco + genotipo, data = caupi)
> anova(mod1.caupi)
Analysis of Variance Table

Response: resp
          Df Sum Sq Mean Sq F value    Pr(>F)
bloco      3  148.3  49.433  11.959 0.001713 **
genotipo  43 2177.5  50.640  12.251 0.000208 ***
```

```
Residuals  9   37.2   4.133
---

> mod2.caupi <- lm(resp ~ genotipo + bloco, data = caupi)
> anova(mod2.caupi)
Analysis of Variance Table

Response: resp
          Df  Sum Sq Mean Sq F value    Pr(>F)
genotipo  43 2315.49  53.849 13.0277 0.0001611 ***
bloco      3   10.31   3.436  0.8312 0.5095706
Residuals  9   37.20   4.133
---
Signif.codes: 0 '***'0.001 '**'0.01 '*'0.05 '.'0.1 ' '1
```

Isso ocorre porque as somas de quadrado tipo I são obtidas da seguinte forma, para o primeiro modelo:

$$\begin{aligned} SQ(bloco) &= SQR(1) - SQR(bloco) \\ SQ(genotipo|bloco) &= SQR(bloco) - SQR(bloco, genotipo) \end{aligned}$$

e, para o segundo modelo,

$$\begin{aligned} SQ(genotipo) &= SQR(1) - SQR(genotipo) \\ SQ(bloco|genotipo) &= SQR(genotipo) - SQR(bloco, genotipo) \end{aligned}$$

isto é, a soma de quadrados de um fator é *ajustada* para o efeito dos fatores primeiramente incluídos no modelo. Tecnicamente utilizamos o termo *efeito marginal*[4] de genótipo (note a barra vertical) aos efeitos de blocos; ou, similarmente, efeito marginal de bloco aos efeitos de genótipos. Mas cabe destacar que esse efeito da *sequência* em que são dispostos os fatores no modelo só é perceptível porque bloco e genótipo não são ortogonais; caso fossem, teríamos $SQ(genotipo|bloco) = SQ(genotipo)$ e $SQ(bloco|genotipo) = SQ(bloco)$.

Esse conceito nos conduz ao **tipo II** de somas de quadrados, também chamado de somas de quadrados *parciais*, em que:

$$\begin{aligned} SQ(bloco|genotipo) &= SQR(genotipo) - SQR(bloco, genotipo) \\ SQ(genotipo|bloco) &= SQR(bloco) - SQR(bloco, genotipo) \end{aligned}$$

[4]Efeito marginal de um fator é definido em termos médios ao longo dos níveis de todos os outros fatores.

E esse tipo é o preferível para o experimento em questão, já que é necessário avaliar os efeitos de genótipos *ajustados* para os efeitos dos blocos.

A soma de quadrados residual permanece a mesma em quaisquer dos casos. Aliás, esta é obtida a partir dos dados das variedades (tratamentos comuns) apenas. E um detalhe importante é que as somas de quadrados tipo II não são ortogonais, isto é, a soma de quadrados total não é estritamente decomposta, diferentemente do obtido com o tipo I.

A função `anova()` executa a decomposição com o tipo I. O pacote *car* traz implementações dos tipos II e III.

```
> library(car)
> Anova(mod1.caupi, type = "II")
Anova Table (Type II tests)

Response: resp
           Sum Sq Df F value   Pr(>F)
bloco       10.31  3  0.8312 0.509571
genotipo  2177.50 43 12.2513 0.000208 ***
Residuals   37.20  9
---
Signif.codes: 0 ‘***’0.001 ‘**’0.01 ‘*’0.05 ‘.’0.1 ‘ ’1
```

Utilize o objeto `mod2.caupi` e observe que o resultado é o mesmo.

O tipo II não considera, entretanto, termos de interação (quando presentes) como condicionantes (após a barra), apenas efeitos principais, daí o *parcial*, por não levar em conta o efeito marginal por completo. Por exemplo, no caso de um modelo com os fatores A, B e interação $A \times B$, para o fator A: $SQ(A|B) = SQR(B) - SQR(A, B)$, e para o fator B: $SQ(B|A) = SQR(A) - SQR(A, B)$.

Já a soma de quadrados **tipo III** considera para cada termo do modelo todos os outros efeitos do modelo, sejam esses efeitos principais ou de interação. No exemplo atual, o tipo III é idêntico ao tipo II. Mas considerando um modelo com fatores A, B e interação $A \times B$, teríamos: $SQ(A|B, A \times B)$, $SQ(B|A, A \times B)$ e $SQ(A \times B|A, B)$. Há, portanto, certa controvérsia com o uso do tipo III para testar efeitos principais de fatores na presença de interação significativa envolvendo esses fatores.

Cabe mencionar ainda que, em experimentos balanceados, os três tipos de decomposição fornecem as mesmas somas de quadrados.

As médias ajustadas

As médias $\hat{\mu}_{i(j)}$ de genótipos ajustadas para o j-ésimo bloco no qual estão presentes são obtidas por:

$$\hat{\mu}_{i(j)} = y_{ij} - (\bar{y}_j - \bar{y}_c)$$

sendo $\bar{y}_j$ a média do j-ésimo bloco obtida com os tratamentos comuns e $\bar{y}_c$ a média geral dos tratamentos comuns.

As médias ajustadas coincidem com as ditas *médias de mínimos quadrados*, que levam em conta o conceito de marginalidade, e podem ser obtidas com a função `lsmeans()` do pacote *emmeans* (Lenth, 2019). A seguir as médias dos quatro primeiros e quatro últimos tratamentos.

```
> library(emmeans)
> lsmeans(mod1.caupi, specs = "genotipo")[c(1:4, 41:44)]
 genotipo lsmean   SE df lower.CL upper.CL
 01         31.4 2.22  9     26.4     36.4
 02         17.4 2.22  9     12.3     22.4
 03         21.0 2.22  9     16.0     26.0
 04         47.3 2.22  9     42.3     52.3
 W          19.9 1.02  9     17.6     22.2
 X          22.0 1.02  9     19.7     24.3
 Y          20.2 1.02  9     17.9     22.5
 Z          21.9 1.02  9     19.6     24.2

Results are averaged over the levels of: bloco
Confidence level used: 0.95
```

As estimativas de erro padrão (SE) dos tratamentos regulares são obtidas com

$$SE(\hat{\mu}_{i(j)}) = \sqrt{\hat{\sigma}^2 \left(1 + \frac{1}{c} - \frac{1}{bc}\right)}$$

em que b é o número de blocos, c é o número de tratamentos comuns e $\hat{\sigma}^2 = QMres$. E as estimativas de erro padrão dos tratamentos comuns são obtidas por

$$SE(\hat{\mu}_i) = \sqrt{\hat{\sigma}^2/b}$$

Para realização de comparações de médias, a aplicação de testes requer uma estimativa da variância do contraste entre as médias. No caso de comparações envolvendo duas médias, há quatro casos a considerar:

1) entre tratamentos regulares num mesmo bloco:

$$Var(\hat{\mu}_{i(j)} - \hat{\mu}_{i'(j)}) = 2\sigma^2$$

2) entre tratamentos regulares em blocos diferentes:

$$Var(\hat{\mu}_{i(j)} - \hat{\mu}_{i'(j')}) = 2\sigma^2 \left(1 + \frac{1}{c}\right)$$

3) entre tratamentos comuns:

$$Var(\hat{\mu}_i - \hat{\mu}_{i'}) = 2\sigma^2/b$$

4) entre um tratamento regular e um comum:

$$Var(\hat{\mu}_i - \hat{\mu}_{i'}) = \sigma^2 \left(1 + \frac{1}{c} + \frac{1}{b} - \frac{1}{bc}\right)$$

No exemplo atual há um total de

```
> choose(44, 2)
[1] 946
```

comparações aos pares. Vejamos as 7 últimas.

```
> pairs(lsmeans(mod1.caupi, specs = "genotipo"))[940:946]
 contrast estimate   SE df t.ratio p.value
 40 - Z     -4.338 2.44  9 -1.780  0.5887
 W - X      -2.127 1.44  9 -1.480  0.7501
 W - Y      -0.260 1.44  9 -0.181  1.0000
 W - Z      -1.960 1.44  9 -1.363  0.8077
 X - Y       1.867 1.44  9  1.299  0.8371
 X - Z       0.168 1.44  9  0.117  1.0000
 Y - Z      -1.700 1.44  9 -1.183  0.8846

Results are averaged over the levels of: bloco
P value adjustment: tukey method for comparing a family of 7 estimates
```

14.8 Comparação de modelos encaixados

Em alguns casos, o teste de significância de um subconjunto de parâmetros é de interesse. Por exemplo, considere os modelos de lineares

$$\begin{aligned} M_1: &\quad y = \beta_0 + \beta_1 x_1 + \epsilon \\ M_2: &\quad y = \beta_0 + \beta_1 x_1 + \beta_2 x_2 + \beta_3 x_3 + \epsilon \end{aligned}$$

em que M_1 é um caso particular de M_2, isto é, o primeiro está *encaixado* no segundo. Digamos que haja interesse em testar especificamente a necessidade das variáveis preditoras x_2 e x_3, conjuntamente, isto é, a hipótese

$$H_0: \beta_2 = \beta_3 = 0$$

Ora, no capítulo sobre Regressão é mostrado como testar com a estatística t-Student a significância de cada parâmetro β isoladamente. Mas perceba que a hipótese tratada aqui é mais geral e, apesar de também ser possível construir um teste t para uma combinação linear de parâmetros, como apresentado por Cecon et al. (2012), lidaremos com o problema com uma abordagem equivalente e computacionalmente simples – o teste de modelos encaixados.

Modelos encaixados presumem ortogonalidade dos termos, ou pelo menos ausência de multicolinearidade. Outro exemplo de modelos encaixados é:

$$\begin{aligned} M_0 &: \quad y_{ij} = \mu + \epsilon_{ij} \\ M_1 &: \quad y_{ij} = \mu + \beta_j + \epsilon_{ij} \\ M_2 &: \quad y_{ij} = \mu + \beta_j + \tau_i + \epsilon_{ij} \end{aligned}$$

usado em experimentos de blocos casualizados completos (DBC). Com M_1 encaixado em M_2, pode-se testar a significância de tratamentos ajustados para o efeito de blocos, isto é,

$$H_0 : \tau_1 = \tau_2 = ... = 0$$

As formas apresentadas podem ser estendidas para comparação de dois ou mais modelos, e pode ser particularmente útil em modelos mais complexos, isto é, envolvendo um grande número de fatores, interações ou efeitos aninhados, permitindo testar esses termos ou combinações desses termos.

A base para a comparação de modelos encaixados é a diferença na soma de quadrados residual (SQR) dos modelos. Por exemplo, nos modelos M_1 e M_2 do DBC, a base para o teste de significância é $SQR_1 - SQR_2$, pois, necessariamente, $SQR_2 < SQR_1$. Vejamos, por exemplo, como pode ser derivado um teste da razão de verossimilhanças.

Assumindo a distribuição normal com média zero e variância σ^2 para os resíduos, a log-verossimilhança do modelo M_2, com p parâmetros $\boldsymbol{\theta} = [\mu, \beta_j, \tau_i]$, é dada por

$$l(\boldsymbol{\theta}_p) = -n\log(2\pi\sigma) - \frac{1}{2\sigma^2}\sum_{i,j}^{n}\hat{\epsilon}_{ij}^2$$

sendo n o número de observações, $SQR_p = \sum_{i,j}^{n}\hat{\epsilon}_{ij}^2$ e σ^2 a variância residual, que pode ser estimada pelo *método dos momentos*, fazendo

$$\hat{\sigma}^2 = \frac{SQR_p}{n-p}$$

Note que esta estimativa deve ser feita com o modelo completo, neste caso M_2.

Considere agora a log-verossimilhança do modelo M_1, com q parâmetros $\boldsymbol{\theta}_q = [\mu, \beta_j]$, sendo $q < p$,

$$l(\boldsymbol{\theta}_q) = -n\log(2\pi\sigma) - \frac{1}{2\sigma^2}SQR_q$$

A estatística do TRV é

$$\begin{aligned} L_R &= 2[l(\boldsymbol{\theta}_p) - l(\boldsymbol{\theta}_q)] \\ &= \tfrac{1}{\hat{\sigma}^2}(SQR_q - SQR_p) \end{aligned}$$

que assintoticamente segue distribuição χ^2_{p-q}. Para exemplificar numericamente, recapitule o modelo completo de DBC `lm.batata`. Vamos apenas renomear o objeto para `M2` e ajustar o M_1 conforme descrito (apenas efeito de bloco). Observe como o TRV está sendo executado com a função `anova()`.

```
> M1 <- lm(prod ~ bloco, data = batata)
> M2 <- lm(prod ~ bloco + cultivar, data = batata)
> anova(M1, M2, test = "LRT")
Analysis of Variance Table

Model 1: prod ~ bloco
Model 2: prod ~ bloco + cultivar
  Res.Df    RSS Df Sum of Sq  Pr(>Chi)
1      9 5.0175
2      6 0.6350  3    4.3825 5.354e-09 ***
---
Signif.codes: 0 '***'0.001 '**'0.01 '*'0.05 '.'0.1 ' '1
```

Note: $SQR(M_1) - SQR(M_2) = 5.0175 - 0.635 = 4.3825$. Dividindo este valor pela seguinte estimativa de variância

$$\hat{\sigma}^2 = 0.635/6 = 0.1058$$

tem-se a estatística do TRV:

$$L_R = 4.3825/0.1058 = 41.42$$

cujo p-valor $= 5.354 \times 10^{-9}$ pela distribuição qui-quadrado com $9 - 6 = 3$ graus de liberdade, indica resultado significativo de cultivar.

14.9 *Jupyter notebook*

Faça a leitura do *QR code* a seguir para executar em nuvem os comandos apresentados neste capítulo com um *Jupyter notebook* com kernel do software R.

14.10 Exercícios

1. Num experimento inteiramente casualizado, quatro novos tipos de herbicida foram comparados para verificar se são eficazes para combater ervas daninhas de folha estreita e assim manter a produção de milho em níveis elevados: A - Biológico, B - Químico à base de nitrogênio e enxofre, C - Químico à base de nitrogênio e fósforo, D - Químico à base de inativadores enzimáticos. O resumo estatístico é dado na tabela a seguir. Verifique pelo teste F da ANOVA se há evidências para considerar os herbicidas iguais.

Herbicida	Média	Variância	Repetições
A	46	18	4
B	31	16	5
C	32	12	4
D	25	15	4

2. Um experimento inteiramente casualizado conduzido para comparar o efeito de 5 doses (X) de um inseticida sobre o número de larvas-minadoras (Y) em alface hidropônico produziu os seguintes dados:

X	5			4			3		
Y	3	4	8	5	9	13	8	10	12
X	2			1					
Y	9	13	17	12	11	16			

   a. Faça a ANOVA, verificando em seguida as pressuposições com os resíduos.

   b. Ajuste um modelo de regressão, apresentando-o graficamente.

c. Teste a falta de ajuste do modelo linear de primeiro grau.

d. O coeficiente angular b_1 é estatisticamente diferente de zero?

e. Aplique o método bootstrap para testar o efeito do inseticida e, em seguida, para construir um intervalo de 95% de confiança para b_1.

3. Importe para o R os dados pimenta.csv (Cap. 7) referentes a um experimento em DIC para comparação de 16 genótipos de pimenta em relação a variáveis resposta de morfometria. Para cada variável resposta, faça uma análise exploratória inicial via *box plot* e em seguida a análise de variância, verificando também as pressuposições do modelo de ANOVA.

4. Os dados 'sensorial.csv' (Cap. 7) são de um experimento de análise sensorial de três variedades de mandioca. Dezessete avaliadores fizeram prova das três variedades e deram nota de intensidade de sabor amargo. Faça a ANOVA com e sem considerar provadores como fator de controle. Em seguida, calcule o CV% e avalie as pressuposições dos dois modelos. Comente sobre a adequabilidade dessas análises.

Capítulo 15

Comparações múltiplas de médias

Whenever we attempt to test a hypothesis
we naturally try to avoid errors in judging it.
This seems to indicate the right way of proceeding:
when choosing a test we should try to minimize
the frequency of errors that may be
committed in applying it.

– **Jerzy Neyman**

Quando o teste F da ANOVA está sendo utilizado para testar diferenças entre I tratamentos, a seguinte hipótese de nulidade é formulada:

$$H_0 : \mu_1 = \mu_2 = ... = \mu_I$$

Quando $I > 2$, algumas comparações específicas de tratamentos podem ser de interesse. Nesse contexto, os procedimentos de comparações múltiplas são apropriados e servem como um complemento do teste F.

Há um número razoável de procedimentos na literatura. Aplicaremos alguns deles, separando-os de acordo com a finalidade, em dois tipos principais: comparações planejadas e comparações *post-hoc*. E, embora as aplicações a seguir sejam apresentadas considerando métodos clássicos de inferência, alguns dos procedimentos podem ser estendidos para testes assumindo outras distribuições além da normal.

15.1 Teste t para contrastes

Um contraste é uma combinação linear de médias cuja soma dos coeficientes é nula, isto é,

$$C = a_1\mu_1 + a_2\mu_2 + ... + a_I\mu_I = \sum_{i=1}^{I} a_i\mu_i,$$

sendo que $\sum_{i=1}^{I} a_i = 0$.

Revisitando o exemplo sobre cultivares de batata do capítulo anterior, podemos construir um contraste entre médias de cultivares resistentes (1 e 3) e suscetíveis (2 e 4) à *P. infestans*:

$$C = (\mu_1 + \mu_3) - (\mu_2 + \mu_4)$$

No caso, o teste de C refere-se à comparação de dois grupos de médias, conforme podemos escrever na hipótese $H_0 : \mu_1 + \mu_3 = \mu_2 + \mu_4$. Este é, então, uma comparação do tipo *planejada*, pois perceba que há um sentido prático na comparação – grupos de resistência à doença. A estatística t-Student pode ser utilizada para testar a significância de um contraste, pois:

$$\frac{\hat{C}}{\hat{Var}(\hat{C})} \sim t_\nu$$

em que ν é o número de graus de liberdade do resíduo da análise de variância, e

$$Var(\hat{C}) = Var(a_1\hat{\mu}_1 + a_2\hat{\mu}_2 + ... + a_I\hat{\mu}_I) = \sum_{i=1}^{I} \frac{a_i^2}{r_i}\sigma_i^2$$

E em caso de homocedasticidade

$$\sigma_1^2 = \sigma_2^2 = ... = \sigma_I^2 = \sigma^2$$

e de experimento balanceado em relação ao número de repetições,

$$r_1 = r_2 = ... = r_I = r$$

então,

$$Var(\hat{C}) = \frac{\sigma^2}{r}\sum_{i=1}^{I} a_i^2$$

Note que, em se tratando da ANOVA, $\hat{\sigma}^2 = QMres$. E, a partir da soma de quadrados do contraste

$$SQ(\hat{C}) = \frac{(\hat{C})^2}{\sum_{i=1}^{I} \frac{a_i^2}{r_i}}$$

o teste F da ANOVA também pode ser utilizado para avaliar o contraste, pois sob H_0

$$\frac{SQ(\hat{C})}{QMres} \sim F(1, \nu)$$

Exemplo

Retomemos o modelo de ANOVA ajustado no capítulo anterior, `lm.batata` (dados batata.txt). O contraste anterior pode ser testado por meio da implementação `glht()` do pacote *multcomp* (Hothorn et al., 2008).

```
> library(multcomp)
> c1 <- glht(lm.batata,
+     linfct = mcp(cultivar = c(1, -1, 1, -1)))
> summary(c1)

         Simultaneous Tests for General Linear Hypotheses

Multiple Comparisons of Means: User-defined Contrasts


Fit: lm(formula = prod ~ cultivar + bloco, data = batata)

Linear Hypotheses:
          Estimate Std. Error t value Pr(>|t|)
1 == 0    1.7667     0.3756    4.703  0.00332 **
---
Signif.codes: 0 '***'0.001 '**'0.01 '*'0.05 '.'0.1 ' '1
(Adjusted p values reported -- single-step method)
```

Note que no argumento `linfct` é preciso informar os coeficientes do contraste na ordem[1] em que os níveis do fator `cultivar` estão no R. A estimativa de C é 1.7667. O $p-$valor foi de 0.0033, indicando que o grupo de cultivares resistente (1 e 3) difere do grupo suscetível quanto à produção de tubérculos.

[1]A ordem padrão do R é a alfabética. Para verificar a ordem, execute `levels(nome do fator)`.

No argumento `linfct` é possível ainda inserir uma matriz de contrastes a serem testados simultaneamente.

Outra opção para testes de contrastes de médias é o pacote *emmeans* (Lenth, 2019).

```
> library(emmeans)
> lsmeans(lm.batata, specs = "cultivar",
+     contr = list(c1 = c(1, -1, 1, -1)))
$lsmeans
 cultivar lsmean    SE df lower.CL upper.CL
 1          50.9 0.188  6     50.4     51.4
 2          49.4 0.188  6     49.0     49.9
 3          49.7 0.188  6     49.3     50.2
 4          49.4 0.188  6     49.0     49.9

Results are averaged over the levels of: bloco
Confidence level used: 0.95

$contrasts
 contrast estimate    SE df t.ratio p.value
 c1           1.77 0.376  6 4.703   0.0033

Results are averaged over the levels of: bloco
```

Uma observação

Um detalhe sobre os procedimentos clássicos de comparações de médias deve ser levado em conta, tanto para contrastes gerais envolvendo grupos de médias quanto para os casos a seguir, isto é, os ditos *post-hoc*. No que se refere à variância do contraste, note-se que todos os testes são realizados considerando independência entre os tratamentos, mais especificamente correlação nula entre eles. Para melhor entendimento, tomemos o contraste

$$\hat{C} = \hat{\mu}_i - \hat{\mu}_j$$

sendo as médias obtidas de r_i e r_j repetições, respectivamente. Teoricamente,

$$Var(\hat{C}) = Var(\hat{\mu}_i) + Var(\hat{\mu}_j) - 2Cov(\hat{\mu}_i, \hat{\mu}_j)$$

$$Var(\hat{C}) = \frac{\sigma_i^2}{r_i} + \frac{\sigma_j^2}{r_j} - 2Cov(\hat{\mu}_i, \hat{\mu}_j)$$

que, sob homogeneidade de variâncias e igual número de repetições,

$$Var(\hat{C}) = \frac{2\sigma^2}{r} - 2Cov(\hat{\mu}_i, \hat{\mu}_j)$$

Com isso, perceba que, nas estatísticas dos testes de médias apresentados neste capítulo, o termo de covariância entre os tratamentos (ou grupos deles) é considerado nulo.

15.2 Teste LSD de Fisher

A partir deste ponto, veremos como aplicar testes *post-hoc*, isto é, aqueles cujos contrastes são não planejados, mas sim definidos após o exame dos dados e após aplicação do teste F. Mais especificamente, tais testes são baseados em comparações de médias aos pares.

O teste LSD de Fisher é um dos mais antigos e também dos mais utilizados. Baseia-se na *diferença mínima significativa* (DMS ou LSD: *Least Significant Difference*, do inglês) e é considerado um dos mais sensíveis, isto é, que mais identifica diferenças significativas. Um dos motivos para tal característica é que o nível de significância da *família* de testes (α_F) é maior do que o nível nominal adotado para cada comparação (α), aumentando assim a probabilidade de erro tipo I. A estatística teste é:

$$\begin{aligned} LSD &= t_{1-\frac{\alpha}{2},\nu}\sqrt{Var(\hat{\mu}_i - \hat{\mu}_j)} \\ &= t_{1-\frac{\alpha}{2},\nu}\sqrt{QMres\left(\frac{1}{r_i} + \frac{1}{r_j}\right)} \end{aligned}$$

A hipótese $H_0 : \mu_i = \mu_j$ será rejeitada ao nível α quando

$$|\hat{\mu}_i - \hat{\mu}_j| \geq LSD$$

O valor de LSD é dado na mesma unidade de medida da variável resposta. Por exemplo, se esta for dada em kg, então o valor de LSD também será dado em kg.

Para executar o teste LSD com o exemplo `lm.batata`, utilizaremos o pacote *ExpDes* (Ferreira et al., 2018), que, além de realizar vários dos testes post-hoc, também automatiza a análise de variância, testes de pressupostos e o cálculo do CV% experimental da maioria dos delineamentos e esquemas experimentais básicos. Assim sendo, faremos aqui a ANOVA e o teste LSD em uma mesma função: `rbd()` (de *randomized block design*):

```
> library(ExpDes)
> with(batata,
```

```
+     rbd(treat = cultivar, block = bloco, resp = prod,
+         quali=TRUE, mcomp = "lsd", sigT=0.05, sigF=0.05))

Analysis of Variance Table
           DF     SS      MS      Fc    Pr>Fc
Treatament  3 4.3825 1.46083 13.8031 0.004218
Block       2 0.4650 0.23250  2.1969 0.192373
Residuals   6 0.6350 0.10583
Total      11 5.4825

CV = 0.65 %

Shapiro-Wilk normality test
p-value:  0.4490271
According to Shapiro-Wilk normality test at 5% of significance,
   residuals can be considered normal.

T test (LSD)
Groups  Treatments  Means
a        1        50.9
 b       3        49.73333
 b       4        49.43333
 b       2        49.43333
```

O valor tabelado $t_{0.975,\nu=6} = 2.45$. A estatística de teste é:

$$LSD = 2.45\sqrt{2 \times 0.10583/3} = 0.65$$

Duas médias de cultivares serão consideradas diferentes ($p < 0.05$) quando a diferença absoluta entre elas superar o valor 0.65. Por exemplo, os cultivares 1 e 3 são diferentes, pois $50.9 - 49.73 = 1.17 > 0.65$. Já os cultivares 3 e 4 não são diferentes, pois $49.73 - 49.43 = 0.3 < 0.65$. Em resumo, há três diferenças entre pares de médias, referentes ao cultivar 1 contra os demais.

Observação

No *output* anterior, as letras minúsculas apresentadas em `Groups` ao lado das médias são uma forma prática de representar o resultado das comparações. Mas atenção: esse procedimento, apesar de didático, deve sempre que possível **ser evitado**, isto é, deve-se dar preferência à apresentação dos valores-p das comparações. Isso porque não raramente o valor-p de um contraste entre médias pode estar na margem do nível de significância, o que pode promover conclusões inverídicas quando se restringe a conclusões pelas letras.

Por exemplo, suponha que um contraste entre duas médias tenha resultado em $p = 0.0509$. Ora, com o nível $\alpha = 0.05$, concluiríamos, com base apenas na classificação por letras, que as médias seriam iguais, pois $p > 0.05$. Mas **de fato** são? Será que não estaríamos incorrendo em erro[2] tipo II? Essas questões não serão respondidas, pois não é esse o objetivo desse alerta. Aliás, alertar é o objetivo. Portanto, observar o valor-p nos impele, pelo menos, a investigar mais a fundo o resultado das comparações para tomar conclusões o mais coerentes possível.

Nesse sentido, uma alternativa no R é o pacote *agricolae* (Mendiburu, 2017). Com a função `LSD.test()`, pode-se informar o argumento `group = TRUE`. Com esta opção o *output* é similar ao visto anteriormente, com letras. Com `group = FALSE` o *output* consiste de comparações aos pares, com as diferenças e os valores-*p*.

```
> library(agricolae)
> with(batata,
+     LSD.test(y = prod, trt = cultivar, DFerror = 6,
+         MSerror = 0.10583, alpha = 0.05,
+         group = FALSE, console = TRUE))

Study: prod ~ cultivar

LSD t Test for prod

Mean Square Error:  0.10583

cultivar,  means and individual ( 95 %) CI

      prod       std r      LCL      UCL  Min  Max
1 50.90000 0.3000000 3 50.44042 51.35958 50.6 51.2
2 49.43333 0.4163332 3 48.97375 49.89291 49.1 49.9
3 49.73333 0.2081666 3 49.27375 50.19291 49.5 49.9
4 49.43333 0.4932883 3 48.97375 49.89291 49.1 50.0

Alpha: 0.05 ; DF Error: 6
Critical Value of t: 2.446912

Minimum difference changes for each comparison

Means with the same letter are not significantly different


Groups, Treatments and means

```

[2]Aceitar a hipótese de nulidade (médias iguais) quando esta é, na verdade, falsa.

```
Comparison between treatments means

        Difference pvalue sig.        LCL       UCL
1 - 2  1.466667e+00 0.0015   **  0.8167209 2.1166124
1 - 3  1.166667e+00 0.0046   **  0.5167209 1.8166124
1 - 4  1.466667e+00 0.0015   **  0.8167209 2.1166124
2 - 3 -3.000000e-01 0.3018      -0.9499457 0.3499457
2 - 4 -7.105427e-15 1.0000      -0.6499457 0.6499457
3 - 4  3.000000e-01 0.3018      -0.3499457 0.9499457
```

São apresentadas também as médias de cada cultivar, os desvios padrão (std), o número de repetições (r) e os limites inferior (LCL) e superior (UCL) dos intervalos de 95% de confiança para cada média.

15.3 A correção de Bonferroni

Com o teste LSD a taxa de erro tipo I da família de testes (α_F) é aumentada de acordo com o número de comparações N aos pares. Com o objetivo de controlar essa taxa de erro, a correção de Bonferroni é uma alternativa a ser utilizada. O método é baseado na seguinte desigualdade:

$$\alpha_F \leq N \times \alpha$$

O procedimento é idêntico ao do teste LSD, com a diferença que o nível de significância de cada um dos N contrastes entre duas médias é corrigido por:

$$\alpha^* = \frac{\alpha}{N}$$

Admitindo que o número de médias em comparação é I, há $N = I(I-1)/2$ pares distintos. No exemplo anterior, $N = 4(4-1)/2 = 6$. Logo, o nível de significância corrigido é $\alpha^* = 0.05/6 = 0.0083$. O valor tabelado não seria $t_{0.975,\nu=6} = 2.45$, mas sim $t_{1-0.0083/2,\nu=6} = 3.86$. E a estatística de teste seria $LSD_b = 3.86\sqrt{2 \times 0.10583/3} = 1.02$.

Para realizar o teste, basta adicionar o argumento `p.adj = 'bonferroni'` na função `LSD.test()`. Observe a seguir como os valores-p são maiores do que os obtidos com o teste LSD.

```
> with(batata,
+     LSD.test(y = prod, trt = cultivar, DFerror = 6,
+         MSerror = 0.10583, alpha = 0.05, group = FALSE,
+         console = TRUE, p.adj = "bonferroni"))

Study: prod ~ cultivar
```

```

LSD t Test for prod
P value adjustment method: bonferroni

Mean Square Error:  0.10583

cultivar,  means and individual ( 95 %) CI

      prod       std r      LCL      UCL  Min  Max
1 50.90000 0.3000000 3 50.44042 51.35958 50.6 51.2
2 49.43333 0.4163332 3 48.97375 49.89291 49.1 49.9
3 49.73333 0.2081666 3 49.27375 50.19291 49.5 49.9
4 49.43333 0.4932883 3 48.97375 49.89291 49.1 50.0

Alpha: 0.05 ; DF Error: 6
Critical Value of t: 3.862991

Minimum difference changes for each comparison

Means with the same letter are not significantly different


Groups, Treatments and means

Comparison between treatments means

         Difference pvalue sig.        LCL       UCL
1 - 2  1.466667e+00 0.0089   **  0.4405838 2.4927495
1 - 3  1.166667e+00 0.0276    *  0.1405838 2.1927495
1 - 4  1.466667e+00 0.0089   **  0.4405838 2.4927495
2 - 3 -3.000000e-01 1.0000      -1.3260828 0.7260828
2 - 4 -7.105427e-15 1.0000      -1.0260828 1.0260828
3 - 4  3.000000e-01 1.0000      -0.7260828 1.3260828
```

15.4 Teste HSD de Tukey

Assim como o teste LSD, a estatística HSD (*Honestly Significant Difference*, do inglês) de Tukey é utilizada como critério para comparar duas médias a um nível α de significância. A diferença é que o teste de Tukey se baseia não na distribuição t-Student, mas na *distribuição da amplitude estudentizada*, levando em conta o número de médias em comparação, o que o torna mais conservador[3], mas não

[3] No sentido de conservar H_0, isto é, menos sensível a diferenças entre médias.

sem motivo, pois o mesmo foi construído com a finalidade de proteger o nível de significância da família de testes.

Para um contraste do tipo $\hat{C} = \hat{\mu}_i - \hat{\mu}_j$, tem-se:

$$\begin{aligned} HSD &= q_{1-\alpha,I,\nu}\sqrt{\tfrac{1}{2}Var(\hat{\mu}_i - \hat{\mu}_j)} \\ &= q_{1-\alpha,I,\nu}\sqrt{\frac{QMres}{r}} \end{aligned}$$

em que o valor tabelado q é função do número de médias em comparação I e dos graus de liberdade do resíduo (ν) da ANOVA. No R, obtenha o valor tabelado com a função `qtukey()`. No exemplo,

```
> qtukey(p = 0.95, nmeans = 4, df = 6)
[1] 4.895599
```

Sendo $r_i \neq r_j$, o procedimento deixa de ser exato, sendo referido como *método de Tukey-Kramer*, e a estatística HSD passa a:

$$HSD = q_{1-\alpha,I,\nu}\sqrt{\frac{QMres}{2}\left(\frac{1}{r_i} + \frac{1}{r_j}\right)}$$

Para aplicar o teste HSD de Tukey às médias dos cultivares, utilize a função `HSD.test()`, com o que se observa resultado semelhante aos testes anteriores.

```
> library(agricolae)
> with(batata,
+     HSD.test(y = prod, trt = cultivar, DFerror = 6,
+         MSerror = 0.10583, alpha = 0.05,
+         group = FALSE, console = TRUE))

Study: prod ~ cultivar

HSD Test for prod

Mean Square Error:  0.10583

cultivar,  means

      prod       std r  Min  Max
1 50.90000 0.3000000 3 50.6 51.2
2 49.43333 0.4163332 3 49.1 49.9
3 49.73333 0.2081666 3 49.5 49.9
4 49.43333 0.4932883 3 49.1 50.0

Alpha: 0.05 ; DF Error: 6
Critical Value of Studentized Range: 4.895599

```

```
Comparison between treatments means

          Difference pvalue sig.        LCL       UCL
1 - 2  1.466667e+00 0.0060   **  0.5471711 2.3861622
1 - 3  1.166667e+00 0.0180    *  0.2471711 2.0861622
1 - 4  1.466667e+00 0.0060   **  0.5471711 2.3861622
2 - 3 -3.000000e-01 0.6868      -1.2194955 0.6194955
2 - 4 -7.105427e-15 1.0000      -0.9194955 0.9194955
3 - 4  3.000000e-01 0.6868      -0.6194955 1.2194955
```

15.5 Teste SNK

O teste SNK (em homenagem ao trio Student-Newman-Keuls) também é baseado na amplitude estudentizada q utilizada no teste HSD de Tukey, com a diferença que o valor tabelado q não é único em todas as comparações, mas leva em conta o número h de médias ordenadas abrangidas pelo contraste. Assim, a comparação de médias mais próximas é feita de forma menos rigorosa que com o Tukey, identificando diferenças mais facilmente. Isso implica em ter $k = I - 1$ estatísticas de teste, sendo I o número de médias em comparação. Com o exemplo, as médias ordenadas são:

$$\hat{\mu}_1 = 50.9, \hat{\mu}_3 = 49.73, \hat{\mu}_2 = 49.33, \hat{\mu}_4 = 49.33$$

E as estatísticas de teste para avaliação dos contrastes são:

$$\begin{aligned}
HSD(h=2) &= q_{1-\alpha,2,\nu}\sqrt{\tfrac{1}{2}Var(\hat{\mu}_i - \hat{\mu}_j)} \\
&= q_{0.95,2,6}\sqrt{QMres/r} \\
&= 3.46\sqrt{0.10583/3} = 0.65 \\
HSD(h=3) &= q_{1-\alpha,3,\nu}\sqrt{QMres/r} \\
&= 4.34\sqrt{0.10583/3} = 0.81 \\
HSD(h=4) &= q_{1-\alpha,4,\nu}\sqrt{QMres/r} \\
&= 4.34\sqrt{0.10583/3} = 0.92
\end{aligned}$$

Assim, para comparação das médias 1 e 4, o critério deve ser $HSD(h = 4) = 0.92$. O mesmo para comparar 1 e 2. Para comparar as médias 3 e 4, deve-se utilizar $HSD(h = 3) = 0.82$. E as médias *vizinhas* são comparadas com $HSD(h = 2) = 0.65$. Note a diferença: no HSD de Tukey todas as comparações são feitas com $HSD(h = 4)$, o que o torna menos sensível (mais conservador).

Há neste exemplo um detalhe pouco comum: as médias 2 e 4 são iguais, o que gera certo conflito na ordenação e, consequentemente, no resultado do teste, embora seja pouco provável que se altere a conclusão. O fato é que a comparação (1 e 2) deveria ser feita com $HSD(h = 3)$, enquanto que (1 e 4) com $HSD(h = 4)$, ou o inverso, já que as médias 2 e 4 estão empatadas. Quando isso ocorre, sugere-se utilizar o maior dos dois valores em questão da estatística de teste, $HSD(h = 4)$ no caso, visando diminuir a taxa de erro da família de testes (α_F), que não é controlada pelo SNK.

```
> with(batata,
+     SNK.test(y = prod, trt = cultivar, DFerror = 6,
+        MSerror = 0.10583, alpha = 0.05,
+        group = FALSE, console = TRUE))

Study: prod ~ cultivar

Student Newman Keuls Test
for prod

Mean Square Error:  0.10583

cultivar,  means

      prod       std r  Min  Max
1 50.90000 0.3000000 3 50.6 51.2
2 49.43333 0.4163332 3 49.1 49.9
3 49.73333 0.2081666 3 49.5 49.9
4 49.43333 0.4932883 3 49.1 50.0

Alpha: 0.05 ; DF Error: 6

Critical Range
        2         3         4
0.6499457 0.8149913 0.9194955

Comparison between treatments means

       Difference pvalue sig.        LCL       UCL
1-2  1.466667e+00 0.0060   **  0.5471711 2.3861622
1-3  1.166667e+00 0.0046   **  0.5167210 1.8166123
1-4  1.466667e+00 0.0036   **  0.6516754 2.2816580
2-3 -3.000000e-01 0.5325      -1.1149913 0.5149913
2-4 -7.105427e-15 1.0000      -0.6499457 0.6499457
3-4  3.000000e-01 0.3018      -0.3499457 0.9499457
```

15.6 O critério de Scott-Knott

Scott & Knott (1974) utilizaram a análise de agrupamento como técnica de comparação de médias no contexto da análise e variância, em substituição aos testes *post-hoc*. A diferença básica obtida é que não há sobreposição de grupos de médias.

O algoritmo do agrupamento é iterativo e consiste basicamente de sucessivas partições em dois grupos de médias de tratamentos, com base na maximização da soma de quadrados entre os dois grupos. Uma estatística de teste é construída com base nessa soma de quadrados e no quadrado médio do resíduo da ANOVA. Utiliza-se a distribuição qui-quadrado[4] para testar a hipótese de que a partição inicial de dois grupos de médias é significativa ao nível α. Quando isso ocorre, os dois subgrupos tornam-se independentes e o processo se repete dentro de cada um deles. O processo em cada subgrupo se encerra ao obter resultado não significativo ou ao restar apenas uma média em cada subgrupo. Para mais detalhes sobre o procedimento, consulte Jelihovschi et al. (2014).

No R pode ser executado com os pacotes *ExpDes* (Ferreira et al., 2018) e *ScottKnott* (Jelihovschi et al., 2014). Com este último, para o exemplo, tem-se:

```
> library(ScottKnott)
> sk <- SK(aov(lm.batata), which = "cultivar")
> summary(sk)
 Levels    Means SK(5%)
      1 50.90000      a
      3 49.73333      b
      4 49.43333      b
      2 49.43333      b
```

15.7 Erro da família

Nesta seção, procuremos ter uma visão intuitiva do que significa erro da família de testes. Observe a Figura 15.1, inicialmente o lado esquerdo. Trata-se da dispersão de observações (repetições) de cinco tratamentos (grupos experimentais) quaisquer, com as médias em destaque. Perceba que o eixo y está relativamente ampliado para que seja possível analisar todos os cinco tratamentos conjuntamente.

Deixemos de lado somente por um instante os resultados de testes de médias e apenas foquemos em observar as variações nas observações. Observe primeiro como há em cada tratamento uma variação **dentro**, isto é, ao redor de cada média.

[4] Resultado assintótico.

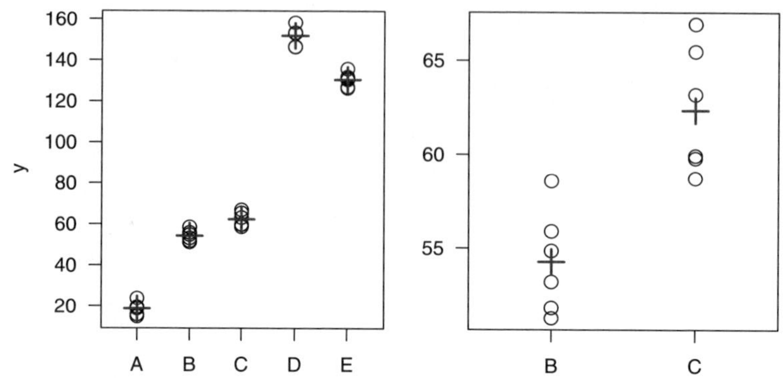

Figura 15.1: Dispersão de observações experimentais por tratamento (A-E). Os pontos "+" indicam a média.

O leitor deve se lembrar que, grosso modo, é daí que surge a chamada variância residual. Observe também que a variabilidade dentro de cada tratamento parece similar. E com isto lembre da homocedasticidade.

É claro, observa-se também que há uma variação **entre** um tratamento e outro. Por exemplo, note como é evidente a diferença entre A e D, ou entre B e E. Um dos testes de médias visto neste capítulo provavelmente seria capaz de identificar essas diferenças a um nível α de erro tipo I sem dificuldades. Já a diferença entre B e C não está tão evidente, ao menos não na atual perspectiva "mais distante".

No entanto, mova o olhar para o lado direito da figura. É apenas um recorte da parte esquerda, para os tratamentos B e C. Ora, por esta perspectiva "mais focal", não parece razoável afirmar que B e C são iguais estatisticamente.

O lado esquerdo representa comparações considerando a família de testes (um total de dez, aos pares). Coloquemos como representante, digamos, o teste HSD de Tukey. Já o lado direto representa um exemplo de comparação *focal*, sem considerar a família de testes. Para este lado vamos eleger, digamos, o teste LSD de Fisher.

Ao realizar as dez comparações de médias aos pares pelo teste de Tukey, poder-se-ia concluir que o resultado como um todo possui a margem α de erro tipo I, isto é, conjuntamente a família de testes foi realizada com uma margem de erro conhecida. O que não é objetivo do teste LSD. Neste, o interesse está apenas em manter a margem de erro de *cada* comparação individualmente, não da família.

Uma observação importante; na verdade, uma dica geral e preciosa: não se deve procurar eleger um método (ou teste, nesse caso) como "melhor" do que outro. Ao contrário, é preciso entendê-los como ferramentas e, assim sendo, podem ser mais ou menos úteis, a depender da situação (dos dados e do problema). É preciso saber escolher a ferramenta.

Para ilustrar melhor a ideia, imagine que os tratamentos B e C sejam de alguma forma relacionados na prática (não entenda como correlacionados). Por exemplo, digamos que os tratamentos sejam métodos de controle de insetos, alguns sintéticos (químicos), outros biológicos e outros combinações. Digamos que B seja um produto à base de fungo (biológico) e que este foi combinado com um químico para constituir o tratamento C, na tentativa de potencializar o controle. Perceba, há aqui uma **necessidade específica de comparar B vs C**, isto é, um sentido "prático" que não há em outras comparações, ou, ao menos, esta comparação não precisa estar associada às comparações dos demais tratamentos, de forma que a conclusão a respeito de B vs C por si só é relevante. Neste caso, pode-se sem dúvida optar por um teste que não mantém a taxa de erro da família. Por outro lado, talvez um teste que protege a taxa de erro da família não consiga detectar a diferença entre B e C, mesmo usando a "mesma margem α" de erro.

Por fim, pode-se perguntar: a) há interesse num resultado de comparações que levem em consideração as demais, numa espécie de ranqueamento geral dos tratamentos? b) o quão preocupado se está em relação a afirmar erroneamente (erro tipo I) que há diferenças significativas entre médias? As respostas a estas duas questões poderão servir de guia para a escolha do teste.

15.8 Escolhendo o teste

Nenhum dos procedimentos apresentados é ideal, de modo que a escolha, em especial dos testes *post-hoc*, deve ser algo particular para cada de situação. Por exemplo, o teste LSD é pouco rigoroso (mais sensível a diferenças), mas não controla a taxa de erro tipo I da família. A correção de Bonferroni pode ser utilizada, entretanto não é recomendada quando lidando com um alto número de médias. O teste de HSD de Tukey controla a taxa de erro tipo I da família de testes, mas também torna-se bastante rigoroso quando compara muitas médias, digamos mais que 5 ou 6. Por outro lado, o teste SNK leva em consideração a distância entre as médias envolvidas em cada comparação. Isso faz com que este teste seja menos rigoroso que o HSD de Tukey, mas ele falha em controlar a taxa de erro tipo I da família quando lidando, em geral, com 4 ou mais médias.

Uma característica, e provavelmente um problema, comum a todos esses testes é a ocorrência de sobreposição de classificações, isto é, não raramente encontramos médias sendo classificadas em dois ou mais grupos, o que torna mais complicada a conclusão. O critério, por vezes chamado teste, de Scott-Knott não apresenta esse inconveniente e deve ser preferido para classificar 6 ou mais médias.

Em todos os casos, a precisão experimental (CV%) deve ser levada em consideração. Como regra prática, testes mais rigorosos devem ser aplicados quando o CV% for de médio a baixo. O tipo ou objetivo do estudo também é um critério muito importante na escolha do teste. Isso define que tipo de erro (tipo I ou tipo II) deve ser controlado e, sem dúvidas, facilita a escolha do teste de médias.

Há que se alertar também que todos os procedimentos apresentados neste capítulo devem ser executados quando verificadas as pressuposições do modelo de análise de variância. Mais adiante serão apresentadas soluções mais genéricas, para quando não são atendidos pressupostos como normalidade e homocedasticidade. Nesse sentido, leia os capítulos sobre modelos lineares generalizados e modelos mistos.

15.9 *Jupyter notebook*

Faça a leitura do *QR code* a seguir para executar em nuvem os comandos apresentados neste capítulo com um *Jupyter notebook*[5] com kernel do software R.

15.10 Exercícios

1. Construa um contraste para testar a hipótese de que a média da variedade D de milho (exemplo do capítulo anterior) é maior do que a média das demais variedades.

2. Escolha e aplique um dos testes *post-hoc* para comparações de pares de médias de variedades. Justifique o seu critério de escolha.

3. Qual dos testes *post-hoc* você recomendaria para comparar as médias dos 16 genótipos de pimenta apresentados no exercício do capítulo anterior? Justifique.

[5] Esse notebook pode demorar um pouco mais para carregar, dado o número de dependências. Se for o caso, por favor aguarde; e, se necessário, recarregue a página da web.

4. Revisite o exemplo do final do capítulo anterior, recuperando o objeto `mod1.caupi`. Aplique um teste de significância para o contraste entre a média do grupo de acessos e a média do grupo de variedades.

Capítulo 16

Análise de covariância

Alguns experimentos requerem o ajuste dos efeitos de tratamentos sobre a variável resposta Y a partir do efeito de uma ou mais *covariáveis* quantitativas X.

Considere, por exemplo, um experimento realizado em campo de produção de soja para comparação de diferentes tecnologias de pulverização de defensivos agrícolas. Consideremos a variável resposta como a uniformidade de aplicação. A área experimental pode ser, se conveniente, dividida em blocos para controle do erro experimental. Mas, ainda assim, pode ser que a velocidade do vento seja diferente no momento da aplicação de parcelas de um mesmo bloco, o que poderia causar uma fonte adicional de erro experimental pelo efeito da deriva, que pode alterar a resposta. Não obstante, tendo-se anotado a velocidade do vento no momento de aplicação de cada parcela, pode-se utilizá-la como *covariável*, transformando o modelo de análise de variância num modelo de *análise de covariância.*

Covariável, numa análise de covariância, pode ser entendida como um fator quantitativo que pode ter efeito sobre a variável resposta. Claro, pode haver mais de uma covariável simultaneamente num mesmo modelo. No exemplo anterior, poder-se-ia também considerar como covariáveis a temperatura e a umidade do ar no momento da aplicação.

16.1 Exemplo de aplicação

Dois fungicidas (trt) foram avaliados experimentalmente a campo em delineamento inteiramente casualizado com a cultura da soja. A variável resposta (y) é o rendimento de grãos, em sacas/ha. Ocorre que, por ocasião da aplicação dos fungicidas, as parcelas apresentavam diferentes níveis de incidência e severidade da doença. Assim, a covariável (x) representando a área foliar (%) **livre** da doença em cada parcela foi também mensurada para fins de controle experimental. O conjunto de dados é ancova.csv.

```
> soja <- read.csv("https://raw.githubusercontent.com/arsilva87/
    statsbook/main/datasets/ancova.csv", colClasses = c("factor", "
    numeric", "numeric"))
> str(soja)
'data.frame':   20 obs. of  3 variables:
 $ trt: Factor w/ 2 levels "1","2": 1 1 1 1 1 1 1 1  ...
 $ x  : num  58.4 50.9 60.5 51.3 68.4 51.7 49.8 57.1 ...
 $ y  : num  51.4 47.9 48.5 41.3 58.4 39.7 44.8 45.1 ...
```

Observe a seguir as médias de rendimento. Há 1.84 sc/ha (110.4 kg/ha) de diferença. Mas, pela ANOVA, essa diferença não é detectável, mesmo não havendo problemas com os pressupostos do modelo.

```
> aggregate(y ~ trt, data = soja, FUN = mean)
  trt     y
1   1 48.28
2   2 50.12

> anova(lm(y ~ trt, data = soja))
Analysis of Variance Table

Response: y
          Df Sum Sq Mean Sq F value Pr(>F)
trt        1  16.93  16.928  0.5326 0.4749
Residuals 18 572.07  31.782
```

Embora não haja efeito dos tratamentos fungicidas sobre a covariável x, é razoável supor que o efeito (τ_i) dos fungicidas sobre os dados de rendimento de grãos (y_{ij}) seja influenciado pelo valor de x nas respectivas parcelas (x_{ij}). Assim, deve-se incluir no modelo estatístico para o rendimento de grãos o efeito (b) dessa covariável.

$$y_{ij} = \mu + b(x_{ij} - \bar{x}) + \tau_i + \epsilon_{ij}$$

Note que tal modelo é uma mistura dos modelos de regressão linear e de análise de variância. O termo b representa o coeficiente de regressão, efeito linear de x sobre y em ambos os tratamentos. Observe que x é centrada na média, para que sua inclusão não afete a estimativa da média geral μ. Observe o ajuste do modelo de ANCOVA no R:

```
> mod <- lm(y ~ I(x - mean(x)) + trt, data = soja)
```

```
> mod

Call:
lm(formula = y ~ I(x - mean(x)) + trt, data = soja)

Coefficients:
   (Intercept)  I(x - mean(x))             trt2
       47.0969          0.8273           4.2061
```

Em que se obtêm as estimativas: $\bar{y}_1^* = 47.09$, $\bar{y}_2^* = 47.09 + 4.2061 = 51.2961$, das médias de tratamentos, e $\hat{b} = 0.8273$ o efeito da covariável x.

Uma vez que os valores *ajustados* de rendimento (y) para a covariável x são dados por:

$$y_{ij} - b(x_{ij} - \bar{x}) = \mu + \tau_i + \epsilon_{ij}$$

logo percebe-se que as *médias ajustadas* de rendimento podem ser obtidas por:

$$\begin{aligned}
\bar{y}_i^* &= \bar{y}_i - \hat{b}(\bar{x}_i - \bar{x}) \\
\bar{y}_1^* &= 48.28 - 0.8273(57.48 - 56.05) = 47.09 \\
\bar{y}_2^* &= 50.12 - 0.8273(54.62 - 56.05) = 51.30
\end{aligned}$$

As diferenças entre tratamentos em relação aos valores de x contribuem com a diferença em rendimento. Assim, note que o modelo de ANCOVA permitiu *amplificar* para 4.21 sc/ha as diferenças entre tratamentos, de modo que as médias ajustadas são estatisticamente diferentes (p = 0.0026). Perceba também que um grau de liberdade foi retirado do resíduo para estimar o efeito da covariável x.

```
> anova(mod)
Analysis of Variance Table

Response: y
               Df Sum Sq Mean Sq F value    Pr(>F)
I(x - mean(x))  1 391.49  391.49  58.305 6.843e-07 ***
trt             1  83.36   83.36  12.415  0.002608 **
Residuals      17 114.15    6.71
---
Signif.codes: 0 ‘***’0.001 ‘**’0.01 ‘*’0.05 ‘.’0.1 ‘ ’1
```

A figura 16.1 nos ajuda a perceber o *ajuste* feito pela covariável x no efeito dos tratamentos sobre y. Note que os dados de cada tratamento estão dispersos ao longo de retas (efeito linear de x sobre y). Essas retas possuem a mesma inclinação $\hat{b} = 0.8273$, mas estão deslocadas no eixo x pela diferença existente no campo em termos de ataque da doença nas parcelas, tornando de certa forma “injusta” a comparação dos tratamentos. As médias ajustadas, por outro lado, representam as médias de rendimento dos tratamentos agora centradas num valor comum de ataque da doença ($\bar{x}$), a média geral de x.

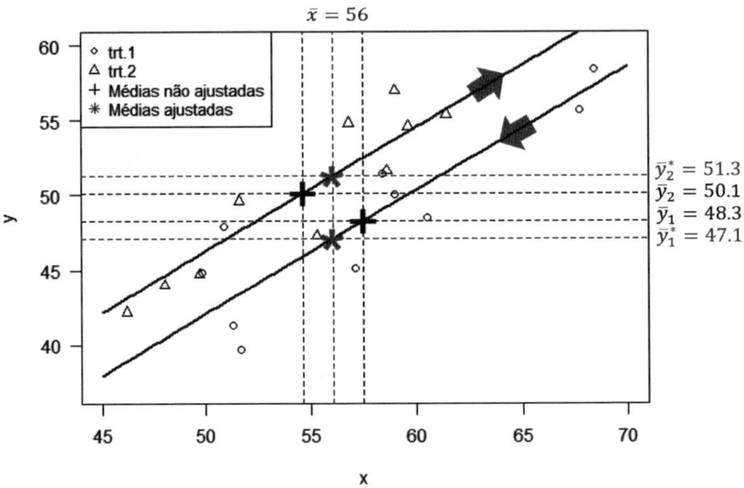

Figura 16.1: Ilustração da análise de covariância

O fato de haver apenas dois tratamentos dispensa testes de médias. Não obstante, a diferença de rendimento entre tratamentos poderia ser testada através de testes post-hoc, utilizando as médias ajustadas[1]. A seguir o resultado do teste *t* (LSD de Fisher) com o pacote *emmeans* (Lenth, 2019).

```
> library(emmeans)
> pairs(lsmeans(mod, "trt"))
 contrast estimate   SE df t.ratio p.value
 1 - 2       -4.21 1.19 17 -3.523  0.0026
```

16.2 Experimento de parcelas pareadas

Em alguns casos, avaliar corretamente o efeito de tratamentos sobre um variável resposta requer a calibração dos dados por valores em parcelas que não receberam tratamento. Em experimentos de campo, usualmente essas parcelas não tratadas são instaladas ao lado das parcelas tratadas, mesmo dentro dos blocos (quando houver), daí o termo *parcela pareada*, permitindo mais controle sobre a heterogeneidade ambiental – espacial, neste caso. O principal objetivo deste tipo de desenho experimental é o maior controle do erro experimental. Observe na Figura

[1]Ou médias de mínimos quadrados (*least square means*, do inglês).

16.2 que, mesmo que não haja homogeneidade física entre as parcelas de um bloco, as parcelas pareadas de cada tratamento permitem realizar um tipo de controle localizado.

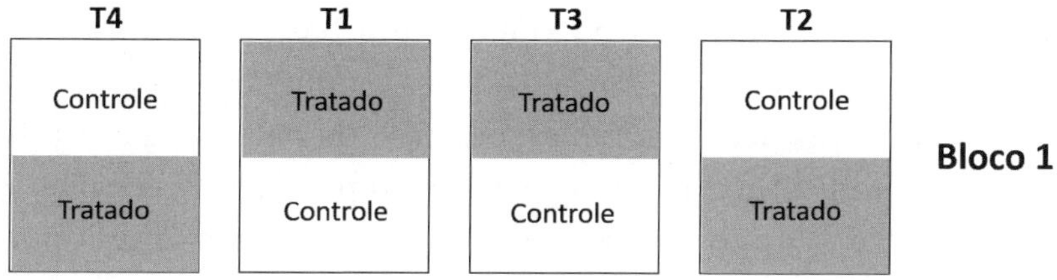

Figura 16.2: Exemplo de bloco completo com quatro parcelas (tratamentos) pareadas.

São exemplos em que são úteis as parcelas pareadas:

- Comparação a campo de tratamentos nematicidas, pois mesmo dentro dos blocos, entre parcelas, pode haver variação na densidade populacional de nematoides.
- Comparação a campo de herbicidas para o controle de plantas daninhas ou sobre a seletividade à cultura. Nesse caso, as notas visuais de controle ou fitotoxicidade ou mesmo a avaliação da redução de biomassa das parcelas precisam ser controladas com uma testemunha local (parcela pareada), haja vista as diferenças naturais de infestação por plantas daninhas e de crescimento das plantas em cada parcela.
- Em experimentos com animais em pasto, a variação de disponibilidade de alimento dentro da área de estudo pode ser controlada com parcelas pareadas.

Nesses casos, são alternativas para a análise estatística dos dados:

- Análise de variância das diferenças entre os valores pareados.
- Análise de variância de acordo com o modelo de parcelas subdivididas (próximo capítulo), em que cada parcela geral é composta pela subparcela tratada e subparcela testemunha. O foco é dado à análise (desdobramento) da interação entre estas, especificamente na comparação de tratamentos secundários, o que equivale a comparar as médias de cada tratamento com sua testemunha. Há nessa abordagem a vantagem de aumento dos graus de liberdade do resíduo das subparcelas, o que torna mais eficiente o teste de comparação de parcelas pareadas.

- Análise de covariância dos valores das parcelas tratadas, tendo como covariável x os valores das respectivas testemunhas (parcela pareada).

Observe que, mesmo tendo exemplificado com experimentos de campo, não há restrição quanto ao delineamento experimental base para o uso de parcelas pareadas, isto é, estas podem ser delineadas como complemento para controle do erro experimental em praticamente qualquer tipo de delineamento (DIC, DBC etc.) e esquema experimentais. De fato, as parcelas pareadas funcionam como um tipo especial de blocos. Há que se observar, contudo, o aumento na complexidade da análise estatística.

16.3 *Jupyter notebook*

Faça a leitura do *QR code* a seguir para executar em nuvem os comandos apresentados neste capítulo com um *Jupyter notebook* com kernel do software R.

16.4 Exercício

Importe os dados pareada.csv (Cap. 7), referentes a um experimento de blocos casualizados, com três tratamentos solubilizadores de fósforo. A variável resposta é a massa seca de plantas de milho. Cada uma das 7 repetições tem uma parcela pareada para controle experimental. Ajuste um modelo de ANCOVA e verifique se há diferenças significativas ($\alpha = 0.05$) entre os tratamentos.

Capítulo 17

Experimentos multifatores

Um fator pode ser definido como aquilo que supostamente afeta a resposta ou aquilo que se quer estudar, no caso de um fator de tratamento. Os níveis de um fator correspondem aos valores que ele assume. Ensaios envolvendo apenas um fator não permitem estudar as interações que podem existir entre os fatores. Por exemplo, em estudos de adubação ou calagem, é esperado que hajam diferenças nas respostas obtidas com as doses de acordo com a lâmina de irrigação aplicada. Assim, dose e lâmina seriam dois fatores de tratamento a serem estudados simultaneamente num mesmo experimento. Logo, chamamos de experimentos multifatores aqueles em que se estuda o efeito de dois ou mais fatores simultaneamente.

17.1 Estruturas dos fatores, tipos de efeito e interação

Um fator pode ser do tipo quali ou quantitativo, havendo diferenças na forma de estudo desse fator. Não obstante, há dois tipos de estrutura de relacionamento entre fatores:

- Estrutura cruzada: quando os níveis de um fator são sempre os mesmos para todos os níveis dos outros fatores. É o caso, por exemplo, de experimentos de comparação de um mesmo grupo de cultivares (fator 1) em diferentes locais (fator 2).

- Estrutura aninhada ou hierárquica: quando os níveis de um fator variam de acordo com os níveis dos outros fatores. É o caso, por exemplo, de um experimento de avaliação de doses (fator 1) de produtos (fator 2) com ingredientes ativos diferentes para uma mesma finalidade.

Observe que um experimento multifator pode conter fatores com um ou com os dois tipos de estrutura.

Experimentos multifatores com estrutura cruzada permitem o estudo de dois tipos de efeito:

- Efeito principal: trata-se basicamente da variação entre as médias dos níveis de um fator, desconsiderando os níveis dos outros fatores.
- Efeito de interação: refere-se à influência de um nível de um fator no comportamento dos níveis dos demais fatores, ou seja, a dependência entre fatores.

Veremos primeiramente como estudar graficamente o efeito da interação. Depois, por ocasião da análise de variância, veremos o teste para a interação. Para isso, considere um experimento de fertilização com *vinhaça* em cana-de-açúcar. Foi medida a produção de 3 variedades, cada uma sob o efeito de 4 doses (L/ha) de vinhaça, em 3 blocos casualizados. O conjunto de dados é vinhaca.csv (Cap. 7).

Com a função `ordered()` estamos criando uma coluna adicional `vinhacaf` transformando a coluna em categórica (fator ordenado), para ajuste do modelo considerando contrastes do tipo polinomial para o fator vinhaça. Com isso mantemos a coluna `vinhaca` como numérica para ser utilizada no ajuste de modelos de regressão.

```
> cana <- read.csv("https://raw.githubusercontent.com/arsilva87/
    statsbook/main/datasets/vinhaca.csv")

> cana$vinhacaf <- ordered(cana$vinhaca)
> cana$bloco <- as.factor(cana$bloco)

> str(cana)
'data.frame':   36 obs. of  5 variables:
 $ variedade: Factor w/ 3 levels "A","B","C": 1 2 3 1 ...
 $ vinhaca  : int  0 0 0 0 0 0 0 0 0 500 ...
 $ bloco    : Factor w/ 3 levels "1","2","3": 1 1 1 2 ...
 $ producao : int  69 65 71 66 67 73 68 64 70 72 ...
 $ vinhacaf : Ord.factor w/ 4 levels "0"<"500"<"1000"<...
```

Um estudo inicial da interação é feito dispondo no plano bidimensional as médias de produção das combinações de dose e variedade, o que chamamos de *gráfico de interação* (Figura 17.1).

```
> with(cana, interaction.plot(x.factor = vinhaca,
+        trace.factor = variedade, response = producao))
```

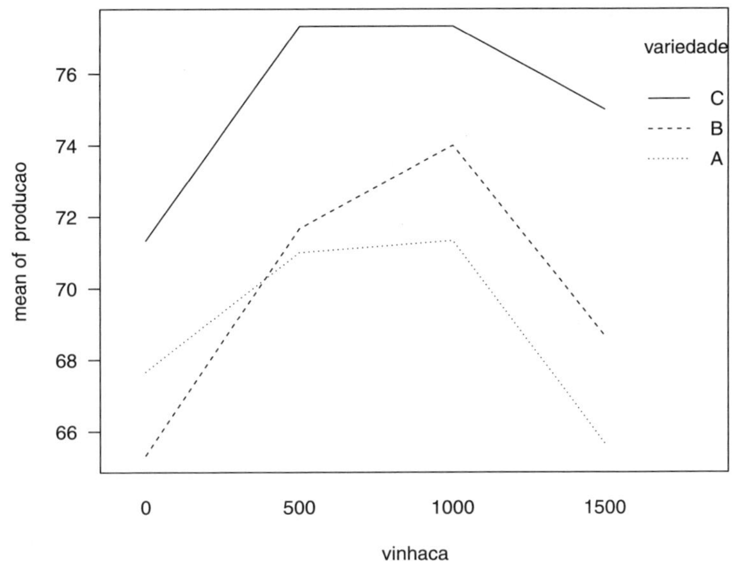

Figura 17.1: Gráfico de interação variedade × dose de vinhaça.

Note, por exemplo, que na dose 0 a variedade B apresentou a menor média de produção. Mas quando se aumentou a dose para 1000, B superou A. Essa mudança de comportamento das variedades de acordo com a dose de vinhaça é indício de que esses dois fatores apresentam interação. Mas não apenas mudanças desse tipo caracterizam interação, quer dizer, um fator não precisa necessariamente alterar a *classificação* dos níveis do outro fator para considerarmos que há interação, mas esta pode ocorrer por um fator alterar a *magnitude* das diferenças dos níveis do outro fator. Já quando o graficamente as linhas estão aproximadamente paralelas umas às outras (não ao eixo x), é indício de que um fator não interage com o outro.

17.2 Experimentos fatoriais

O esquema fatorial é o mais simples dos esquemas multifatores com fatores com estrutura cruzada, podendo-se estudar simultaneamente dois ou mais fatores, cada um deles com dois ou mais níveis. O ensaio com vinhaça apresentado anteriormente consiste de um fatorial 3 × 4. Podemos então dizer que há 12 tratamentos (combinações de níveis). Note ainda que estes tratamentos poderiam ser casualizados às unidades experimentais sob qualquer delineamento (DIC, DBC, quadrado latino, látice etc.). No caso (DBC), cada um dos três blocos consiste de doze unidades experimentais, cada uma recebendo por sorteio uma combinação de variedade e dose de vinhaça.

O modelo de ANOVA associado ao ensaio é:

$$y_{ijk} = \mu + \alpha_i + \beta_j + \alpha_i\beta_j + \lambda_k + \epsilon_{ijk}$$

em que y_{ijk} é o valor da variável resposta Y sob o efeito do i-ésimo ($i = 1, 2, ..., I$) nível do fator A (variedade, no caso), j-ésimo ($j = 1, 2, ..., J$) nível do fator B (dose de vinhaça, no caso) e k-ésimo bloco ($k = 1, 2, ..., r$); α_i, β_j, λ_k são efeitos do fator A, fator B e bloco, respectivamente; ϵ_{ijk} é o erro aleatório associado a y_{ijk}.

Assim, testamos na ANOVA os efeitos principais do fator A e do fator B, que correspondem, respectivamente, às hipóteses:

$$H_0 : \mu_1 = \mu_2 = ... = \mu_I$$

$$H_0 : \mu_1 = \mu_2 = ... = \mu_J$$

bem como o teste da interação

$$H_0 : \alpha_i\beta_j = 0 \quad \forall\, i, j$$

ou, simplesmente, que não há interação entre os fatores. Havendo interação significativa, é preciso estudar os níveis de um fator *dentro* de cada nível do outro, procedimento que chamamos de *desdobramento da interação.*

A obtenção das somas de quadrado e da tabela de ANOVA como um todo segue o mesmo princípio visto no capítulo sobre ANOVA. Apresentaremos aqui uma forma de obter a soma de quadrados da interação entre os fatores A e B. Os graus de liberdade associados à interação são obtidos pelo produto dos graus de liberdade de A e B, isto é, $(I-1)(J-1)$.

$$SQ_{interação} = SQ_{AB} - SQ_A - SQ_B$$

$$SQ_{AB} = \sum_{i=1}^{I}\sum_{j=1}^{J} r(\bar{y}_{ij} - \bar{y})^2$$

$$SQ_A = \sum_{i=1}^{I} rJ(\bar{y}_i - \bar{y})^2$$

$$SQ_B = \sum_{j=1}^{J} rI(\bar{y}_j - \bar{y})^2$$

sendo $\bar{y}_{ij}$ a média de cada combinação de A e B; $\bar{y}$ é a média geral; $\bar{y}_i$ é a média de cada nível de A; $\bar{y}_j$ é a média de cada nível de B. A tabela parcial de ANOVA fatorial $I \times J$ é dada a seguir.

Tabela 17.1: Tabela parcial de ANOVA para experimento fatorial $I \times J$, em DBC.

Fonte de Variação	Graus de Liberdade
Bloco	$r-1$
Fator A	$I-1$
Fator B	$J-1$
A x B	$(I-1)(J-1)$
Resíduo	$(IJ-1)(r-1)$
Total	$rIJ-1$

Apesar de a biblioteca *ExpDes* estar preparada para automatizar todos os cálculos da ANOVA e já desdobrar a interação, veremos primeiro como fazer a ANOVA usando a implementação padrão `lm()`, mais geral. Essa implementação é necessária também quando lidamos com dados desbalanceados e com *análise multivariada de variância* (MANOVA). Além disso, análises de resíduos e testes das pressuposições do modelo são realizados quando ajustamos o modelo via `lm()`. No exemplo da vinhaça, temos:

```
> lm.vinhaca <- lm(producao ~ bloco + variedade*vinhacaf, data = cana)
> anova(lm.vinhaca)
Analysis of Variance Table

Response: producao
                   Df  Sum Sq Mean Sq F value   Pr(>F)
bloco               2   3.389   1.694  0.7669  0.47649
variedade           2 278.222 139.111 62.9577 7.88e-10 ***
vinhacaf            3 226.306  75.435 34.1398 1.87e-08 ***
variedade:vinhacaf  6  39.778   6.630  3.0004  0.02689 *
Residuals          22  48.611   2.210
---
Signif.codes: 0 '***'0.001 '**'0.01 '*'0.05 '.'0.1 ' '1
```

Perceba que tanto a interação quanto os efeitos principais foram significativos ($p < 0.05$). Agora o desdobramento da interação pode ser feito i) aplicando um teste post-hoc aos níveis de variedade em dada dose e ii) ajustando-se modelos de regressão para a produção de cana em função da dose de vinhaça em cada variedade. Em ambas as etapas utiliza-se o $QMres$, seja para o teste de médias, seja para a análise de regressão. O número de repetições a ser considerado nessas análises é $r = 3$. Por exemplo, para realizar testes post-hoc (duas a duas) entre médias de variedades em cada dose de vinhaça, devemos considerar para as variâncias dos contrastes

$$Var(\hat{C}) = \frac{2QMres}{r}$$

Observe que, caso a interação fosse não significativa, análises para efeitos principais de variedade e vinhaça deveriam ser feitas, separadamente, devendo também utilizar-se do $QMres$. Mas o número de repetições seria i) $rJ = 3 \times 4$ para as comparações de médias de variedades e ii) $rI = 3 \times 3$ para a regressão em função das doses de vinhaça. Num contraste entre duas médias de variedades, a variância do contraste seria

$$Var(\hat{C}) = \frac{2QMres}{rJ}$$

Antes de prosseguir com o desdobramento da interação, verifique que não há normalidade residual ($p = 0.02943$), mas há homocedasticidade ($p = 0.9956$) para as combinações de vinhaça e variedade.

```
> res <- residuals(lm.vinhaca)

> shapiro.test(res)

        Shapiro-Wilk normality test

data:  res
W = 0.93231, p-value = 0.02943

> bartlett.test(res ~ factor(vinhacaf:variedade), data=cana)

        Bartlett test of homogeneity of variances

data:  res by factor(vinhacaf:variedade)
Bartlett's K-squared = 2.5247, df = 11, p-value = 0.9956
```

No R há opções de implementação para realizar o desdobramento da interação, podendo-se citar algumas dos pacotes *ExpDes* (Ferreira et al., 2018) e *agricolae*

(Mendiburu, 2017). Veja aqui o teste SNK do pacote *ExpDes* para comparação das médias das três variedades na dose 0 e na dose 500 L/ha de vinhaça. Observe que foi feita uma seleção dos dados com a função `subset()`. Na dose 0, a variedade C (71.33 t/ha) é estatisticamente superior ($p < 0.05$) às variedades A e B. Idem para a dose 500.

```
> library(ExpDes)
> with(subset(cana, vinhaca == 0),
+ snk(y = producao, trt = variedade, DFerror = 22, SSerror = 48.611,
    alpha = 0.05))

Student-Newman-Keuls's test (SNK)
Groups  Treatments  Means
a        C           71.33333
 b       A           67.66667
 b       B           65.33333

> with(subset(cana, vinhaca == 500),
+ snk(y = producao, trt = variedade, DFerror = 22, SSerror = 48.611,
    alpha = 0.05))

Student-Newman-Keuls's test (SNK)
Groups  Treatments  Means
a        C           77.33333
 b       B           71.66667
 b       A           71
```

O procedimento deve ser feito com as demais doses de vinhaça. Em seguida, a segunda parte da interação é feita ajustando-se modelos de regressão aos dados de produção em função das doses de vinhaça para cada variedade de cana. Por facilidade, podemos utilizar a função `fat2.rbd()` do *ExpDes*, que realiza tanto a ANOVA quanto os testes *post-hoc* e a análise de regressão. Observe que, no caso de regressão, indicamos o fator quantitativo com o argumento `quali = FALSE`. Use os comandos a seguir para verificar o *output* no R contendo os testes SNK feitos anteriormente e as análises de regressão. Mas antes, como estamos fazendo regressão com o fator vinhaça, certifique-se de que a coluna `vinhaca` é numérica (e não um fator). Apresentaremos a seguir apenas a parte relativa à regressão para a variedade A. O *output* para as demais variedades é semelhante.

```
> with(cana,
+      fat2.rbd(factor1 = variedade, factor2 = vinhaca,
+      block = bloco, resp = producao,
+      quali = c(TRUE, FALSE),
+      mcomp = "snk", fac.names = c("Variedade", "Dose"),
+      sigT = 0.05, sigF = 0.05))
```

```

(output parcial suprimido...)

Dose  inside of the level  A  of  Variedade
Adjustment of polynomial models of regression

Linear Model
   Estimate Standard.Error   tc     p.value
b0 69.7667      0.7180      97.1635    0
b1 -0.0011      0.0008      -1.4764 0.1540

R2 of linear model
0.071980

Analysis of Variance of linear model
                 DF   SS      MS      Fc    p.value
Linear Effect 1  4.8167  4.8167  2.18   0.154
Lack of fit   2  62.1000 31.0500 14.05 0.00012
Residuals     22 48.6111 2.2096

Quadratic Model
   Estimate Standard.Error   tc     p.value
b0 67.5167      0.8365      80.7148    0
b1  0.0124      0.0027      4.6030  0.0001
b2 -0.00001       0         -5.2434 0.00003

R2 of quadratic model
0.979826

Analysis of Variance of quadratic model
                    DF   SS      MS      Fc    p.value
Linear Effect       1  4.8167  4.8167  2.18    0.154
Quadratic Effect 1  60.7500 60.7500 27.49   3e-05
Lack of fit         1  1.3500  1.3500  0.61   0.44275
Residuals           22 48.6111 2.2096

Cubic Model
   Estimate Standard.Error    tc     p.value
b0  0.0009    0.00002      44.2119     0
b1  0.2558     0.0058      44.2126     0
b2 -0.0003    0.00001      -24.3341    0
b3 0.000000      0         17.2882     0

R2 of cubic model
1
```

São ajustados os modelos lineares de primeiro, segundo e terceiro graus. O ajuste é feito com as médias de produção em função das doses de vinhaça. O modelo de primeiro grau apresenta coeficiente de determinação muito baixo ($R^2 = 0.0719$). Além disso, o teste t para o coeficiente angular b_1 indica que o efeito linear é não significativo ($p = 0.154$). Observe que este teste é realizado com o resíduo ($QMres$) da ANOVA fatorial, com 22 graus de liberdade. Outro teste em seguida é o de falta de ajuste (*lack of fit*, do inglês), cuja hipótese

$$H_0 : E(y) = b_0 + b_1 x$$

deve ser rejeitada ($p = 0.00012$), com o que concluímos que o modelo de primeiro grau não é suficiente para explicar a variação promovida pela dose de vinhaça sobre a produção.

O modelo quadrático $\hat{y} = 67.51 + 0.0124x - 0.00001x^2$ tem ajuste de $R^2 = 0.98$. O teste para falta de ajuste é não significativo ($p = 0.4427$). O modelo de terceiro grau não se aplica de fato, já que há apenas 4 níveis de vinhaça e o modelo possui 4 parâmetros; daí $R^2 = 1$; além, claro, da falta de sentido prático. Observe na Figura 17.2 o ajuste do modelo quadrático e a dose ótima x_0 de vinhaça

$$x_0 = -\frac{-b_1}{2b_2} = \frac{-0.0124}{2 \times -0.00001} = 620 \text{ L/ha}$$

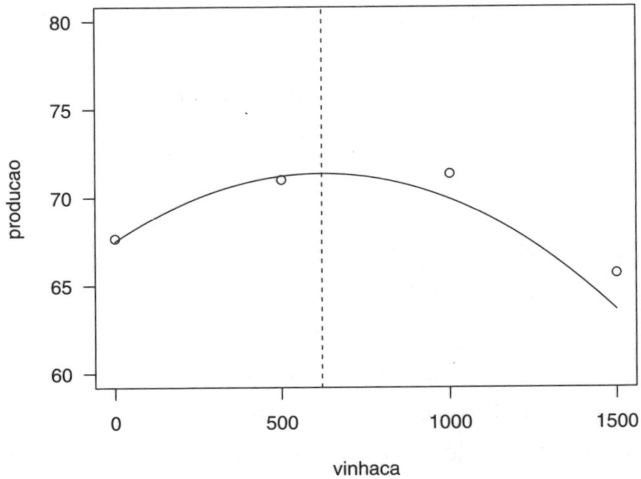

Figura 17.2: Regressão da produção média de cana da variedade A em função da dose de vinhaça. A linha tracejada indica a dose ótima.

Como exercício, faça a análise de regressão para as variedades B e C, ajustando os modelos apropriados e calculando as doses ótimas. Adicione no mesmo gráfico as médias de produção e as curvas das equações ajustadas, com cores e linhas diferentes.

17.3 Fatoriais com tratamentos adicionais

Não raramente em experimentos fatoriais o experimentador se depara com a necessidade de incluir tratamentos adicionais, os quais podem ser um ou mais níveis específicos não contemplados na estrutura fatorial ou mesmo de um outro fator, ou ainda os tratamentos controle ou testemunhas, os quais podem servir de referência para os tratamentos da parte fatorial.

A análise de variância deve então ser modificada, contemplando essa adição. Além da parte fatorial já conhecida (efeitos principais e interações), aparece uma nova fonte de variação: o contraste fatorial *vs.* adicionais, que representa a seguinte hipótese:

$$H_0 : \mu_{fat.} = \mu_{ad.}$$

que pode ser avaliado pela soma de quadrados

$$SQ(\hat{C}) = \frac{(\bar{y}_{fat.} - \bar{y}_{ad.})^2}{\frac{1}{rIJ} + \frac{1}{ra}}$$

em que r é o número de repetições dos a tratamentos adicionais e de cada combinação da parte fatorial $I \times J$.

Em se adicionando mais de um tratamento, uma fonte de variação relativa ao efeito dos adicionais também é testada, cuja hipótese é de que as médias dos adicionais não diferem entre si. Nesse caso, a tabela parcial de ANOVA é da forma a seguir.

Como exemplo, considere dados de um experimento em DBC com esquema fatorial $2 \times 3 + 2$, com o objetivo de verificar o efeito dos fatores A: dois herbicidas pós-emergentes para controle de plantas daninhas de folha estreita e B: três épocas de aplicação sobre a altura de plantas (AP, em cm) de gergelim. Há dois tratamentos adicionais (trat. 7 e 8), um referente a parcelas onde não se fez nenhum tipo e controle de plantas daninhas e o outro referente a parcelas capinadas manualmente. O conjunto de dados é gergelim2ad.txt

Na tabela de dados de *input* a seguir, veja que precisamos definir uma coluna indexando os 8 tratamentos; colocamos 0 nas colunas A e B referentes às linhas

Tabela 17.2: Tabela parcial de ANOVA para experimento fatorial $I \times J + a$, em DBC.

Fonte de Variação	Graus de Liberdade
Bloco	$r - 1$
Fator A	$I - 1$
Fator B	$J - 1$
A x B	$(I - 1)(J - 1)$
Adicionais (Ad.)	$a - 1$
Fat. vs. Ad.	1
Resíduo	$(IJ + a - 1)(r - 1)$
Total	$r(IJ + a) - 1$

dos tratamentos adicionais. Observe que duas outras colunas são necessárias: `fatVsAd`, na qual definimos o contraste entre a parte fatorial e os adicionais; e `Ad`, na qual definimos o contraste entre os adicionais.

```
> gergelim <- read.table("https://raw.githubusercontent.com/arsilva87/
    statsbook/main/datasets/gergelim2ad.txt", header = TRUE, colClasses
    = c("factor", "factor", "factor", "numeric", "numeric", "factor",
    "numeric"))

> gergelim
 trat A B fatVsAd Ad blocos    AP
    1 1 1       1  0      1 105.0
    1 1 1       1  0      2 100.6
    1 1 1       1  0      3  96.8
    1 1 1       1  0      4  95.4
    2 1 2       1  0      1  97.0
    2 1 2       1  0      2 100.0
    2 1 2       1  0      3  99.7
    2 1 2       1  0      4  95.0
    3 1 3       1  0      1  99.5
    3 1 3       1  0      2  99.0
    3 1 3       1  0      3 106.0
    3 1 3       1  0      4 101.2
    4 2 1       1  0      1 110.8
    4 2 1       1  0      2  95.5
    4 2 1       1  0      3  97.2
    4 2 1       1  0      4 104.6
    5 2 2       1  0      1 100.9
    5 2 2       1  0      2  97.7
    5 2 2       1  0      3 101.4
    5 2 2       1  0      4 103.2
    6 2 3       1  0      1  97.1
```

```
    6 2 3       1  0      2  98.4
    6 2 3       1  0      3 101.0
    6 2 3       1  0      4  95.4
    7 0 0      -1  1      1  97.7
    7 0 0      -1  1      2  84.2
    7 0 0      -1  1      3  90.5
    7 0 0      -1  1      4  98.7
    8 0 0      -1 -1      1 102.9
    8 0 0      -1 -1      2 100.8
    8 0 0      -1 -1      3 100.5
    8 0 0      -1 -1      4 104.0
```

O teste F para tratamentos adicionais indica diferença significativa ($p = 0.0043$) na média de altura de plantas. Os demais efeitos são não significativos ($p > 0.05$). O estudo da interação AxB, caso significativa, seria da mesma forma como apresentado para o caso fatorial sem adicionais.

```
> lm2.gergelim <- lm(AP ~ blocos + fatVsAd + Ad + A*B, data = gergelim)
> anova(lm2.gergelim)
Analysis of Variance Table

Response: AP
          Df Sum Sq Mean Sq F value    Pr(>F)
blocos     3  76.85  25.616  1.5168 0.239328
fatVsAd    1  38.13  38.128  2.2577 0.147844
Ad         1 172.05 172.051 10.1878 0.004386 **
A          1   2.67   2.667  0.1579 0.695105
B          2   8.22   4.108  0.2432 0.786259
A:B        2  50.93  25.465  1.5079 0.244391
Residuals 21 354.65  16.888
---
Signif.codes: 0 '***'0.001 '**'0.01 '*'0.05 '.'0.1 ' '1
```

17.4 Experimentos *split plot*

Nos experimentos fatoriais, todas as combinações de tratamentos são distribuídas nas unidades experimentais segundo o delineamento aplicado. Nas parcelas subdivididas (*split plot*) a casualização é feita em dois estágios: primeiro os níveis do fator A (primário) são casualizados às parcelas de acordo com o delineamento (DIC, DBC, ...) escolhido; depois essas parcelas são subdivididas em subparcelas, onde os níveis do fator B (secundário) são aleatorizados.

Veja, por exemplo, como seria um bloco em um experimento fatorial 2 x 3 e em um experimento split plot com dois níveis do fator primário A e três níveis do secundário B. Perceba assim que o mesmo estudo poderia ser instalado em esquema fatorial ou em parcelas subdivididas. Estas são, por vezes, preferidas devido à facilidade de instalação, principalmente em experimentos de campo.

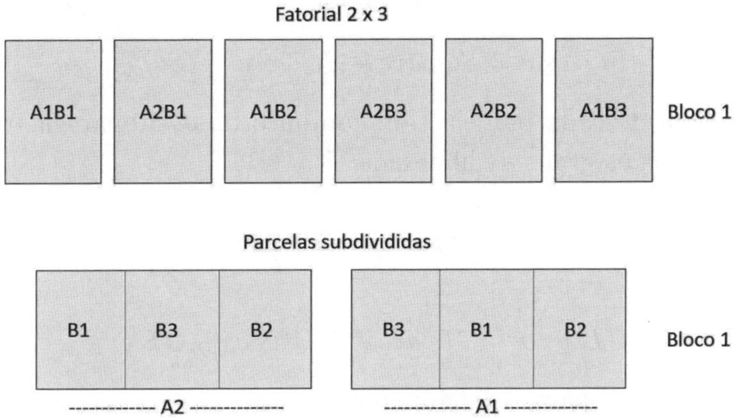

Figura 17.3: Unidades experimentais de um bloco em experimento fatorial e em parcelas subdivididas.

Tais peculiaridades do split plot promovem mais complexidade na análise de variância. Duas casualizações geram dois erros experimentais. O resíduo a, associado a variação das parcelas (unidades experimentais), e o resíduo b, associado a variação das subparcelas (subunidades). Isso implica também em dois coeficientes de variação experimental. A variação nas parcelas é esperada ser maior que nas subparcelas. E, em geral, o fator A é aquele que demanda mais material experimental (parcelas maiores) ou que pode ser estudado com menor precisão.

O fator primário (A) é testado especificamente com o resíduo a na ANOVA. Já o resíduo b é utilizado para avaliar o fator secundário (B) e a interação A x B. O modelo de ANOVA associado ao ensaio split plot em blocos é:

$$y_{ijk} = \mu + \alpha_i + \lambda_k + e_{ik} + \beta_j + \alpha_i\beta_j + \epsilon_{ijk}$$

em que y_{ijk} é o valor da variável resposta Y sob o efeito do i-ésimo ($i = 1, 2, ..., I$) nível do fator A (na parcela), j-ésimo ($j = 1, 2, ..., J$) nível do fator B (na subparcela) e k-ésimo ($k = 1, 2, ..., r$) bloco; α_i, β_j, λ_k são efeitos principais do fator A, fator B e bloco, respectivamente; e_{ik} é o erro aleatório referente às parcelas; ϵ_{ijk} é o erro aleatório referente às subparcelas.

A obtenção das somas de quadrados e tabela de ANOVA é semelhante ao fatorial. Aqui temos a necessidade de obter a soma de quadrados das parcelas ($SQparc$) para, com isso, obter a $SQres.a$.

$$SQparc = \sum_{i=1}^{I}\sum_{k=1}^{r} J(\bar{y}_{ik} - \bar{y})^2$$

$$SQres.a = SQparc - SQblocos - SQ_A$$

sendo $\bar{y}_{ik}$ a média de cada parcela (um conjunto de J subparcelas). De forma análoga são obtidos os graus de liberdade:

$$GLparc = rI - 1$$

$$GLres.a = GLparc - GLblocos - GL_A$$

de modo que o teste F para A é feito com

$$F = \frac{SQ_A/(I-1)}{QMres.a} = \frac{QM_A}{QMres.a}$$

A soma de quadrados do resíduo b é obtida pela diferença

$$SQres.b = SQtotal - SQparc - SQ_{AB}$$

sendo o "total" referente as observações nas subparcelas e SQ_{AB} referente às combinações dos fatores. A forma de obtenção das demais somas de quadrados e graus de liberdade é idêntica ao que foi visto anteriormente na *one-way* ANOVA e ANOVA do fatorial. A seguir, a tabela parcial da ANOVA split plot.

Tabela 17.3: Tabela parcial de ANOVA para experimento split plot, em DBC.

Fonte de Variação	Graus de Liberdade
Bloco	$r-1$
Fator A	$I-1$
Resíduo a	$(I-1)(r-1)$
Fator B	$J-1$
A x B	$(I-1)(J-1)$
Resíduo b	$I[(J-1)(r-1)]$
Total	$rIJ-1$

Quando não há interação AxB, o efeito principal do fator A é testado com o $QMres.a$ e as médias de A comparadas considerando rJ repetições. As médias de B são comparadas com $QMres.b$ considerando rI repetições.

Mas quando a interação é significativa, temos mais uma particularidade no desdobramento. O estudo do fator B em cada nível de A é feito usando o $QMres.b$, considerando r repetições para as médias. Já o estudo do fator A em cada nível do fator B é feito considerando também r repetições para cada média, mas com um quadrado médio combinado para os resíduos a e b:

$$QMres.ab = \frac{QMres.a + (J-1)QMres.b}{J}$$

associado a n^* graus de liberdade, de acordo com a aproximação de Satterthwaite:

$$n^* = \frac{[QMres.a + (J-1)QMres.b]^2}{\frac{QMres.a^2}{GLres.a} + \frac{[(J-1)QMres.b]^2}{GLres.b}}$$

sendo que $GLres.a \leq n^* \leq GLres.a + GLres.b$.

Exemplo

Considere dados (splitplot.txt, Cap. 7) de um experimento em blocos ao acaso, com quatro repetições, em que foi estudado o efeito de dois sistemas de preparo do solo e cinco cultivares de milho sobre o rendimento (t/ha) de grãos.

```
> milho2 <- read.table("https://raw.githubusercontent.com/arsilva87/
    statsbook/main/datasets/splitplot.txt", header = TRUE)

> str(milho2)
'data.frame':   40 obs. of  4 variables:
 $ sistema : Factor w/ 2 levels "direto","reduzido": 1 1
 $ cultivar: Factor w/ 5 levels "A","B","C","D",..: 1 1
 $ bloco   : int  1 2 3 4 1 2 3 4 1 2 ...
 $ rend    : num  4.4 4.1 5.5 5 5 5.1 6.3 6 6.4 5.1 ...
```

Os comandos a seguir devem ser utilizados para obter a ANOVA. Perceba que antes criamos o objeto `parcelas` a partir dos níveis do fator primário e das repetições (blocos). Isso é necessário para a correta separação dos dois estratos experimentais do split plot, isto é, parcelas e subparcelas. Observe que, para obtenção do 'resíduo a', precisamos informar no modelo a origem ou estrato desse erro experimental com a função interna `Error()`. O uso desta função é restrita à função `aov()`, de modo que a geral `lm()` que estávamos utilizando atualmente não suporta múltiplos termos de resíduo. Observe ainda a sintaxe utilizada no R para designar interação com o termo `sistema:cultivar`; em outras situações os dois-pontos podem indicar combinação dos níveis dos fatores, mas aqui, por já termos inserido no modelo os efeitos principais dos fatores e por estes terem estrutura cruzada, os dois-pontos indicam interação.

```
> parcelas <- with(milho2, factor(sistema:bloco))
> aov.milho2 <- aov(rend ~ bloco + sistema + Error(parcelas) + cultivar
     + sistema:cultivar, data=milho2)
> aov.milho2

Call:
aov(formula = rend ~ bloco + sistema + Error(parcelas) + cultivar +
    sistema:cultivar, data = milho2)

Grand Mean: 6.1025

Stratum 1: parcelas

Terms:
                   bloco  sistema Residuals
Sum of Squares   3.28075 17.82225   1.01075
Deg. of Freedom        3        1         3

Residual standard error: 0.5804452
4 out of 8 effects not estimable
Estimated effects may be unbalanced

Stratum 2: Within

Terms:
                cultivar sistema:cultivar Residuals
Sum of Squares     4.796            3.504     7.676
Deg. of Freedom        4                4        24

Residual standard error: 0.5655381
Estimated effects may be unbalanced
```

O *output* da `aov()` consiste de média geral de y (*grand mean*), somas de quadrados e graus de liberdade de cada termo do modelo. O `Stratum 2: Within` refere-se ao estrato de subparcelas, isto é, cujos termos fator secundário e interação são testados com o resíduo b. Assim, é possível separar os resultados dos estratos para extração de respectivos resíduos e ANOVAs.

```
> es1 <- aov.milho2$parcelas
> residuals(es1) # output truncado
         2          3           4 ...          8
 0.45853026 -0.53859385 -0.07100469 ... -0.06573757
> summary(es1)
          Df Sum Sq Mean Sq F value  Pr(>F)
bloco      3  3.281   1.094   3.246 0.17970
sistema    1 17.822  17.822  52.898 0.00536 **
Residuals  3  1.011   0.337
```

```
---
Signif.codes: 0 '***'0.001 '**'0.01 '*'0.05 '.'0.1 ' '1

> es2 <- aov.milho2$Within
> residuals(es2) # output truncado
          9          10          11 ...          40
 0.88578095  0.14029571 -0.06235367 ...  0.05604585
> summary(es2)
                 Df Sum Sq Mean Sq F value Pr(>F)
cultivar          4  4.796  1.1990   3.749 0.0166 *
sistema:cultivar  4  3.504  0.8760   2.739 0.0522 .
Residuals        24  7.676  0.3198
---
Signif.codes: 0 '***'0.001 '**'0.01 '*'0.05 '.'0.1 ' '1
```

Ou, de forma mais simples, obtenha a ANOVA com `summary(aov.milho2)`, com o que também observamos que há efeito significativo de sistema de preparo do solo ($p = 0.0054$) e de cultivar de milho ($p = 0.0166$). Considerando não significativa ($p > 0.05$) a interação[1], convém testar os efeitos principais de ambos os fatores. Por exemplo, o teste LSD para cultivares é mostrado a seguir.

```
> library(ExpDes)
> with(milho2, lsd(y = rend, trt = cultivar, DFerror = 24, SSerror =
    7.676))

T test (LSD)
------------------------------------------------------------------------
Groups  Treatments  Means
a          D        6.5375
a          E        6.3
a          C        6.15
ab         B        6.025
 b         A        5.5
------------------------------------------------------------------------
```

Os coeficientes de variação de parcelas e subparcelas, respectivamente, são:

$$CVa\% = \frac{100\sqrt{0.337}}{6.1} = 9.51\%$$

$$CVb\% = \frac{100\sqrt{0.319}}{6.1} = 9.27\%$$

[1]Neste caso, com p muito próximo do nível nominal de significância, é altamente recomendado que se investigue a qualidade do modelo ajustado e a interpretação prática do resultado do desdobramento da interação. Isso porque considerar a interação significativa, nesse exemplo, não seria incoerente e, na verdade, poderia até ser recomendado. Apenas por questões didáticas será considerada não significativa.

Por praticidade e facilidade, você pode utilizar a implementação `split2.rbd()` do pacote ExpDes para realizar essa análise, que já executa o desdobramento da interação da forma apresentada, caso significativa.

Prós e contras

As principais vantagens dos experimentos split plot são:

- Assim como o fatorial, permitem a comparação de mais de um fator simultaneamente, sendo mais usual a utilização de dois fatores; a propósito, há o esquema de parcelas sub-subdivididas, com três estratos.
- Maior facilidade de aplicação dos tratamentos na área experimental, em especial em experimentos do campo.
- Permitem a inclusão de um fator (nas subparcelas) mesmo após o experimento ter sido instalado.

As principais desvantagens são:

- A análise de variância é mais complexa do que a dos fatoriais.
- Apresentam menor precisão (sensibilidade) geral do que os fatoriais na comparação dos fatores e interação, em especial o fator designado às parcelas, uma vez que o número de graus de liberdade do "resíduo a" é menor do que o do "resíduo b"; além disso, observa-se que $QMres.a \geq QMres.b$, o que implica em maior precisão no estudo do fator secundário.

17.5 Modelo de fatores hierárquicos

Num estudo sobre seletividade de dois herbicidas à cultura do feijão-azuki, um experimento em delineamento inteiramente casualizado foi conduzido e avaliou-se a massa seca das plantas (dados azuki.csv, Cap. 7). Os produtos foram testados com duas doses (g i.a. ha^{-1}) diferentes para cada. Perceba que as doses estão *aninhadas* aos produtos, isto é, os fatores Produto e Dose têm estrutura hierárquica, diferentemente da estrutura cruzada vista em experimentos fatoriais e split plot.

```
> herb <- read.csv("https://raw.githubusercontent.com/arsilva87/
   statsbook/main/datasets/azuki.csv")

> str(herb)
'data.frame':   24 obs. of  3 variables:
```

```
 $ Produto: Factor w/ 3 levels "Clomazone","Diclosulam",
 $ Dose    : num  300 600 240 480 17.5 30 300 600 240 480
 $ MS      : num  20.5 39.6 14.7 20.9 20.5 20.5 39.8 23.2
```

O modelo de ANOVA associado ao ensaio é:

$$y_{ijk} = \mu + \alpha_i + \beta_{j(i)} + \epsilon_{ijk}$$

em que y_{ijk} é o valor da variável resposta Y sob o efeito do i-ésimo ($i = 1, 2, ..., I$) nível α_i do fator de maior hierarquia (Produto), j-ésimo ($j = 1, 2, ..., I$) nível $\beta_{j(i)}$ do fator de menor hierarquia (Dose) *dentro* do i-ésimo nível do de maior e k-ésima ($i = 1, 2, ..., r$) repetição; ϵ_{ijk} é o erro aleatório.

A obtenção das somas de quadrados de Produto e de Dose dentro de Produto é da forma:

$$SQ_{Produto} = \sum_{i=1}^{I} rJ(\bar{y}_i - \bar{y})^2$$

$$SQ_{Produto/Dose} = \sum_{i=1}^{I}\sum_{j=1}^{J} r(\bar{y}_{j(i)} - \bar{y}_i)^2$$

A tabela parcial de ANOVA é apresentada a seguir.

Tabela 17.4: Tabela parcial de ANOVA para o modelo de fatores hierárquicos em DIC.

Fonte de Variação	Graus de Liberdade
Produto	$I - 1$
Produto/Dose	$I(J - 1)$
Resíduo	$IJ(r - 1)$
Total	$rIJ - 1$

Perceba que com este esquema experimental não é possível testar a interação entre os fatores Produto e Dose, dada a estrutura hierárquica. Testamos na ANOVA o efeito principal do fator de maior hierarquia e o efeito do fator de menor hierarquia dentro do fator maior. A soma desses dois efeitos[2] equivale à soma dos efeitos isolados dos fatores e de interação, caso esta pudesse ser avaliada. Usaremos a função geral `lm()` do R para o ajuste.

```
> lm.herb <- lm(MS ~ Produto/Dose, data = herb)
> anova(lm.herb)
```

[2] A combinação de dois fatores pode ser desdobrada em i) $AB = A + B + A : B$ (cruzada, com $A : B$ sendo interação) ou ii) $AB = A + A : B$ (aninhada, com $A : B$ sendo B dentro de A).

```
Analysis of Variance Table

Response: MS
             Df Sum Sq Mean Sq F value  Pr(>F)
Produto       1 21.391 21.3906  2.9043 0.11408
Produto:Dose  2 48.181 24.0906  3.2709 0.07348 .
Residuals    12 88.383  7.3652
---
Signif.codes: 0 '***'0.001 '**'0.01 '*'0.05 '.'0.1 ' '1
```

Como cada produto tem duas doses, o termo `Produto:Dose`, que se refere ao efeito "Dose dentro de Produto", tem 2 graus de liberdade, a soma dos graus de liberdade do fator Dose em cada Produto.

17.6 *Jupyter notebook*

Faça a leitura do *QR code* a seguir para executar em nuvem os comandos apresentados neste capítulo com um *Jupyter notebook* com kernel do software R.

17.7 Exercícios

1. Considere os dados gergelim2ad.txt (Cap. 7) utilizados como exemplo neste capítulo. Exclua o tratamento 8, referente a uma das testemunhas para ter um esquema $2 \times 3 + 1$.

2. Com o comando `data(ex9)`, carregue os dados `ex9` do pacote *ExpDes*, provenientes de um experimento de parcelas subdivididas em delineamento inteiramente casualizado. A variável resposta é o pH do solo sob efeito de seis diferentes coberturas vegetais (parcelas) em sistema silvopastoril, em duas profundidades (subparcelas).

3. Com os dados pareada.csv (Cap. 7), ajuste um modelo de análise de variância de parcelas subdivididas, considerando cada parcela como sendo o par tratado e não tratado.

Com os conjuntos de dados acima, faça:

- Uma análise exploratória gráfica para investigar o efeito dos fatores e de interação entre os eles.
- A análise de variância de acordo com o modelo apropriado e análises posteriores (testes de médias ou regressão), caso necessário.
- O teste de Durbin-Watson para independência dos resíduos, o teste de normalidade de Shapiro-Wilk e o teste de Bartlett para homocedasticidade das combinações dos fatores.
- Compare o resultado obtido na questão 3 com a solução obtida com o modelo de ANCOVA do exercício do capítulo anterior.

Capítulo 18

Grupos de experimentos

No isolated experiment, however significant in itself,
can suffice for the experimental demonstration
of any natural phenomenon [...]

– **Fisher**

Na experimentação, não raramente ocorre a instalação de experimentos em vários locais, épocas ou em determinadas condições edafo-climáticas, visando a uma maior abrangência das conclusões obtidas.

Evidentemente, resultados locais, isto é, para cada ambiente, podem ser obtidos analisando individualmente os dados de cada experimento. Entretanto, tanto na área animal quanto na vegetal, a análise conjunta de experimentos é de grande importância, também, para a quantificação da *interação Genótipo x Ambiente*. No melhoramento genético vegetal é particularmente importante para análises de adaptabilidade e estabilidade de genótipos, ou em ensaios de VCU (valor de cultivo e uso). Não obstante, a análise conjunta pode também ser muito elucidativa em estudos de avaliação de agroquímicos ou defensivos em diferentes condições ambientais.

Um aspecto importante que deve ser levado em consideração é a correta definição do tipo de efeito dos fatores em estudo, se de efeito fixo ou aleatório. Os efeitos dos níveis de um fator podem ser tratados como variáveis aleatórias, desde que seja plausível considerar os níveis de tal fator como uma amostra aleatória de uma população de níveis e, assim sendo, seria razoável assumir uma distribuição de probabilidades. Nesse caso, as conclusões da pesquisa são válidas para toda a população, não só para os níveis amostrados. Em contrapartida, os níveis ditos fixos são convenientemente escolhidos pelo pesquisador, e as conclusões são válidas somente para esses níveis.

No primeiro caso (efeito aleatório), o objetivo da pesquisa é a estimação de componentes de variância e/ou covariância, podendo-se ainda fazer inferências acerca destes. No segundo caso (efeito fixo), os objetivos da pesquisa limitam-se à estimação de parâmetros e comparação dos efeitos daqueles níveis ensaiados, sendo as inferências feitas apenas aos efeitos populacionais daqueles níveis.

Assim, nos experimentos onde os ambientes são diferentes locais, aleatoriamente selecionados de uma região de interesse, os efeitos desses locais devem ser considerados aleatórios e as conclusões serão expandidas para a região. Por outro lado, se os locais não representam tal região, seus efeitos serão considerados fixos.

É importante salientar que a decisão de considerar o efeito de ambiente (experimento) como fixo ou aleatório depende do objetivo da pesquisa e, uma vez tomada a decisão, diferentes procedimentos inferenciais devem ser feitos para responder a esse objetivo.

Particularidades relacionadas a modelos com efeitos aleatórios serão abordadas um pouco mais no capítulo de modelos mistos.

18.1 Critérios de agrupamento

Uma vez obtidos os dados, o agrupamento dos experimentos para uma análise conjunta poderá obedecer a diferentes critérios, inclusive aqueles utilizados na repartição dos experimentos, tais como:

- Setores geográficos.
- Tipo de solo.
- Época.

Outro tipo de critério é o de agrupar experimentos segundo a afinidade a alguma característica de interesse. Por exemplo, experimentos com produtividades acima de um valor pre-fixado podem ser analisados conjuntamente.

Pode-se ainda agrupar experimentos pela ordem de grandeza dos quadrados médios dos resíduos das análises de variância individuais. De modo que experimentos que apresentem variâncias residuais semelhantes podem ser agrupados sem maiores prejuízos às conclusões. Estatisticamente, um critério intuitivo seria calcular a razão entre o maior e o menor quadrado médio do resíduo, digamos $QMres_1$ e $QMres_2$, respectivamente, obtendo

$$\frac{QMres_1}{QMres_2}$$

O que equivale ao conhecido *Teste de F máximo* ou *Teste de Hartley*, cujo resultado é comparado com um valor tabelado (Tabela de Hartley) de acordo com o número de estimativas de variância residual em estudo e o número de graus de liberdade do resíduo, que deve ser o mesmo em todas as análises individuais – uma desvantagem desse teste.

De acordo com Pimentel-Gomes (2009), ao se obter

$$\frac{QMres_1}{QMres_2} \leq 7,$$

no caso em que todos os tratamentos tenham o mesmo número de repetições, quase sempre se poderá realizar a análise conjunta. Quando, porém, essa razão for maior do que 7, convém considerar subgrupos de experimentos. Campos (1984) recomenda o agrupamento de ensaios cujas variâncias residuais não difiram além de uma relação superior a 4:1.

Há ainda o *método ou teste de Cochran*, que consiste em utilizar uma média ponderada dos $QMres$ das análises individuais pelos seus respectivos graus de liberdade, e fazer uma correção no número de graus de liberdade residual e de interação Tratamentos x Experimentos.

Quando a pressuposição de normalidade dos erros aleatórios é verificada, o *teste de Bartlett* para homogeneidade de variâncias pode ser utilizado, com a vantagem em relação ao teste de Hartley de levar em consideração todos os quadrados médios residuais. A estatística de Bartlett é comparada com algum percentil $100(1-\alpha)\%$ da distribuição qui-quadrado (resultado assintótico) com $K-1$ graus de liberdade, sendo K o número de experimentos. O teste leva em conta também o número de graus de liberdade de cada $QMres$. Todos os testes citados são construídos sob a seguinte hipótese de nulidade

$$H_0 : \sigma_1^2 = \sigma_2^2 = ... = \sigma_K^2$$

sendo σ_k^2 a verdadeira variância residual do k-ésimo ($k = 1, 2, ..., K$) experimento.

18.2 Modelo estatístico

Por facilidade e conveniência, serão apresentados os modelos para a análise conjunta de experimentos igualmente conduzidos em blocos completos casualizados.

$$y_{ijk} = \mu + \alpha_i + \lambda_k + \beta_{j(k)} + \alpha_i\lambda_k + \epsilon_{ijk}$$

em que y_{ijk} é o valor da variável resposta Y sob o efeito do i-ésimo ($i = 1, 2, ..., I$) tratamento no j-ésimo ($j = 1, 2, ..., r$) bloco do k-ésimo experimento ($k = 1, 2, ..., K$); μ é a média geral; α_i e λ_k são os efeitos do i-ésimo tratamento e k-ésimo experimento, respectivamente; note que $\beta_{j(k)}$ é o efeito *aninhado* do j-ésimo bloco no k-ésimo experimento, pois os blocos não são os mesmos em cada experimento; $\alpha_i\lambda_k$ é o termo de interação tratamento x experimento; ϵ_{ijk} é o erro aleatório associado a y_{ijk}.

A obtenção da tabela de ANOVA é semelhante ao que foi apresentado no capítulo anterior. Por isso não entraremos em detalhes aqui. Mais importante que isso é saber que há duas formas principais de se proceder à análise conjunta de experimentos:

- Com os dados originais dos experimentos individuais.
- Com as médias de tratamentos dos experimentos individuais.

Análise conjunta a partir dos dados originais

Tendo disponíveis os dados originais de K experimentos e supondo que as K variâncias residuais podem ser consideradas homogêneas segundo algum dos critérios antes mencionados, a análise de variância conjunta toma a forma da tabela a seguir.

Tabela 18.1: Tabela parcial de análise de variância conjunta de experimentos.

Fonte de Variação	Graus de Liberdade
Experimentos (L)	$K-1$
Blocos dentro de Experimentos	$K(r-1)$
Tratamentos (T)	$I-1$
T x L	$(I-1)(K-1)$
Resíduo	$K(I-1)(r-1)$
Total	$rIK-1$

Atente-se para o fato de que, assim como os graus de liberdade de blocos dentro de experimentos é simplesmente a soma dos graus de blocos dos K experimentos, analogamente obtém-se a soma de quadrados de blocos dentro de experimentos, isto é, pode ser obtida pela soma de todas as somas de quadrados de blocos dos K experimentos. O mesmo vale para $GLres$ e $SQres$.

Observação importante: considerando-se todos os efeitos fixos no modelo de análise conjunta, o $QMres$ é então o "testador" em todos os testes F. Assim, testes de médias de tratamentos, tais como Tukey, SNK, Duncan etc., devem ser realizados utilizando $QMres$ como estimativa de variância. Entretanto, é bastante comum considerar experimentos como sendo de efeito aleatório e, neste caso, o teste F para tratamentos e para experimentos deverá ser feito utilizando o quadrado médio da interação Tratamento x Experimento como testador. Isso porque, se ao menos um fator é aleatório, então a interação desse fator com um outro é considerado aleatória e, assim sendo, um componente de variância é adicionado à esperança do quadrado médio da interação, bem como às esperanças dos QM dos efeitos principais desses fatores. Neste aspecto, recomenda-se uma leitura de Barbin (2019).

Análise conjunta a partir das médias de tratamentos

Tendo a informação apenas das médias de cada tratamento por experimento, a análise conjunta pode ainda ser realizada, porém não será possível testar a interação Tratamento x Experimento, uma vez que as variâncias residuais das análises individuais não estão disponíveis.

O método de análise é o mesmo, mas agora reconsiderando o número de repetições (r) dos tratamentos em cada experimento. O modelo estatístico pode ser escrito da seguinte forma:

$$y_{ik} = \mu + \alpha_i + \lambda_k + \alpha_i\lambda_k$$

em que y_{ik} é a média do i-ésimo tratamento no k-ésimo experimento. Note que o termo de interação $\alpha_i\lambda_k$ entre tratamento e experimento funciona como um "pseudorresíduo" e é utilizado para construir o teste F para experimento e para tratamento. A tabela parcial de ANOVA a seguir mostra a decomposição das fontes de variação.

Tabela 18.2: Tabela parcial de análise de variância conjunta de experimentos a partir das médias de tratamentos.

Fonte de Variação	Graus de Liberdade
Experimentos (L)	$K-1$
Tratamentos (T)	$I-1$
T x L	$(I-1)(K-1)$
Total	$IK-1$

18.3 Exemplo de aplicação

Os dados conjunta.csv (Cap. 7) foram obtidos de dois experimentos estruturalmente idênticos, instalados em locais diferentes, em blocos casualizados com 7 repetições e 5 tratamentos (doses de um inoculante). A variável resposta é a massa de nódulos em raízes de soja.

```
> conj <- read.csv("https://raw.githubusercontent.com/arsilva87/
    statsbook/main/datasets/conjunta.csv", colClasses = c("factor","
    numeric","factor","numeric"))

> str(conj)
'data.frame':   70 obs. of  4 variables:
 $ local: Factor w/ 2 levels "A","B": 1 1 1 1 1 1  ...
 $ trat : num  0 0 0 0 0 0 0 250 250 250 ...
 $ bloco: Factor w/ 7 levels "1","2","3","4",..: 1 ...
 $ resp : num  1.58 2.14 1.27 2.34 2.24 ...
```

Aparentemente (Figura 18.1), não há efeito de doses do inoculante sobre a resposta. Mas parece haver efeito de local.

```
> coplot(resp ~ trat|local, panel = panel.smooth, data = conj)
```

As ANOVAs individuais, por local, podem ser automatizadas usando as funções de listas, `split()` e `lapply()`, do R.

```
> lexp <- split(conj, conj$local)
> mods <- lapply(lexp, aov, formula = resp ~ bloco + ordered(trat))
> anovas <- lapply(mods, anova)
> anovas
$A
Analysis of Variance Table

Response: resp
              Df Sum Sq Mean Sq F value Pr(>F)
bloco          6 4.1504 0.69174  3.3408 0.0155 *
ordered(trat)  4 0.7692 0.19229  0.9287 0.4638
Residuals     24 4.9694 0.20706
---
Signif.codes: 0 '***'0.001 '**'0.01 '*'0.05 '.'0.1 ' '1

$B
Analysis of Variance Table

Response: resp
              Df  Sum Sq  Mean Sq F value Pr(>F)
bloco          6 0.50057 0.083429  1.1491 0.3653
ordered(trat)  4 0.28387 0.070968  0.9775 0.4383
```

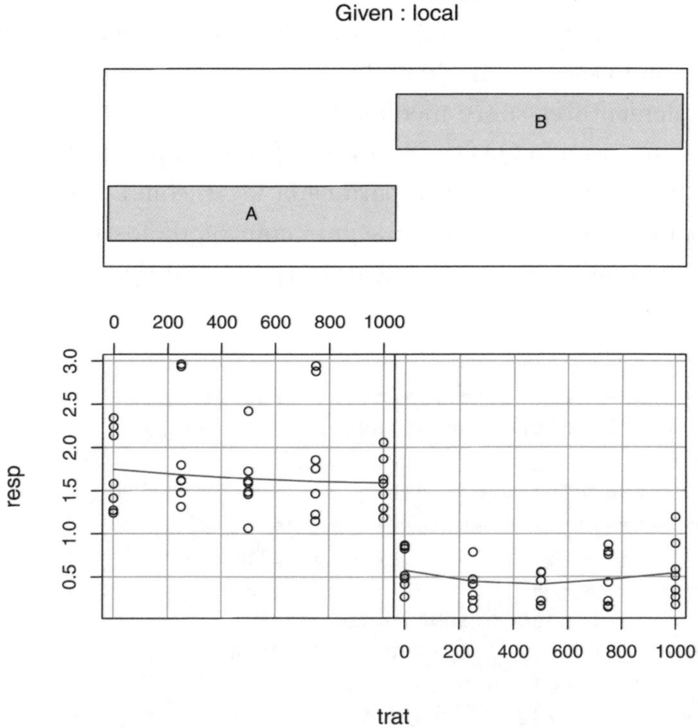

Figura 18.1: Dispersão condicional, por local, de dados de massa de nódulos em raízes de soja sob efeito de doses (trat) de um inoculante. A linha vermelha corresponde ao ajuste de uma regressão não paramétrica, para checagem de tendência.

```
Residuals       24 1.74247 0.072603
```

Com isso, observa-se que a razão entre os quadrados médios residuais é inferior a 7 ($0.207/0.0726 = 2.85$), qualificando estatisticamente a análise conjunta.

```
> mod <- lm(resp ~ local/bloco + local*ordered(trat), data = conj)
> anova(mod)
Analysis of Variance Table

Response: resp
                    Df Sum Sq Mean Sq F value   Pr(>F)
local                1 28.376  28.376 202.930 < 2e-16 ***
ordered(trat)        4  0.383   0.096   0.685 0.60552
local:bloco         12  4.651   0.388   2.772 0.00606 **
local:ordered(trat)  4  0.670   0.167   1.197 0.32419
Residuals           48  6.712   0.140
---
Signif.codes: 0 '***'0.001 '**'0.01 '*'0.05 '.'0.1 ' '1
```

Não foram observados efeitos significativos de interação ($p = 0.3241$) nem de tratamentos ($p = 0.6055$). Análise esta feita considerando todos os efeitos fixos. Então, supondo estar bem ajustado o modelo, seria desnecessário realizar inferências complementares sobre médias de tratamentos. Mas, caso necessário, essas devem ser feitas usando $QMres = 0.1398$. Por exemplo, testes de modelos de regressão linear podem ser realizados, para cada local, com a função `reg.poly()` do pacote *ExpDes*. Exemplificando a seguir com os dados do local A, não se detectou (como esperado) efeito significativo ($p > 0.05$) de nenhum dos termos polinomiais até o terceiro grau.

```
> regA <- with(subset(conj, local == "A"),
+     reg.poly(resp = resp, treat = trat, DFerror = 48,
+     SSerror = 6.712, DFtreat = 4, SStreat = 0.383))
# (output truncado)
Analysis of Variance of cubic model
===============================================
                    DF   SS     MS     Fc   p.value
-----------------------------------------------
Linear Effect       1  0.1099 0.1099 0.79 0.37976
Quadratic Effect 1  0.0979 0.0979 0.7  0.40684
Cubic Effect        1  0.0010 0.0010 0.01 0.9329
Lack of fit         1  0.1742 0.1742 1.25 0.26995
Residuals          48 6.7120 0.1398
-----------------------------------------------
```

18.4 *Jupyter notebook*

Faça a leitura do *QR code* a seguir para executar em nuvem os comandos apresentados neste capítulo com um *Jupyter notebook* com kernel do software R.

18.5 Exercícios

1. Dados de produtividade de soja (sacas por hectare) foram obtidos de dois experimentos conduzidos em blocos completos casualizados, um em solo

argiloso e outro em solo de textura arenosa, visando avaliar o efeito de duas fontes de fertilizantes nitrogenados (N). Proceda à análise de variância conjunta.

Bloco	N	Argiloso	Arenoso
1	A	54.5	57.5
2	A	57.1	62.6
3	A	56.8	63.2
1	B	58.3	58.6
2	B	49.4	63.0
3	B	52.3	67.8

2. Os dados 'asalina.csv' (Cap. 7) consistem de dois ensaios conduzidos em DIC para avaliação de concentrações de um extrato vegetal sobre a mortalidade de larvas de *A. salina*. Esse consiste de um caso em que os tratamentos (concentrações do extrato) não são os mesmos em ambos os ensaios. Considerando isto, realize a análise de variância conjunta de acordo com o modelo apropriado. Faça uma análise dos resíduos desses dados, utilizando os resíduos estudentizados. Por fim, se necessário, faça ajustes de modelos de regressão para a contagem de larvas em função da concentração do extrato vegetal.

Capítulo 19

Modelos lineares generalizados

[...] A second principle (which applies also to artists!) is not to fall in love with one model to exclusion of alternatives.

– **McCullagh & Nelder, 1989**

A seleção de modelos estatísticos é uma parte importante de toda pesquisa que envolve modelagem e busca de um modelo tão simples quanto possível e que descreva tão bem quanto possível o processo gerador dos dados. Nos capítulos anteriores, vimos como modelar uma variável resposta Y em função de fatores quanti e qualitativos através de uma abordagem clássica, considerando distribuição normal, homogeneidade de variâncias e outras pressuposições, que, quando não verificadas, podem promover inferências pouco confiáveis.

Ocorre que, muitas vezes, é pouco razoável assumir a distribuição normal. É o caso, por exemplo, quando da realização de ensaios do tipo dose-resposta em experimentos entomológicos, em que de cada unidade experimental é observado o número de insetos mortos/vivos após submetidos ao efeito de inseticidas. Ora, para esse tipo de variável, provavelmente uma contagem binomial, assumir a distribuição normal pode não ser apropriado. Perceba que a distribuição binomial implica assumir que a variância de uma observação $V(y_i)$ está relacionada com média $E(y_i)$, o que significa permitir lidar com heterocedasticidade.

Também não é garantido que o uso de transformações na variável resposta, como raiz quadrada ou as do tipo potência ótima de Box-Cox, por exemplo, venha aproximar da normalidade e/ou estabilizar as variâncias. Além disso, transformações apresentam o inconveniente de alterar o significado da variável resposta.

Na maioria dos estudos observacionais ou experimentais, as variáveis resposta assumem apenas valores positivos (massa, volume, área, comprimento etc.). Não raramente, a distribuição de probabilidades dessas respostas é assimétrica, diferentemente da normal.

Em casos como os apresentados, convém o ajuste de modelos lineares generalizados (do inglês, *GLM – generalized linear models*), uma extensão dos modelos clássicos de regressão univariada com a qual é possível assumir uma distribuição condicional apropriada, incluindo a normal, para a variável resposta.

MLG é uma teoria unificadora de várias técnicas, tais como regressão *logito* (ou logística), *probito*, regressão Poisson e outras.

A exigência que faremos aqui para o ajuste de um MLG é que n observações independentes sejam tomadas de uma variável resposta cuja distribuição de probabilidades pertence à *família exponencial de distribuições*, como apresentada no início do livro.

19.1 Definição

Um MLG é ajustado para descrever uma resposta univariada Y associada a um conjunto de variáveis explanatórias $\boldsymbol{X}$ linearmente combinadas, constituindo o modelo

$$\begin{aligned} y_i &= \mu_i + \epsilon_i \\ &= g^{-1}(\eta_i) + \epsilon_i \\ &= g^{-1}(\boldsymbol{x}_i^\top \boldsymbol{\beta}) + \epsilon_i \end{aligned}$$

sendo μ_i o valor esperado pelo modelo para a observação y_i, $g(\cdot)$ uma função cuja inversa existe, η_i é o resultante da combinação linear das variáveis explanatórias cujos efeitos são quantificados pelos parâmetros $\boldsymbol{\beta}$; ϵ_i é o erro aleatório associado a y_i.

O bom ajuste de um MLG depende da definição adequada do trinômio: *componente aleatório*, *componente sistemático* e *função de ligação*.

O **componente aleatório** representa o conjunto de n observações independentes da variável aleatória Y, $y_1, y_2, ..., y_n$, obtidas de uma mesma distribuição pertencente à família exponencial. Esse componente é especificado assim que é definida a resposta a ser analisada, que pode ser contínua ou discreta. São comuns as distribuições: binomial, Poisson, binomial negativa, normal, gama e normal inversa.

O **componente sistemático** representa as variáveis e explanatórias, as quais entram no modelo na forma de uma combinação linear dos seus efeitos, ao que chamamos de *preditor linear*. Assim, η_i denota o i-ésimo efeito dos fatores sobre a observação y_i. Exemplo: num modelo de dois fatores, η_{ij} pode representar os efeitos aditivos de blocos e tratamentos: $\eta_{ij} = \beta_0 + b_j + t_i$. Aqui, considere que ambos, tratamentos e blocos, são fatores categóricos. Mas, obviamente, η_i pode representar o efeito linear de um fator quantitativo x, como em regressão clássica: $\eta_i = \beta_0 + \beta_1 x_i$. Observe que, diferentemente dos modelos clássicos, em que $y_i = \eta_i + \epsilon_i$ ou $\mu_i = \eta_i$, no MLG, o valor esperado da resposta, μ_i, não é ligado ao preditor linear η_i pela *função identidade*, isto é, no MLG não se faz tal restrição. De modo que a relação entre o componente sistemático e o componente aleatório não precisa ser necessariamente aditiva.

A **função de ligação** é a função que relaciona o componente aleatório ao componente sistemático, ou seja, vincula a média da variável resposta, μ_i, ao preditor linear η_i.

$$g(\mu_i) = \eta_i$$

sendo $g(.)$ uma função monótona e diferenciável. Admitindo que a função inversa existe, $\mu_i = g^{-1}(\eta_i)$. Algumas funções de ligação usuais são *logito*: $\eta_i = \log\left(\frac{\mu_i}{1-\mu_i}\right)$, em que $\mu_i \in [0, 1]$ é uma proporção de sucessos; *probito*: $\eta_i = \Phi^{-1}(\mu_i)$, em que $\Phi(\cdot)$ é a função de distribuição normal padrão. Ambas, logito e probito, são usadas em MLG com variável resposta binomial. Veja na Tabela 19.1 as principais funções de ligação e as distribuições de probabilidade associadas. No R, consulte a página `help(family)` para verificar as distribuições e as funções de ligação disponíveis.

Tabela 19.1: Principais funções de ligação, $g(\mu_i)$, suas inversas $(g^{-1}(\eta_i) = \mu_i)$ como funções do preditor linear (η_i) e aplicações às distribuições de probabilidade. Em destaque as distribuições cujo parâmetro canônico[1] é modelado pela respectiva função de ligação. E na última coluna, a variância condicional da distribuição em destaque, como função do parâmetro de dispersão ϕ e da função de variância $V(\mu_i)$.

Função	$g(\mu_i)$	$g^{-1}(\eta_i)$	Distribuições[2]	$\phi V(\mu_i)$
Logito	$\log\left(\frac{\mu_i}{1-\mu_i}\right)$	$\frac{\exp(\eta_i)}{1+\exp(\eta_i)}$	**[B]**	$\mu_i(1-\mu_i)$
Probito	$\Phi^{-1}(\mu_i)$	$\Phi(\eta_i)$	B	
Cauchy	$\tan\left(\pi\left(\mu_i - \frac{1}{2}\right)\right)$	$\frac{1}{\pi}\arctan(\eta_i) + \frac{1}{2}$	B	
Log. natural	$\log(\mu_i)$	$\exp(\eta_i)$	**[P]***, B, **[BN]**#, N, G, NI	$^{*}\mu_i$, $^{\#}\mu_i + \mu_i^2/\theta$
Complemento log-log	$\log(-\log(1-\mu_i))$	$1 - \exp(-\exp(\eta_i))$	B	
Identidade	μ_i	η_i	**[N]**, NI, G, P, BN	ϕ
Raiz quadrada	$\sqrt{\mu}_i$	η_i^2	P, BN	
Inversa	$1/\mu_i$	$1/\eta_i$	**[G]**, N, NI	$\phi\mu_i^2$
Inversa do quadrado	$1/\mu_i^2$	$1/\sqrt{\eta_i}$	**[NI]**	$\phi\mu_i^3$

[1]Para recordar, vale uma consulta a Tabela 3.1.

[2]B: binomial, P: Poisson, BN: binomial negativa, N: normal, G: gama, NI: normal inversa.

Nos MLGs com distribuição de probabilidade pertencente a família exponencial, a variância condicional de y_i é relacionada à sua média μ_i e a um *parâmetro de dispersão* ϕ através de uma função V, conhecida como *função de variância*, atrelada à própria distribuição de probabilidade. Tem-se que: $Var(y_i|x_i) = \phi V(\mu_i)$. A Tabela 19.1 mostra na última coluna a função de variância para as distribuições em negrito. Note que para a distribuição normal, $\phi V(\mu_i) = \phi$, isto é, não depende da média μ_i. Na verdade, equivale a dizer que $Var(y_i|x_i) = \phi = \sigma^2$, a variância constante usualmente assumida nos modelos lineares clássicos. Para as distribuições binomial, binomial negativa e Poisson, $\phi = 1$. Já na Gama e normal inversa, a presença de ϕ relacionado com a média permite lidar melhor com *superdispersão*, como será visto.

19.2 Ajuste

A estimação dos parâmetros da parte sistemática do MLG é feita através do *método da máxima verossimilhança*, cuja solução numérica é obtida pelo *algoritmo escore de Fisher*, uma derivação do Newton-Raphson que utiliza a *informação de Fisher* durante o processo iterativo. Não entraremos em detalhes aqui. Mas é importante que saiba que essa é uma das necessidades de se assumir uma das distribuições da família exponencial, cuja forma geral para a log-densidade é

$$f_Y(y_i|\theta_i, \phi) = \frac{y_i\theta_i - b(\theta_i)}{\phi} + c(y_i, \phi)$$

Os parâmetros canônicos θ_i $(i = 1, 2, ..., n)$ determinam as médias, μ_i, e as variâncias, $\phi V(\mu_i)$, das observações y_i. E sendo ϕ (conhecido ou não) constante para todas as observações, então os estimadores $\boldsymbol{\beta}$ do preditor linear, que modela os parâmetros canônicos, independem de ϕ. Assim, pode ser conveniente reduzir[1] a log-verossimilhança como função apenas dos parâmetros canônicos, isto é,

$$l(\boldsymbol{\beta}) \propto \sum_{i=1}^{n} \{y_i\theta_i - b(\theta_i)\}$$

sendo que θ_i é função de μ_i que, por sua vez: $\mu_i = g^{-1}(\boldsymbol{x}_i^\top \boldsymbol{\beta})$. Os estimadores de máxima verossimilhança são então obtidos pela maximização:

$$\hat{\boldsymbol{\beta}} = \arg\max_{\boldsymbol{\beta}} l(\boldsymbol{\beta})$$

[1]Obtém-se as mesmas estimativas. Mas esteja ciente de que o valor maximizado da função não deve ser usado para computar, por exemplo, AIC.

Por exemplo, num GLM Poisson, em que $\theta = \log \mu$ e $b(\theta) = \mu$, tem-se

$$l(\boldsymbol{\beta}) \propto \sum_{i=1}^{n} \{y_i \log \mu_i - \mu_i\}$$

Num GLM binomial, tem-se

$$l(\boldsymbol{\beta}) \propto \sum_{i=1}^{n} \left\{ y_i \log \left(\frac{\mu_i}{N_i - \mu_i} \right) - N_i \log \left(\frac{N_i}{N_i - \mu_i} \right) \right\}$$

A estimação do parâmetro de dispersão ϕ, quando desconhecido, é feita separadamente, após obtenção de $\hat{\boldsymbol{\beta}}$, como será mostrado na próxima seção, pelo método dos momentos. Mas esta não é a única opção.

Para ilustrar, considere dados de número de larvas de *Liriomyza huidobrensis* (mosca-minadora) mortas após serem submetidas a doses de um inseticida em um ensaio de laboratório em que cada unidade observacional é constituída de $n = 20$ insetos. O interesse está em avaliar a eficácia do produto, isto é, a mortalidade (proporção de insetos mortos). Os valores de dose são valores relativos à dose de bula, de forma que a dose 0.5 representa metade da dose de bula.

```
> dose <- c(0, 0.25, 0.5, 1, 1.5, 2)
> mortos <- c(0, 1, 5, 17, 19, 19)
> vivos <- 20 - mortos
> plot(mortos ~ dose)
```

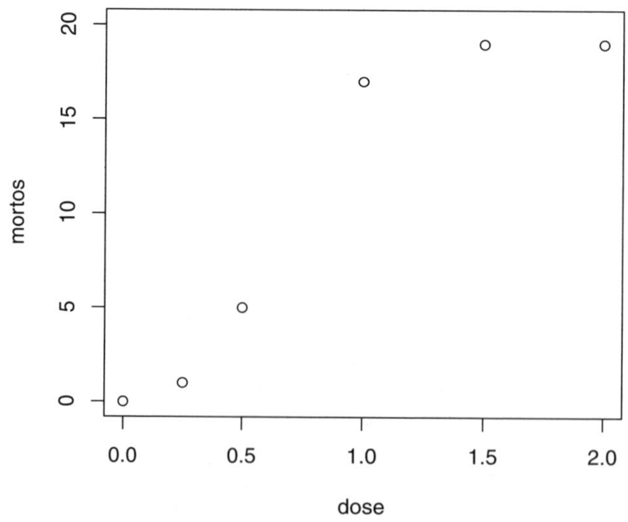

Figura 19.1: Proporção de insetos mortos em função da dose do inseticida.

Perceba que a relação entre a proporção de insetos mortos e a dose do produto não é linear. A resposta é do tipo contagem binomial – número de insetos mortos de um total $n = 20$. Assim, é razoável o ajuste de um MLG binomial.

```
> glm.mortos <- glm(cbind(mortos, vivos) ~ dose, family = binomial(link
    = "logit"))
> glm.mortos

Call:  glm(formula = cbind(mortos, vivos) ~ dose,
          family = binomial(link = "logit"))

Coefficients:
(Intercept)          dose
     -3.428         4.461

Degrees of Freedom: 5 Total (i.e. Null);  4 Residual
Null Deviance:       103.1
Residual Deviance: 6.543         AIC: 22.42
```

Note que a função `glm()` é chamada, em vez de `lm()`. A variável resposta do tipo binomial deve ser especificada na forma de dupla coluna, contendo número de sucessos (mortos) e fracassos (vivos). Daí o uso de `cbind()`. Observe que especificamos o *componente aleatório* com o argumento `family`. Veja que o *componente sistemático* especificado contempla apenas o efeito linear de "dose". Já a *função de ligação* especificada é do do tipo *logito*. Tem-se:

$$
\begin{aligned}
g(\mu_i) &= \eta_i \\
logito(\mu_i) &= \eta_i \\
logito(\mu_i) &= \beta_0 + \beta_1 x_i \\
\log(\tfrac{mortos_i}{vivos_i}) &= \beta_0 + \beta_1 dose_i \\
\log(\tfrac{mortos_i}{n_i - mortos_i}) &= \beta_0 + \beta_1 dose_i
\end{aligned}
$$

As estimativas são: $\hat{\beta}_0 = -3.428$ e $\hat{\beta}_1 = 4.461$. Mas, novamente, perceba que estas estimativas não estão relacionadas à resposta esperada μ_i de forma direta, mas sim através da função *logito*. Então, podemos obter a inversa da equação para modelar diretamente o número esperado de insetos mortos $\hat{\mu}$:

$$\mu = \frac{n \times \exp(\beta_0 + \beta_1 x)}{1 + \exp(\beta_0 + \beta_1 x)}$$

Veja mais adiante o ajuste da equação na Figura 19.2. Antes disso, podemos também calcular a DL50, dose letal que proporciona 50% de mortalidade, uma quantidade bastante útil em ensaios de dose-reposta, especialmente quando da comparação de produtos. Sabendo-se que $n = 20$, a dose suficiente para matar 10 insetos é:

$$\begin{aligned} \log(\tfrac{10}{20-10}) &= -3.428 + 4.461 DL_{50} \\ 0 &= -3.428 + 4.461 DL_{50} \\ DL_{50} &= 3.428/4.461 = 0.7684 \end{aligned}$$

Em se tratando de uma regressão logística, observe que o modelo ajustado está relacionado à razão de chances (*odds ratio* - *OR*), isto é, à razão entre o número de insetos mortos (μ_i) e de insetos vivos ($n_i \mu_i$). Por exemplo, com a dose $x = 1.5$, podemos dizer que a *chance* de ocasionar mortalidade é $OR = \exp(-3.428 + 4.461 \times 1.5) \approx 26$ vezes maior que de não ocasionar. Calcule a OR para a DL_{50} e verifique que a chance de ocasionar mortalidade é igual à de não ocasionar.

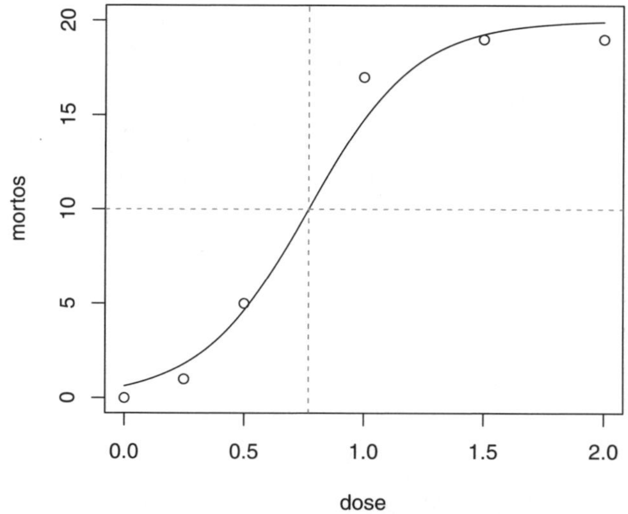

Figura 19.2: Ajuste de MLG binomial para o número insetos mortos em função da dose do inseticida. A linha tracejada indica a DL50.

19.3 Inferência

Testes z e t

Em MLGs, a distribuição exata dos estimadores é bastante complicada de se obter. Assim, resultados assintóticos são rotineiramente utilizados, devido às propriedades dos estimadores de máxima verossimilhança. Por isso, é razoável utilizar a aproximação à distribuição normal das estimativas dos parâmetros do componente sistemático, isto é, $\hat{\beta} \sim N(\beta, \mathcal{I}(\hat{\boldsymbol{\beta}})^{-1})$, em que $\mathcal{I}(\hat{\boldsymbol{\beta}})$ é a *informação de Fisher*:

$$\mathcal{I}(\hat{\boldsymbol{\beta}}) = -E\left(\frac{\partial^2 l(\boldsymbol{\beta})}{\partial \boldsymbol{\beta} \partial \boldsymbol{\beta}}\right)\bigg|_{\hat{\boldsymbol{\beta}}}$$

Essa aproximação normal é a base para a construção de intervalos de confiança e testes de hipóteses envolvendo os fatores em estudo. No *output* a seguir, note que testes utilizando a distribuição normal padrão pela estatística

$$z = \frac{\hat{\beta}_j - \beta_{H_0}}{\sqrt{Var(\hat{\beta}_j)}}$$

são realizados para avaliar

$$\begin{aligned} H_0: &\quad \beta_0 = 0 \\ H_0: &\quad \beta_1 = 0 \end{aligned}$$

O segundo teste (β_1) em especial é de interesse, pois indica o efeito significativo ($p < 0.01$) da dose sobre a mortalidade de insetos.

```
> summary(glm.mortos)

Call:
glm(formula = cbind(mortos, vivos) ~ dose, family = binomial(link = "
    logit"))

Deviance Residuals:
      1        2        3        4        5        6
-1.1304  -0.6788   0.1897   1.2123  -0.2964  -1.7918

Coefficients:
            Estimate Std. Error z value Pr(>|z|)
(Intercept)  -3.4277     0.6150  -5.573 2.50e-08 ***
dose          4.4606     0.7639   5.839 5.25e-09 ***
---
Signif.codes: 0 '***'0.001 '**'0.01 '*'0.05 '.'0.1 ' '1

(Dispersion parameter for binomial family taken to be 1)

    Null deviance: 103.0984  on 5  degrees of freedom
Residual deviance:   6.5429  on 4  degrees of freedom
AIC: 22.417
```

```

Number of Fisher Scoring iterations: 5
```

Vale observar que nos modelos cuja variância $Var(y_i) = \phi V(\mu_i)$ envolve estimar o parâmetro de dispersão ϕ, então

$$\hat{V}ar(\hat{\boldsymbol{\beta}}) = \mathcal{I}(\hat{\boldsymbol{\beta}})^{-1}\hat{\phi} = \begin{pmatrix} \hat{V}ar(\hat{\beta}_0) & \hat{C}ov(\hat{\beta}_0, \hat{\beta}_1) \\ \hat{C}ov(\hat{\beta}_0, \hat{\beta}_1) & \hat{V}ar(\hat{\beta}_1) \end{pmatrix}$$

e a estatística t-Student, com ν graus de liberdade do resíduo, é utilizada para realizar os testes de hipóteses, isto é,

$$t = \frac{\hat{\beta}_j - \beta_{H_0}}{\sqrt{\hat{V}ar(\hat{\beta}_j)}} \sim t_\nu$$

Em alguns casos, em especial quando o preditor linear contém um fator cujos níveis são categóricos, as estatísticas z ou t podem ser utilizadas para realizar testes sobre contrastes entre médias, do tipo

$$\hat{C} = \boldsymbol{L}'\hat{\boldsymbol{\beta}} = [1 \ \ -1]\begin{bmatrix} \hat{\beta}_j \\ \hat{\beta}_{j'} \end{bmatrix} = \hat{\beta}_j - \hat{\beta}_{j'}$$

cuja estimativa de variância é

$$\hat{V}ar(\hat{C}) = \boldsymbol{L}'\hat{V}ar(\hat{\boldsymbol{\beta}})\boldsymbol{L}$$

sendo $\boldsymbol{L}$ um vetor que define o contraste de interesse, isto é, cuja soma de seus coeficientes é nula. A hipótese $H_0 : C = C_0$ pode então ser avaliada via

$$t = \frac{\hat{C} - C_0}{\sqrt{\hat{V}ar(\hat{C})}} \sim t_\nu$$

sendo mais comum especificar $C_0 = 0$ mesmo. Isso posto, é perceptível que, em se tratando de comparações múltiplas, outros procedimentos podem ser adotados. Por exemplo, os valores-p das comparações aos pares podem ser obtidos através da *distribuição da amplitude estudentizada*, a mesma utilizada no teste HSD de Tukey.

Análise de *deviance*

A *análise de deviance* (ANODEV) é, assim como a ANOVA, usada para discriminar modelos alternativos ou, de forma simplista, para avaliar o efeito de fatores em estudo sobre a variável resposta. E, para isso, a *função deviance* é determinada para medir a discrepância entre um modelo dito saturado (com o número de parâmetros igual ao número n de observações) e o modelo ajustado, contendo os p parâmetros relacionados ao preditor linear em teste. Calcula-se a deviance da seguinte forma:

$$D_p = 2(l_n - l_p)$$

em que l_n e l_p são os valores de log-verossimilhança para os modelos saturado e sob pesquisa, respectivamente. O modelo saturado é uma tradução dos próprios dados y_i, isto é, cujo ajuste é perfeito, o que implica em $\epsilon_i = 0 \ \forall i = 1, 2, ..., n$. Por exemplo, para o modelo normal, tem-se

$$\begin{aligned} l_p &= -n\log(2\pi\sigma) - \tfrac{1}{2\sigma^2}\textstyle\sum_{i=1}^{n}(y_i - \mu_i)^2 \\ l_n &= -n\log(2\pi\sigma) \end{aligned}$$

pois, no modelo saturado, $(y_i - \mu_i) = 0$. Então, a deviance é

$$\sigma^2 D_p = \sum_{i=1}^{n}(y_i - \mu_i)^2$$

E com isso percebe-se que D_p equivale à soma de quadrados residual do modelo linear clássico. Notemos ainda a presença do parâmetro σ^2 de variância (ou dispersão) no modelo normal. Ora, vimos que alguns MLGs apresentam o parâmetro de dispersão ϕ. Para esses modelos, em que ϕ é desconhecido ou de valor diferente de 1, utiliza-se a *deviance escalonada*:

$$S_p = \phi^{-1} D_p$$

que, no modelo normal exemplificado, é

$$S_p = \frac{1}{\sigma^2}\sum_{i=1}^{n}(y_i - \mu_i)^2$$

Espera-se que um MLG bem ajustado aos dados, isto é, com alto valor de verossimilhança l_p, apresente deviance (S_p) pequena. Na prática, um MLG pode ser avaliado comparando-se o valor de S_p com um percentil da distribuição de qui-quadrado com $n - p$ graus de liberdade. Quando $S_p \leq \chi^2_{n-p,1-\alpha}$, é indicativo de que o modelo sob pesquisa está bem ajustado.

Uma tabela de ANODEV pode ser construída a partir de uma sequência de *modelos encaixados*, utilizando diferenças de deviances para avaliar o efeito da inclusão de fatores. Continuando o exemplo, considere os modelos:

$$M_{nulo}: \quad \eta_i = \beta_0$$
$$M_{dose}: \quad \eta_i = \beta_0 + \beta_1 x$$

Ora, M_{nulo} está "encaixado" em M_{dose}. A diferença entre eles é de 1 parâmetro. Podemos calcular $S_{nulo} - S_{dose}$ e comparar com o valor de $\chi^2_{1,1-\alpha}$ para concluir sobre o efeito de "dose". No R, basta executar:

```
> anova(glm.mortos, test = "Chisq")
Analysis of Deviance Table

Model: binomial, link: logit

Response: cbind(mortos, vivos)

Terms added sequentially (first to last)


     Df Deviance Resid. Df Resid. Dev  Pr(>Chi)
NULL                     5    103.098
dose  1   96.555         4      6.543 < 2.2e-16 ***
---
Signif.codes: 0 '***'0.001 '**'0.01 '*'0.05 '.'0.1 ' '1
```

Agora vamos observar os valores: $S_{nulo} = 103.098$, $S_{dose} = 6.543$. A inclusão do efeito linear de dose no modelo promove uma redução na deviance de $S_{nulo} - S_{dose} = 96.555$, que é significativa ($p < 0.01$).

Quando ϕ é igual a 1, como nos MLG Poisson ou binomial, o efeito de um fator no modelo sob pesquisa pode ser avaliado através da estatística qui-quadrado:

$$S_1 - S_2 \sim \chi^2_{\nu_1 - \nu_2}$$

em que ν_1 e ν_2 são, respectivamente, os graus de liberdade do resíduo do modelo com menos parâmetros (*e.g.* modelo nulo) e do modelo sob pesquisa.

Mas quando ϕ é diferente de 1, por exemplo, no MLG Gama, deve-se estimá-lo e realizar inferências sobre os parâmetros do modelo utilizando a estatística F:

$$F = \hat{\phi}^{-1} \frac{(D_1 - D_2)}{\nu_1 - \nu_2} \sim F(\nu_1 - \nu_2, \nu_2)$$

Ambas as estatísticas de teste (qui-quadrado e F) são apropriadas para comparação de modelos encaixados. Na verdade, o teste de efeitos de fatores num modelo, como ilustrado, é basicamente uma comparação do modelo sob pesquisa (efeito de dose) com o modelo nulo.

Uma forma robusta de se estimar ϕ é por meio da razão entre a estatística *qui-quadrado de Pearson* (X^2) e os graus de liberdade do resíduo ($n - p$).

$$X^2 = \sum_{i=1}^{n} (\hat{\epsilon}_i^P)^2$$

sendo $\hat{\epsilon}_i^P$ o resíduo[2] de Pearson associado à observação y_i:

$$\hat{\epsilon}_i^P = \frac{\hat{\epsilon}_i}{\sqrt{V(\hat{\mu}_i)}} = \frac{y_i - \hat{\mu}_i}{\sqrt{V(\hat{\mu}_i)}}$$

em que $V(\hat{\mu}_i)$ é a função de variância do modelo, determinada pela distribuição marginal de probabilidade escolhida para Y. No R, use a função `residuals()` informando o modelo ajustado e adicionando o argumento `type = 'pearson'`. Ora, note que o valor esperado

$$E(\epsilon_i^P)^2 = \frac{E(y_i - \mu_i)^2}{V(\mu_i)} = \frac{Var(y_i)}{V(\mu_i)} = \phi$$

Então, para ϕ, tem-se o estimador *de momentos*:

$$\hat{\phi} = \frac{X^2}{n - p}$$

Um guia imediato do ajuste, ou pelo menos que indica se o modelo está capturando a variabilidade devida, consiste em comparar o valor da deviance residual ou do qui-quadrado de Pearson com o número de graus de liberdade do resíduo. Isso porque $E(\chi^2_\nu) = \nu$. Assim, se $S_p >> n - p$ ou $X^2 >> n - p$, há indício de falta de ajuste ou problemas de *superdispersão* no modelo.

Como valor comparativo do grau de ajuste de modelos, a função `summary` fornece, como apresentado anteriormente, o *critério de informação de Akaike*, `AIC: 22.417`. Quanto menor o AIC, mais bem ajustado o modelo.

Com os valores de deviance residual do modelo nulo (D_{nulo}) e de deviance residual do modelo sob pesquisa (D_p), pode-se utilizar uma estatística de grau de ajuste que é computada no mesmo espírito do *coeficiente de determinação* (R^2) dos modelos lineares clássicos, a *deviance explicada* (D^2),

$$D^2 = 1 - \frac{D_p}{D_{nulo}}$$

[2]No modelo linear clássico (distribuição normal) os resíduos de Pearson equivalem aos resíduos ordinários.

que indica o quão próximo o modelo sob pesquisa (com p parâmetros) está de um ajuste perfeito ($D^2 = 1$), que equivale ao modelo saturado. Note: quando há apenas o intercepto no modelo sob pesquisa, $D^2 = 0$, que equivale ao modelo nulo. E, assim como o R^2, quanto mais preditores se adiciona ao modelo, maior o valor de D^2. Para exemplificar, a proporção de deviance explicada do modelo `glm.mortos` é

$$D^2 = 1 - \frac{D_{dose}}{D_{nulo}} = 1 - \frac{6.5429}{103.0984} \approx 0.94$$

devido, claro, ao efeito do fator "dose".

19.4 Exemplo de aplicação

Os dados a seguir referem-se ao número de plantas daninhas da espécie *Eleusine indica* L. apresentando resistência a três herbicidas (C – clethodim, G – glyphosate, H – haloxyfop-methyl) aplicados em parcelas experimentais vizinhas de aproximadamente 1,5 ha cada. Observe que cada herbicida foi aplicado em duas parcelas (repetições), constituindo assim um experimento inteiramente casualizado. A variável resposta (nplantas) é discreta e esperada ter distribuição Poisson.

```
> daninhas <- read.table(stdin(), header = TRUE, nrows=6)
herbicida parc nplantas
        C    1      139
        C    2      161
        G    1      130
        G    2       97
        H    1      180
        H    2      140
```

Ajustemos então um MLG Poisson do tipo:

$$\begin{aligned} g(\mu_{ij}) &= \eta_i \\ \log(\mu_{ij}) &= \beta_0 + h_i \end{aligned}$$

em que μ_{ij} representa a resposta esperada do número de plantas daninhas na repetição j ($j = 1, 2$) do herbicida i ($i = 1, 2, 3$); β_0 é o intercepto (a média geral) do preditor linear; h_i é o efeito do i-ésimo herbicida (fator qualitativo). Perceba que definimos como função de ligação o *log*, logaritmo natural, que representa a *função de ligação canônica* no MLG Poisson, que possui propriedades estatísticas ótimas, assim como *logito* é a função de ligação canônica no MLG binomial.

Logo, pode-se modelar o número esperado de plantas daninhas resistentes com a inversa da função de ligação:

$$\mu_{ij} = \exp(\beta_0 + h_i)$$

Para ajuste do modelo:

```
> glm.daninhas <- glm(nplantas ~ herbicida, data = daninhas, family =
    poisson(link = "log"))
> summary(glm.daninhas)

Call:
glm(formula = nplantas ~ herbicida, family = poisson(link = "log"),
    data = daninhas)

Deviance Residuals:
      1        2        3        4        5        6
-0.9095   0.8875   1.5133  -1.5888   1.5498  -1.6159

Coefficients:
            Estimate Std. Error z value Pr(>|z|)
(Intercept)  5.01064    0.05774  86.787  < 2e-16 ***
herbicidaG  -0.27883    0.08797  -3.170  0.00153 **
herbicidaH   0.06454    0.08036   0.803  0.42193
---
Signif.codes: 0 ‘***’0.001 ‘**’0.01 ‘*’0.05 ‘.’0.1 ‘ ’1

(Dispersion parameter for poisson family taken to be 1)

    Null deviance: 28.973  on 5  degrees of freedom
Residual deviance: 11.442  on 3  degrees of freedom
AIC: 58.07

Number of Fisher Scoring iterations: 4
```

Com o que encontramos as estimativas $\hat{\beta_0} = 5.01064$, $\hat{h_2} = -0.27883$, $\hat{h_3} = 0.06454$. Agora sabendo que a matriz do modelo linear, assim como no modelo clássico, não possui posto completo, a restrição $h_1 = 0$ é aplicada na solução do sistema de equações lineares para estimação dos parâmetros. Por *default* o R zera o primeiro[3] nível do fator – neste caso, o herbicida *clethodim*. Mas, se quisermos obter as estimativas do preditor linear (médias na escala log) dos herbicidas, basta considerar:

$$\begin{aligned}
\hat{\eta}_1 &= 5.01064 + 0 = \hat{\beta_0} \\
\hat{\eta}_2 &= 5.01064 - 0.27883 = 4.73181 \\
\hat{\eta}_3 &= 5.01064 + 0.06454 = 5.07518
\end{aligned}$$

[3]Quando não especificado, o R considera a ordem alfabética dos níveis do fator.

Sendo assim, o teste z apresentado para $H_0 : h_2 = 0$ corresponde ao teste de contraste entre *clethodim* e *glyphosate*, que é significativo ($p = 0.00153$). Já o teste z para $H_0 : h_3 = 0$ corresponde ao teste de contraste entre *clethodim* e *haloxyfop-methyl*, que não é significativo ($p = 0.42193$).

Obviamente, o efeito do herbicida pode ser verificado executando a ANODEV:

```
> anova(glm.daninhas, test = "Chisq")
Analysis of Deviance Table

Model: poisson, link: log

Response: nplantas

Terms added sequentially (first to last)


          Df Deviance Resid. Df Resid. Dev  Pr(>Chi)
NULL                          5     28.973
herbicida  2    17.53         3     11.442 0.0001561 ***
---
Signif.codes: 0 '***'0.001 '**'0.01 '*'0.05 '.'0.1 ' '1
```

Verifique que o modelo dito *nulo* possui deviance residual de 28.973. Adicionando o efeito de herbicida, o modelo reduz a deviance residual para 11.442. Essa redução de 17.53 é devida à adição de dois parâmetros (h_2 e h_3) ao modelo nulo. E já sabemos o porquê destes dois. Bem, fato é que essa redução na deviance residual é significativa ($p = 0.0001561$), de modo que podemos concluir que os herbicidas promovem diferenças na contagem de plantas daninhas resistentes. A hipótese avaliada é:

$$H_0 : h_2 = h_3 = 0$$

Tendo rejeitado H_0, convém aplicar testes de comparações múltiplas. Isso foi visto anteriormente com o modelo linear clássico e, aqui, o faremos de forma muito semelhante. Usaremos novamente o pacote *multcomp* (Hothorn et al., 2018) para testar contrastes entre os herbicidas. Inicialmente vamos testar o contraste *clethodim* vs. *glyphosate*. A função é `glht()`. Vamos informar o modelo e definir o contraste com o argumento `linfct`.

```
> library(multcomp)
> c1 <- glht(glm.daninhas, linfct=mcp(herbicida=c(1,-1,0)))
> summary(c1)

         Simultaneous Tests for General Linear Hypotheses
```

```

Multiple Comparisons of Means: User-defined Contrasts


Fit: glm(formula = nplantas ~ herbicida, family = poisson(link = "log")
    , data = daninhas)

Linear Hypotheses:
      Estimate Std. Error z value Pr(>|z|)
1 == 0  0.27883    0.08797    3.17  0.00153 **
---
Signif.codes: 0 '***'0.001 '**'0.01 '*'0.05 '.'0.1 ' '1
(Adjusted p values reported -- single-step method)
```

Observe que a diferença é de 0.27883, que, como também já vimos com `summary`, é significativa. Mas atente-se para o fato de que **as inferências são feitas utilizando as estimativas obtidas com o preditor linear**, não com a variável resposta (número de plantas daninhas). Lembre-se que nesse exemplo o preditor linear está relacionado à resposta esperada pela função de ligação 'log'. Então,

$$0.27883 = \log(\hat{\mu_1}) - \log(\hat{\mu_2})$$

que, para concluir em termos do número de plantas daninhas, pode ser reescrita como:

$$\begin{aligned} 0.27883 &= \log(\frac{\hat{\mu_1}}{\hat{\mu_2}}) \\ e^{0.27883} &= \frac{\hat{\mu_1}}{\hat{\mu_2}} \\ 1.321583 &= \frac{\hat{\mu_1}}{\hat{\mu_2}} \end{aligned}$$

ou seja, o herbicida 1 (*clethodim*) promove cerca de 1,32 vez mais plantas daninhas resistentes do que o herbicida 2 (*glyphosate*).

Para realizar todos as três comparações aos pares, basta executar com a opção `Tukey` como argumento, que significa calcular os valores-p ajustados para as múltiplas comparações, de forma a proteger a taxa de erro tipo I da família de testes. Nesse caso, observe que um valor-p é obtido por

$$p = 1 - F_Q(z\sqrt{2}, I, \infty)$$

sendo $F_Q(\cdot)$ a função de distribuição acumulada da amplitude estudentizada[4], z a estatística de teste, I o número de médias (3); note o resultado assintótico do teste, isto é, considerando infinitos graus de liberdade para a distribuição.

```
> todos<-glht(glm.daninhas, linfct=mcp(herbicida="Tukey"))
> summary(todos)

         Simultaneous Tests for General Linear Hypotheses

Multiple Comparisons of Means: Tukey Contrasts


Fit: glm(formula = nplantas ~ herbicida, family = poisson(link = "log")
    , data = daninhas)

Linear Hypotheses:
             Estimate Std. Error z value Pr(>|z|)
G - C == 0 -0.27883    0.08797  -3.170  0.00436 **
H - C == 0  0.06454    0.08036   0.803  0.70078
H - G == 0  0.34337    0.08678   3.957  < 0.001 ***
---
Signif.codes: 0 '***'0.001 '**'0.01 '*'0.05 '.'0.1 ' '1
(Adjusted p values reported -- single-step method)
```

19.5 Superdispersão

A superdispersão é um fenômeno comum em MLGs. Ocorre quando a variabilidade é maior do que a esperada pelo modelo, causando falta de ajuste. Em geral, a superdispersão é causada por um ou mais motivos, como: presença de *outliers*, excesso de zero, pontos de alavanca (*leverage*), problemas de especificação do modelo, como ausência de um fator importante ou de um termo de interação, a escolha inapropriada dos fatores do modelo, da escala da variável resposta e de seu modelo de distribuição de probabilidades e da função de variância, ou a escolha inapropriada da função de ligação.

Como visto anteriormente, uma forma de se detectar a superdispersão é via estatística X^2 de Pearson, ao perceber X^2 ou a deviance residual S_p relativamente maior do que o número de graus de liberdade residual. Outra forma é via análise de resíduos. Neste caso, recomenda-se utilizar o resíduo de Pearson. Pode-se também realizar uma análise gráfica com os resíduos de Pearson, construindo gráficos Q-Q Normal. Pontos distantes da reta nas caudas da distribuição indicam superdispersão.

[4]No R, a função `ptukey()` calcula probabilidades acumuladas com este modelo de distribuição.

Problemas de superdispersão em MLGs são mais frequentes em dados de contagem. Provavelmente porque as duas distribuições mais utilizadas, Poisson e binomial, possuem parâmetro de dispersão fixo ($\phi = 1$), além de modelar $Var(Y) \leq E(Y)$. Algumas alternativas para lidar com superdispersão em MLGs são apresentadas a seguir.

MLG binomial negativo

O MLG Poisson é apropriado para dados de contagem em que a média é proporcional à variância, isto é, não acomoda superdispersão. Observamos também que na variância condicional deste modelo $\phi = 1$, isto é, o parâmetro de dispersão é conhecido (fixo). Por outro lado, no modelo binomial negativo, $Var(Y) > E(Y)$, o que o torna apto para acomodar superdispersão.

Tomemos de volta o exemplo de aplicação (objeto `glm.daninhas`). Observe que há evidências ($p = 0.0097$) de superdispersão pela estatística X^2 de Pearson.

```
> rP = residuals(glm.daninhas, type = "pearson")
> X2 = sum(rP^2)
> X2
[1] 11.41069
> 1 - pchisq(X2, df = glm.daninhas$df.residual)
[1] 0.009700303
```

Vamos agora ajustar com a implementação do pacote *MASS* o MLG binomial negativo. Por usarmos a mesma função de ligação (log) em ambos os modelos, os coeficientes relacionados dos tratamentos são os mesmos. Mas note que os erros padrão são diferentes, e a deviance residual reduziu de 11.44 para 6.10.

```
> library(MASS)
> nb.glm.daninhas <- glm.nb(nplantas ~ herbicida, data = daninhas)
> summary(nb.glm.daninhas)

Call:
glm.nb(formula = nplantas ~ herbicida, data = daninhas, init.theta =
    156.3410513,
    link = log)

Deviance Residuals:
      1        2        3        4        5        6
-0.6537   0.6303   1.1407  -1.2223   1.0785  -1.1486

Coefficients:
            Estimate Std. Error z value Pr(>|z|)
(Intercept)  5.01064    0.08082  61.999   <2e-16 ***
herbicidaG  -0.27883    0.11889  -2.345    0.019 *
```

```
herbicidaH    0.06454    0.11338    0.569    0.569
---
Signif.codes: 0 ‘***’0.001 ‘**’0.01 ‘*’0.05 ‘.’0.1 ‘ ’1

(Dispersion parameter for Negative Binomial(156.3411) family taken to be 1)

    Null deviance: 15.4647  on 5  degrees of freedom
Residual deviance:  6.1024  on 3  degrees of freedom
AIC: 58.57

Number of Fisher Scoring iterations: 1


              Theta:  156
          Std. Err.:  194

 2 x log-likelihood:  -50.57
```

Estamos ainda assumindo $\phi = 1$. A redução em deviance é por conta da função de variância do modelo binomial negativo. Assim, a ANODEV deve ser realizada com a estatística de teste qui-quadrado.

```
> anova(nb.glm.daninhas, test = "Chisq")
Analysis of Deviance Table

Model: Negative Binomial(156.3411), link: log

Response: nplantas

Terms added sequentially (first to last)


          Df Deviance Resid. Df Resid. Dev Pr(>Chi)
NULL                          5    15.4647
herbicida  2   9.3623         3     6.1024 0.009268 **
---
Signif.codes: 0 ‘***’0.001 ‘**’0.01 ‘*’0.05 ‘.’0.1 ‘ ’1
```

Modelo ‘ZIP’

Quando a superdispersão for supostamente causada por excesso de zeros na resposta, uma alternativa é ajustar o MLG com distribuição Poisson inflacionada de zeros (*Zero-Infated Poisson*). ZIP consiste de um *modelo de mistura de distribuições de probabilidade*, discretas nesse caso. Modelos de mistura são definidos de forma que:

$$P(Y = y) = \pi_1 P_1(Y = y) + \pi_2 P_2(Y = y) + ... + \pi_m P_m(Y = y)$$

em que $\pi_1, \pi_2, ..., \pi_m$ são pesos no intervalo [0, 1] definidos de tal forma que a soma seja igual a 1. $P_1, P_2, ..., P_m$ são os m modelos de probabilidade em mistura.

Assim, ZIP consiste em combinar dois modelos, um deles para o valor zero em excesso (também chamado zero estrutural) e outro modelo para os dados da contagem Poisson regular.

$$P(Y = y|\lambda) = \pi_1 P_1(Y = y|\cdot) + \pi_2 P_2(Y = y|\lambda)$$

em que

$$P_1(Y = y|\cdot) = \begin{cases} 1, & y = 0 \\ 0, & y > 0 \end{cases}$$

$$P_2(Y = y|\lambda) = \exp(-\lambda)\lambda^y/y!, \quad \begin{cases} y = 0, 1, 2, ... \\ \lambda > 0 \end{cases}$$

Dada a restrição nos pesos π_1 e π_2, convém simplificar para: $\pi_1 = \pi$ e $\pi_2 = 1-\pi$. Com isso, π é um parâmetro que representa a probabilidade de zero estrutural. Por fim, tem-se a função de probabilidade:

$$P(Y = y|\lambda, \pi) = \pi P_1(y|\cdot) + (1-\pi)P_2(y|\lambda), \quad \begin{cases} y = 0, 1, 2, ... \\ \lambda > 0 \\ \pi \in [0, 1] \end{cases}$$

Por exemplo, a probabilidade de $Y = 0$ é

$$P(Y = 0|\lambda, \pi) = \pi \times 1 + (1-\pi)\exp(-\lambda)$$

E a probabilidade de $Y = 1$ é

$$P(Y = 1|\lambda, \pi) = \pi \times 0 + (1-\pi)\exp(-\lambda)\lambda$$

Perceba que a distribuição ZIP não tem apenas o parâmetro λ, mas também π. E também que, quando $\pi = 0$, a distribuição ZIP torna-se a Poisson regular.

A média e a variância da ZIP são dadas a seguir, com o que se pode observar também aptidão para capturar superdispersão, pois $Var(Y) > E(Y)$.

$$E(Y) = \lambda(1 - \pi) = \mu$$
$$Var(Y) = \lambda(1 - \pi)(1 + \pi\lambda) = \mu + \pi\mu^2/(1 - \pi)$$

Assim, o MLG ZIP consiste em modelar os valores esperados (μ_i) e as probabilidades de zero estrutural (π_i) associados a cada Y_i por meio de:

$$\log(\mu_i) = \boldsymbol{x}_i^\top \boldsymbol{\beta}$$
$$logito(\pi_i) = \boldsymbol{w}_i^\top \boldsymbol{\gamma}$$

sendo comum adotar a função de ligação logito para relacionar π_i com os fatores $\boldsymbol{w}_i$ em avaliação, que podem ou não ser os mesmos em $\boldsymbol{x}_i$ influenciando o processo Poisson regular. Naturalmente, há mais interesse em estudar as estimativas em $\hat{\boldsymbol{\beta}}$, entendendo os coeficientes em $\hat{\boldsymbol{\gamma}}$ como um tipo de controle dos zeros estruturais no MLG ajustado.

O exemplo a seguir é de um experimento realizado em condições de campo de tomate industrial visando avaliar a eficácia de tratamentos inseticidas no controle da traça (*Tuta absoluta*), em blocos casualizados com quatro repetições. A variável resposta y é o número de frutos danificados por parcela.

```
> y = c(0, 0, 1, 8,  0, 1, 0, 4,  1, 1, 0, 0,  0, 0, 0, 9)
> Bloco = gl(4, 4)
> Trat = factor(rep(LETTERS[1:4], 4))
```

No geral, há 56,25% de zeros em y. O tratamento 4 possui 3/4 de zeros. Observe na figura 19.3 a diferença entre a frequência observada e esperada pelo modelo Poisson para o valor zero.

No R, pode-se utilizar o pacote *pscl* (Jackman, 2008) para o ajuste do modelo ZIP. Por simplicidade, foi atribuída apenas a constante do modelo DBC em $\boldsymbol{\gamma}$ para o excesso de zeros, o que significa dizer que não se supõe que tratamentos ou blocos sejam especificamente a causa do excesso de zeros; observe como isso é feito com uma barra vertical após declarar os preditores da parte Poisson.

```
> library(pscl)
> zip.tomate=zeroinfl(y ~ Trat + Bloco|1, dist="poisson")
> summary(zip.tomate)

Call:
zeroinfl(formula = y ~ Trat + Bloco | 1, dist = "poisson")

Pearson residuals:
    Min      1Q  Median      3Q     Max 
-1.8895 -0.4884 -0.3303  0.3627  1.6814 

```

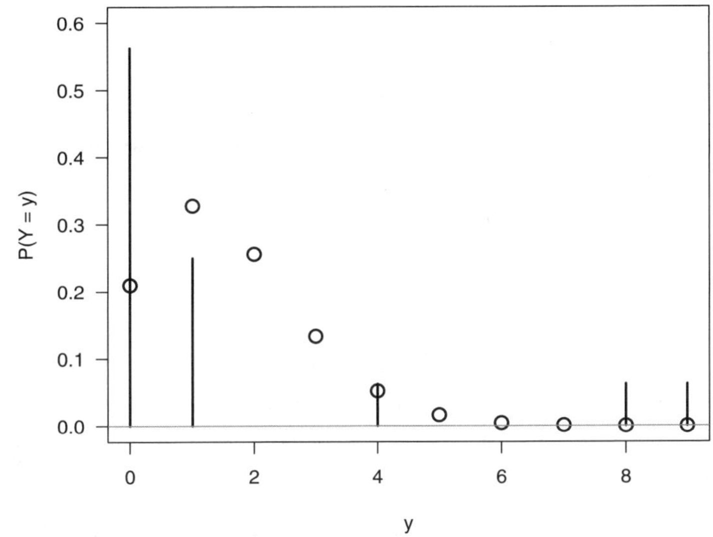

Figura 19.3: Frequências observadas do número de frutos de tomate danificados por traça. Os pontos representam as probabilidades teóricas esperadas com o modelo Poisson($\lambda = 1.5625$).

```
Count model coefficients (poisson with log link):
              Estimate Std. Error z value Pr(>|z|)
(Intercept) -1.454183    1.196541  -1.215  0.22424
TratB        0.687324    1.242342   0.553  0.58009
TratC        0.103509    1.465078   0.071  0.94368
TratD        3.559649    1.187756   2.997  0.00273 **
Bloco2      -0.595624    0.558825  -1.066  0.28649
Bloco3       0.815251    1.073710   0.759  0.44768
Bloco4       0.006327    0.473017   0.013  0.98933

Zero-inflation model coefficients (binomial with logit link):
            Estimate Std. Error z value Pr(>|z|)
(Intercept)   -1.539      1.086  -1.417    0.156
---
Signif.codes: 0 '***'0.001 '**'0.01 '*'0.05 '.'0.1 ' '1

Number of iterations in BFGS optimization: 15
Log-likelihood: -16.18 on 8 Df
```

Com a primeira parte do modelo, contagem Poisson, observe o efeito significativo ($p = 0.00273$) do tratamento D. Mas o objeto armazenado (`zip.tomate`) não aceita o teste geral dos fatores do modelo com o método genérico `anova()`, isto é, a hipótese

$$H_0 : \tau_B = \tau_C = \tau_D = 0$$

Mas isso pode ser avaliado sem grandes dificuldades através de uma comparação de modelos encaixados, com e sem o efeito a ser testado, por meio de um *teste da razão de verossimilhanças (TRV)*, que é um procedimento muito similar ao que é feito com a função `anova()`. Para isso, calcula-se:

$$L_R = 2(l_{ZIP} - l_0) \sim \chi^2_\nu$$

sendo l_{ZIP} a log-verossimilhança do modelo com o efeito de tratamento e l_0 a log-verossimilhança do modelo sem esse efeito; ν é a diferença no número de parâmetros dos dois modelos ($\nu = 8 - 5 = 3$ graus de liberdade). A seguir observe o efeito significativo ($p = 0.0015$) do fator `Trat`.

```
> zip0 = zeroinfl(y ~ Bloco|1, dist = "poisson")
> logLik(zip.tomate)
'log Lik.' -16.17977 (df=8)
> logLik(zip0)
'log Lik.' -23.8823 (df=5)
> LR = 2*(-16.17977 - (-23.8823))
> 1 - pchisq(LR, df = 8 - 5)
[1] 0.001501264
```

Mas a função `Anova()` do pacote *car* pode ser, sim, utilizada também para este serviço.

```
> library(car)
> Anova(zip.tomate)
Analysis of Deviance Table (Type II tests)

Response: y
      Df   Chisq Pr(>Chisq)
Trat   3 17.0118  0.0007028 ***
Bloco  3  2.2615  0.5199390
---
Signif.codes: 0 '***'0.001 '**'0.01 '*'0.05 '.'0.1 ' '1
```

Ainda com o *output* de `summary(zip.tomate)`, estima-se a probabilidade de zero estrutural com:

$$\log\left(\frac{\hat{\pi}}{1-\hat{\pi}}\right) = -1.539$$
$$\hat{\pi} = \frac{\exp(-1.539)}{1+\exp(-1.539)} = 0.1767$$

Pela estatística X^2 de Pearson, não detectamos problema de superdispersão com o modelo ZIP, indício de que estava sendo causada pelo excesso de zeros.

```
> X2.zip = sum(residuals(zip.tomate, type = "pearson")^2)
> 1 - pchisq(X2.zip, df = zip.tomate$df.residual)
[1] 0.1427097
```

Faça o exercício de comparar o ajuste dos modelos ZIP e GLM Poisson por meio do AIC ou executando um TRV, com $L_R = 2(l_{ZIP} - l_{Poi}) \sim \chi^2_\nu$, sendo $\nu = 8 - 7 = 1$ grau de liberdade devido ao parâmetro π.

Para a comparação de modelos não encaixados, recomenda-se o *teste de Vuong* (1989), baseado na comparação de probabilidades preditas pelos modelos.

Modelo 'ZINB'

MLG com distribuição binomial negativa inflacionada de zeros (*Zero-Infated Negative Binomial*). Assim como o modelo ZIP, o modelo ZINB deve ser utilizado quando há excesso de zeros e superdispersão nos dados de contagem.

O modelo ZINB também consiste de uma mistura de distribuições discretas, uma (P_1) para capturar o excesso de zeros e outra (P_2) para a contagem em si. A função de probabilidade é

$$P(Y = y|\theta, p, \pi) = \pi P_1(Y = y|\cdot) + (1 - \pi)P_2(Y = y|\theta, p)$$

sendo que $y = 0, 1, 2, ...$, $\theta > 0$, $(p, \pi) \in [0, 1]$, em que π é o parâmetro que captura a probabilidade de zero estrutural, P_1 é um modelo com toda a massa de probabilidade no valor zero, como definido para a ZIP, e P_2 é o modelo binomial negativo com os parâmetros θ e p.

$$P_2(Y = y|\theta, p) = \frac{(\theta + y - 1)!}{y!(\theta - 1)!} p^\theta (1 - p)^y$$

A distribuição ZINB tem como parâmetros θ, p e π. Quando $\pi = 0$, a distribuição ZINB torna-se a binomial negativa regular. A média e a variância da ZINB são:

$$E(Y) = \theta(1 - p)/p = \mu$$
$$Var(Y) = \mu(1 - \pi)(1 + \mu/\theta + \pi\mu)$$

O MLG ZINB consiste em modelar os valores esperados (μ_i) e as probabilidades de zero estrutural (π_i) associados a cada Y_i por meio de:

$$\log(\mu_i) = \boldsymbol{x}_i^\top \boldsymbol{\beta}$$
$$logito(\pi_i) = \boldsymbol{w}_i^\top \boldsymbol{\gamma}$$

sendo comum adotar a função de ligação logito para relacionar π_i com os fatores $\boldsymbol{w}_i$ em avaliação, que podem ou não ser os mesmos em $\boldsymbol{x}_i$ influenciando o processo binomial negativo regular. Naturalmente, há mais interesse em estudar as estimativas em $\hat{\boldsymbol{\beta}}$, entendendo os coeficientes em $\hat{\gamma}$ como um tipo de controle dos zeros estruturais no MLG ajustado.

Com a função `zeroinfl()` do pacote *pscl*, vejamos o ajuste do modelo ZINB aos dados do exemplo anterior. Os coeficientes obtidos são praticamente os mesmos do modelo ZIP.

```
> zinb.tomate=zeroinfl(y ~ Trat + Bloco|1, dist="negbin")
> summary(zinb.tomate)

Call:
zeroinfl(formula = y ~ Trat + Bloco | 1, dist = "negbin")

Pearson residuals:
     Min      1Q  Median      3Q     Max
-1.8895 -0.4884 -0.3303  0.3627  1.6814

Count model coefficients (negbin with log link):
              Estimate Std. Error z value Pr(>|z|)
(Intercept)  -1.454177   1.196539  -1.215  0.22424
TratB         0.687321   1.242341   0.553  0.58009
TratC         0.103507   1.465077   0.071  0.94368
TratD         3.559643   1.187755   2.997  0.00273 **
Bloco2       -0.595624   0.558826  -1.066  0.28649
Bloco3        0.815246   1.073710   0.759  0.44769
Bloco4        0.006326   0.473020   0.013  0.98933
Log(theta)   13.765622 437.714346   0.031  0.97491

Zero-inflation model coefficients (binomial with logit link):
            Estimate Std. Error z value Pr(>|z|)
(Intercept)   -1.539      1.086  -1.417    0.156
---
Signif.codes: 0 '***'0.001 '**'0.01 '*'0.05 '.'0.1 ' '1

Theta = 951335.1639
Number of iterations in BFGS optimization: 47
Log-likelihood: -16.18 on 9 Df
```

Vejamos o comparativo em termos de AIC (menor é melhor). O ZINB possui um parâmetro a mais (θ). Mesmo assim, não apresentou melhor ajuste que o ZIP. Não custa lembrar que o AIC leva em conta o número p de parâmetros do modelo ($AIC = -2l + 2p$).

```
> AIC(zip.tomate, zinb.tomate)
```

```
            df      AIC
zip.tomate   8 48.35955
zinb.tomate  9 50.35957
```

Modelos de *quasi*-verossimilhança

Outro modo de tentar lidar com superdispersão é através dos modelos de quasi-verossimilhança (Wedderburn, 1974). Por esta abordagem, em vez de assumir uma distribuição de probabilidade para a variável resposta, define-se apenas uma *função de variância*, tendo a variância como função da média. Isso pode ser especialmente útil quando não se consegue definir uma distribuição de probabilidades pertencente à família exponencial que consiga capturar a relação existente nos dados entre a média e a variância.

Define-se a função quasi-verossimilhança da média μ_i, dada uma observação y_i, por:

$$Q(\mu_i|y_i) = \int_{y_i}^{\mu_i} \frac{(y_i - \mu_i)}{\phi V(\mu_i)} d\mu_i$$

sendo $\phi V(\mu_i) = Var(y_i)$ a variância condicional de y_i, ϕ um parâmetro de dispersão desconhecido e $V(\mu_i)$, a função de variância suposta ser conhecida; $\mu_i = g^{-1}(\eta_i)$ é a média definida em função de um preditor linear η_i com parâmetros $\boldsymbol{\beta}$ de interesse. Por essa abordagem, a função log-verossimilhança usual é então substituída pela quasi-verossimilhança:

$$Q(\boldsymbol{\beta}|\boldsymbol{y}) = \sum_{i=1}^{n} Q(\mu_i(\boldsymbol{\beta})|y_i)$$

Assim, as estimativas $\hat{\boldsymbol{\beta}}$ são obtidas pela maximização:

$$\hat{\boldsymbol{\beta}} = \arg\max_{\boldsymbol{\beta}} Q(\boldsymbol{\beta}|\boldsymbol{y})$$

o que equivale a resolver

$$\sum_{i=1}^{n} \frac{\partial}{\partial \boldsymbol{\beta}} Q(\mu_i(\boldsymbol{\beta})|y_i) = \sum_{i=1}^{n} \frac{(y_i - \mu_i)}{\phi V(\mu_i)} \frac{\partial \mu_i}{\partial \boldsymbol{\beta}} = 0$$

Tomemos, por exemplo, $V(\mu_i) = \mu_i$, como na Poisson. A função quasi-verossimilhança é

$$Q_i = y_i[\log(\mu_i/y_i) + 1] - \mu_i$$

Aproveitando o ensejo, vamos revisitar o *Exemplo de aplicação* (`glm.daninhas`) para estimar os parâmetros do preditor linear por quasi-verossimilhança. A propósito, já observamos que o MLG Poisson ajustado apresenta superdispersão. Façamos então a estimação por quasi-verossimilhança considerando, apenas a título de checagem, a mesma função de variância. Para isso construiremos a matriz $\boldsymbol{X}$ de delineamento do preditor linear para poder computar o vetor de médias $\boldsymbol{\mu} = \exp(\boldsymbol{X\beta})$, sendo $\boldsymbol{\beta} = [\beta_0, h_2, h_3]$. Em seguida temos a função $-Q(\boldsymbol{\beta}|\boldsymbol{y})$, sendo negativa para que seja *minimizada* pela `optim()`.

```
> y <- daninhas$nplantas
> X <- model.matrix(nplantas ~ herbicida, data = daninhas)
> X
  (Intercept) herbicidaG herbicidaH
1           1          0          0
2           1          0          0
3           1          1          0
4           1          1          0
5           1          0          1
6           1          0          1

> minusQL <- function(betas) {
+     mu <- exp( X %*% betas )
+     Q <- y*(log(mu/y) + 1) - mu
+     -sum(Q)
+ }
> QML <- optim(par = c(beta0 = 3, G = 0.1, H = 0.1),
+     fn = minusQL, hessian = TRUE)
> QML
$par
      beta0           G           H
 5.01057359 -0.27852611  0.06472629

$value
[1] 5.721152

$counts
function gradient
     122       NA

$convergence
[1] 0

$message
NULL

$hessian
```

```
            beta0         G         H
beta0  847.0777  227.0556  320.0404
G      227.0556  227.0556    0.0000
H      320.0404    0.0000  320.0404
```

Sendo as estimativas $\hat{\boldsymbol{\beta}} = [5.010, -0.278, 0.064]$ muitíssimo similares às obtidas por máxima verossimilhança. Com esses valores, é possível agora estimar o parâmetro de dispersão ϕ. A abordagem *quasi* implica em tornar irrestrito o parâmetro de dispersão, mesmo nos modelos Poisson e binomial, isto é, não considerando-o fixo em 1, podendo estimá-lo usando a estatística X^2 de Pearson, como mostrado anteriormente, por meio dos resíduos de Pearson.

```
> betas <- QML$par
> mu <- exp(X %*% betas)
> rP <- (y - mu)/sqrt(mu)  # residuos de Pearson
> phi <- sum(rP^2)/3       # phi = X2/(n - p)
> phi
[1] 3.803002
```

Note: mesmo sendo parte integrante da função Q_i, **o parâmetro ϕ é estimado separadamente** dos parâmetros β do preditor linear. É comum usar o *método dos momentos* para isso, via X^2, como fizemos. **Então tenha em mente que Q está implicitamente multiplicada por ϕ.**

A função Q compartilha das mesmas propriedades da $\log L$. Assim é que, como ocorre com a *função escore*, $E(\partial Q/\partial \beta) = 0$, e a quantidade $\mathcal{I}(\hat{\boldsymbol{\beta}}) = -E(\frac{\partial^2 Q}{\partial \boldsymbol{\beta} \partial \boldsymbol{\beta}})$, definida no mesmo espírito da *informação de Fisher*, fornece um limite inferior para a variância de $\hat{\boldsymbol{\beta}}$ através da inversa de $\mathcal{I}$. Como mostrado no capítulo sobre verossimilhança, isso pode ser feito invertendo a matriz hessiana.

```
> solve(QML$hessian)
             beta0            G            H
beta0  0.003333538 -0.003333538 -0.003333538
G     -0.003333538  0.007737745  0.003333538
H     -0.003333538  0.003333538  0.006458143
```

Agora confira a matriz de covariâncias obtida com `glm.daninhas`:

```
> vcov(glm.daninhas)
             (Intercept)   herbicidaG   herbicidaH
(Intercept)  0.003333333 -0.003333333 -0.003333333
herbicidaG  -0.003333333  0.007738620  0.003333333
herbicidaH  -0.003333333  0.003333333  0.006458333
```

Visto que modelagem *quasi* conduz aos mesmos coeficientes do MLG regular, há que se atentar para modificações nas inferências feitas sobre $\boldsymbol{\beta}$. Na abordagem *quasi*, leva-se em consideração a estimativa $\hat{\phi}$. Especificamente, tem-se:

$$\hat{Var}(\hat{\boldsymbol{\beta}}) \succ \mathcal{I}(\hat{\boldsymbol{\beta}})^{-1}\hat{\phi}$$

Então a matriz de covariâncias pelo modelo *quasi* é:

```
> solve(QML$hessian) * phi
            beta0           G           H
beta0  0.01267949 -0.01267949 -0.01267949
G     -0.01267949  0.02942692  0.01267949
H     -0.01267949  0.01267949  0.02456279
```

Que poderia ser utilizada em testes de hipótese para os parâmetros $\boldsymbol{\beta}$ por meio, por exemplo, do *teste de Wald*:

$$W = \frac{(\hat{\beta}_j - \beta_{H_0})^2}{Var(\hat{\beta}_j)} \xrightarrow{d} \chi_1^2$$

sendo $Var(\hat{\beta}_j)$ um elemento da diagonal principal da matriz de covariâncias obtida com o modelo quasi. Observe também como o MLG Poisson regular com superdispersão está subestimando as variâncias das estimativas. Por exemplo, $Var(\hat{h}_2) = 0.0077$, enquanto que com o modelo quasi, $Var(\hat{h}_2) = 0.0294$. Isso significa que o MLG Poisson regular está capturando apenas uma parte da variação contida nos dados, o que poderia resultar, em última instância, em aumento da taxa de erro tipo I das inferências feitas com esse modelo; no exemplo, mais diferenças significativas entre os tratamentos do que de fato existe.

Analogamente, os estimadores $\hat{\boldsymbol{\beta}}_{MQV}$ também compartilham de propriedades dos seus irmãos obtidos por MV, como não tendenciosidade e normalidade assintótica. No entanto, como a função de verossimilhança em si não é determinada nos modelos quasi, não são calculadas estatísticas como AIC ou aplicados testes baseados em verossimilhança.

E, claro, no R há um jeito facilitado já implementado para esse procedimento. Simplesmente informe `family = quasipoisson` e confira os mesmos resultados. Para a família binomial, há a opção `family = quasibinomial`.

Novamente, perceba que para obter as estimativas QV não foi necessário assumir nenhum modelo de probabilidades, mas apenas uma relação para a variância e a média, $V(\mu_i)$, cuja forma pode ser convenientemente escolhida para capturar superdispersão no MLG. Isso permite que adotemos um modelo *quasi* tal que $Var(y_i) > \mu_i$, por exemplo, com a função de variância $V(\mu_i) = \mu_i^2$, em vez da relação original $V(\mu_i) = \mu_i$ assumida com a Poisson.

Assumindo $V(\mu_i) = \mu_i^2$, temos:

$$Q(\boldsymbol{\beta}|\boldsymbol{y}) = \sum_{i=1}^{n}[\log(y_i/\mu_i) - y_i/\mu_i + 1]$$

Construindo no R o procedimento para estimação por QV, nota-se que a função de variância imposta não altera (nem deve) as estimativas $\hat{\boldsymbol{\beta}}$. Mas os resíduos de Pearson, sim, e consequentemente a estimativa de ϕ, que, dessa vez, está bem abaixo de um, indicando não haver mais superdispersão.

```
> minusQL <- function(betas) {
+     mu <- exp( X %*% betas )
+     Q <- log(y/mu) - y/mu + 1
+     -sum(Q)
+ }

> QML <- optim(par = c(beta0 = 3, G = 0.1, H = 0.1),
+     fn = minusQL, hessian = TRUE)
> betas <- QML$par
> betas
      beta0           G           H
 5.01040576 -0.27842758  0.06452502

> mu <- exp(X %*% betas)
> rP <- (y - mu)/sqrt(mu^2)    # residuos de Pearson
> phi <- sum(rP^2)/3           # phi = X2/(n - p)
> phi
[1] 0.02809287

> solve(QML$hessian) * phi     # matriz var-cov
            beta0           G           H
beta0  0.01404321 -0.01404321 -0.01404321
G     -0.01404321  0.02809210  0.01404321
H     -0.01404321  0.01404321  0.02808622
```

No R, o argumento `family = quasi(link, variance)` facilita o ajuste de MLGs do tipo quasi, bastando informar a função de ligação $g(\mu)$ apropriada e a função de variância $V(\mu)$. Por exemplo, o mesmo resultado que obtivemos com $g(\mu) = \log(\mu)$ e $V(\mu) = \mu^2$ pode ser mais facilmente obtido com:

```
> quasi.daninhas <- update(glm.daninhas,
+     family = quasi(link = "log", variance = "mu^2"))

> summary(quasi.daninhas)

Call:
glm(formula = nplantas ~ herbicida, family = quasi(link = "log",
    variance = "mu^2"), data = daninhas)
```

```

Deviance Residuals:
       1         2         3         4         5         6
-0.07521   0.07161   0.13887  -0.15308   0.12014  -0.13062

Coefficients:
            Estimate Std. Error t value Pr(>|t|)
(Intercept)  5.01064    0.11851  42.279 2.91e-05 ***
herbicidaG  -0.27883    0.16760  -1.664    0.195
herbicidaH   0.06454    0.16760   0.385    0.726
---
Signif.codes: 0 ‘***’0.001 ‘**’0.01 ‘*’0.05 ‘.’0.1 ‘ ’1

(Dispersion parameter for quasi family taken to be 0.02809)

    Null deviance: 0.213849  on 5  degrees of freedom
Residual deviance: 0.085002  on 3  degrees of freedom
AIC: NA

Number of Fisher Scoring iterations: 4
```

A deviance residual (0.085) está bem abaixo do número de graus de liberdade do resíduo (3). Mas isso não vem a ser um problema de subdispersão, pois estando irrestrito (não fixo em 1) o parâmetro ϕ, conseguimos acomodar a subdispersão. Além disso, nesse caso, o critério de avaliação deve ser a deviance escalonada $S_p = D_p/\hat{\phi} = 0.085/0.02809 \approx 3.03$.

Aliás, nesses modelos, a *quasi*-deviance é calculada por:

$$D_p(\boldsymbol{y}|\hat{\boldsymbol{\beta}}) = -2Q(\hat{\boldsymbol{\beta}}|\boldsymbol{y})\hat{\phi}$$

Então, tendo usado a `optim()` como fizemos para *minimizar* $-Q$, procure no *output* pelo objeto `value` (mínimo) e multiplique-o por 2 para obter D_p.

Outros modelos

Além das alternativas apresentadas para lidar com superdispersão, há ainda os modelos com barreiras (*hurdle*) (Mullahy, 1986) ou de distribuição truncada, Poisson e binomial negativo. A distribuição geométrica ou geométrica inflacionada de zeros também são opções para dados de contagem com superdispersão, mas lembre que essas são casos especiais da binomial negativa. Hinde & Demétrio (1998) exploram opções de modelos e métodos de estimação para lidar com superdispersão em aplicações a dados de contagem e de proporção.

Além da média μ, modelar conjuntamente (McCullagh & Nelder, 1989; Nelder & Lee, 1991) o parâmetro de dispersão ϕ pode ser uma alternativa eficaz para lidar com superdispersão. A *quasi-verossimilhança estendida* (Nelder & Pregibon, 1987) é um critério proposto para ser maximizado para estimação de μ e ϕ.

De forma análoga a solução anterior, os modelos GAMLSS (*Generalized Additive Models for Location, Scale and Shape*, do inglês) permitem modelar conjuntamente parâmetros de locação (como média), escala (como variância) e forma da distribuição de probabilidade assumida, representando então uma alternativa ainda mais generalista do que os MLGs, por incluir uma grande amplitude de famílias de distribuição. Para saber mais, consulte o trabalho de Rigby & Stasinopoulos (2005), que também trazem implementações em R com pacote *gamlss*.

Para dados no intervalo $(0, 1)$, como as proporções, concentrações, taxas etc., uma *regressão beta*[5] representa uma alternativa bastante flexível, dada a natural flexibilidade da própria distribuição beta. Nesse contexto, a reparametrização da distribuição implementada no pacote *betareg* (Cribari-Neto & Zeileis, 2010) permite modelar a média e o parâmetro de dispersão, independentemente, podendo estabelecer preditores lineares para ambos.

Há situações em que a superdispersão é única ou majoritariamente causada pelo excesso de zeros em dados contínuos. Por exemplo, num experimento em campo de produção de tomate, considere monitorar em cada unidade experimental o número N de frutos danificados por um inseto-praga e, quando houver dano, avaliar a variável contínua, $U_i > 0$, referente ao grau de dano em cada fruto. Há parcelas sem sinais de incidência da praga. A variável composta $Y = \sum_{i=1}^{N} U_i$, de natural interesse, apresentará uma massa de probabilidade em $Y = 0$, mas poderá ser bem descrita por um *modelo Tweedie* (Tweedie, 1984) do tipo Poisson-Gama. Tweedie é uma família de distribuições que compartilha das propriedades da família exponencial, com função de variância da forma $V(\mu) = \mu^p$, isto é, definida pelo parâmetro p.

Subdispersão

A subdispersão é um fenômeno menos recorrente ou, pelo menos, menos preocupante em MLGs. Não obstante, pode-se considerar assumir a distribuição binomial para acomodar subdispersão do modelo, pois com esta distribuição

[5]Embora não seja classificado como MLG, um modelo de regressão beta é construído de forma semelhante.

$Var(Y) < E(Y)$. Claro, as alternativas de modelos há pouco mencionadas podem também lidar com subdispersão.

19.6 Os MLG e a heterocedasticidade

Nenhum modelo é adequado para todas as situações. Por isso é preciso exame detalhado dos resultados de ajuste obtidos e comparações de modelos. Mas, ao menos num ponto temos que concordar: modelo bom é modelo eficiente, quer dizer, que descreve bem as observações y sem precisar ser muito complexo (muitos parâmetros). A propósito, em modelagem estatística usamos o termo *parcimônia* para esse princípio. Estão aí AIC, R^2 ajustado e outras estatísticas que seguem esse princípio.

Talvez em outro ponto podemos concordar: os MLG são bastante flexíveis, permitindo, principalmente, capturar heterocedasticidade. Mas nesse quesito é preciso estar atento para o fato de que os MLG em sua formulação original, como apresentada neste capítulo, capturam heterocedasticidade unicamente através de uma relação entre média e variância condicionais, definida por $V(\mu)$. Tome novamente o exemplo de aplicação (*daninhas*). Observe as médias (m) e as variâncias (v) dos tratamentos (herbicidas):

```
> mvs <- function(x) c(m = mean(x), v = var(x), se = sqrt(var(x)/length(x)), rmv = mean(x)/var(x))

> aggregate(nplantas ~ herbicida, data = daninhas, FUN = mvs)
  herbicida nplantas.m nplantas.v nplantas.se nplantas.rmv
1         C     150.00     242.00       11.00         0.62
2         G     113.50     544.50       16.50         0.21
3         H     160.00     800.00       20.00         0.20
```

Calculamos também o erro padrão (se) e a razão média/variância (rmv) de cada tratamento. Perceba que o herbicida G possui a menor média, mas sua variância amostral não é a menor. Além disso, os outros dois herbicidas também não apresentam uma relação aparente entre média e variância. Ora, então há um problema em assumir o MLG Poisson para esses dados, pois com este modelo $Var(\hat{\mu}_i) = \hat{\mu}_i$.

```
> library(emmeans)
> lsmeans(glm.daninhas, specs = "herbicida", type = "response")
 herbicida rate   SE  df asymp.LCL asymp.UCL
 C          150 8.66 Inf     134.0       168
 G          114 7.53 Inf      99.7       129
 H          160 8.94 Inf     143.4       179

```

```
Confidence level used: 0.95
Intervals are back-transformed from the log scale
```

Observe como o modelo Poisson está estimando os erros padrão (SE) por meio das médias:

$$
\begin{aligned}
SE_C &= \sqrt{\tfrac{150}{2}} = 8.66 \\
SE_G &= \sqrt{\tfrac{114}{2}} = 7.53 \\
SE_H &= \sqrt{\tfrac{160}{2}} = 8.94
\end{aligned}
$$

sendo 2 o número de repetições. Note como tais estimativas estão abaixo dos valores de erro padrão amostral (11, 16.5 e 20, respectivamente). Se considerarmos o modelo de quasi-verossimilhança, estimando o parâmetro de dispersão $\hat{\phi} = 3.80$, teremos:

$$
\begin{aligned}
SE_C &= \sqrt{\tfrac{3.8\times150}{2}} = 16.9 \\
SE_G &= \sqrt{\tfrac{3.8\times114}{2}} = 14.7 \\
SE_H &= \sqrt{\tfrac{3.8\times160}{2}} = 17.4
\end{aligned}
$$

que se aproxima um pouco mais dos valores amostrais, mas ainda assim assumindo a mesma relação linear entre variância e média, isto é, quanto maior a média, maior a variância. Nesse ponto, dê uma olhada novamente nas funções de variância $V(\mu)$ apresentadas na Tabela 19.1. Nenhuma das $V(\mu)$ parece de fato apropriada para esses dados, pois, por elas, as variâncias estão diretamente relacionadas com a média. Na Poisson essa relação é linear; na binomial negativa, quadrática; com a normal inversa, a relação seria cúbica. Veja na Tabela 19.2 como ficariam as estimativas de erro padrão com os diferentes modelos.

Tabela 19.2: Médias e erros padrão amostral (E.P.) e estimados por diferentes MLG para tratamentos herbicida.

Herbicida	Média	E.P.	N	P	QP	BN	G	NI
C	150.0	11.0	16.3	8.7	16.9	12.1	17.8	19.0
G	113.5	16.5	16.3	7.5	14.7	9.9	13.5	12.5
H	160.0	20.0	16.3	8.9	17.4	12.7	19.0	20.9

N: normal, P: Poisson, QP: Quasi-Poisson($\hat{\phi} = 3.80$), BN: Binomial Negativo($\hat{\theta} = 156$), G: Gama, NI: Normal Inverso.

Exceto com o modelo Normal, que considera homocedasticidade, todos os demais modelos mantêm a ordenação dos erros padrão de acordo com a ordem das médias, ou seja, em todos os casos a menor média implica em menor erro padrão.

Usando o modelo Poisson, é esperada inflação na taxa de erro tipo I, pois as comparações entre os tratamentos seriam feitas com subestimativas dos erros padrão, podendo, com isso, detectar erroneamente diferenças significativas entre médias. Já com o modelo normal inverso, por exemplo, há risco de não se detectar diferenças que de fato existem, por estar usando nas comparações de médias superestimativas de erro padrão.

Embora seja possível lidar com esse problema utilizando pesos definidos *a priori* para as observações e/ou pelas diversas alternativas apresentadas na seção anterior, deixaremos para o capítulo seguinte uma solução para acomodar heterocedasticidade sem assumir necessariamente uma relação entre médias e variâncias.

19.7 *Jupyter notebook*

Faça a leitura do *QR code* a seguir para executar em nuvem os comandos apresentados neste capítulo com um *Jupyter notebook* com kernel do software R.

19.8 Exercícios

1. Os dados 'asalina.csv' (Cap. 7) consistem de dois ensaios conduzidos em DIC para avaliação de concentrações de um extrato vegetal sobre a mortalidade de larvas de *A. salina*. Ajuste um MLG apropriado para os dados de contagem. Faça um diagnóstico do modelo verificando se há superdispersão e uma análise de resíduos; como sugestão, construa um *half-normal plot*. Em seguida, apresente num gráfico o ajuste do modelo e linhas verticais indicando as estimativas de CL_{50} (concentração letal 50%) para cada ensaio.

2. Construa intervalos de 95% de confiança para as estimativas de CL_{50} da questão anterior. *Dica: aplique o método delta.*

3. Num estudo sobre seletividade de dois herbicidas à cultura do feijão-azuki, um experimento em delineamento inteiramente casualizado foi conduzido e

avaliada a massa seca das plantas. Os produtos foram testados com duas doses (g i.a. ha^{-1}) diferentes para cada. Faça a importação para o R dos dados apresentados na seção "Modelo de fatores hierárquicos" do capítulo 17 e, em seguida, ajuste um MLG apropriado para estes dados, verificando se há efeito significativo de produtos e dose por produto sobre a massa seca. Faça comparações entre produtos e entre doses dentro de cada produto.

4. Com os dados *daninhas* do exemplo de aplicação, ajuste um MLG geométrico utilizando a família `negative.binomial()` do pacote *MASS*; para isso use a já conhecida função `glm()`. Em seguida, construa um TRV para avaliar a hipótese $H_0 : \theta = 1$.

5. Com os dados splitplot.txt (vide Cap. 7), ajuste um MLG Gamma para o modelo de parcelas subdivididas.

6. Utilizando-se dos dados de proporção (intervalo 0 a 1) de insetos mortos apresentados no início deste capítulo, construa a função de *quasi*-verossimilhança admitindo a função de variância $V(\mu_i) = \mu_i(1 - \mu_i)$ e que a média μ_i é modelada pela função de ligação da família Aranda-Ordaz:

$$
\begin{aligned}
g(\mu_i) &= \log\left(\frac{(1-\mu_i)^{-\lambda} - 1}{\lambda}\right), \quad \lambda > 0 \\
\mu_i &= \begin{cases} 1 - (\lambda \exp(\eta_i) + 1)^{-1/\lambda}, & \lambda \exp(\eta_i) > -1 \\ 1, & \text{caso contrário} \end{cases}
\end{aligned}
$$

sendo λ um parâmetro que define a forma da ligação apropriada[6]. Defina $\eta_i = \beta_0 + \beta_1 x_i$. Então, obtenha as estimativas de β_0, β_1 e λ que maximizam a função de *quasi*-verossimilhança. Apresente graficamente o ajuste do modelo e a DL_{50}.

[6]Um caso especial é a logito, obtida com $\lambda = 1$

Capítulo 20

Modelos lineares mistos

All models are wrong, but some are useful.

– **George Box**

Em modelos estatísticos os fatores podem ser de efeito fixo ou aleatório, a depender do objetivo do estudo. Um fator é dito de efeito fixo quando seus níveis são selecionados propositalmente para serem avaliados experimentalmente. Por outro lado, os níveis de um fator de efeito aleatório são aleatoriamente tomados para compor uma amostra de uma população de níveis.

Modelos que possuem apenas fatores de efeito fixo são chamados de *modelos fixos*. Os que possuem apenas fatores de efeito aleatório são os *modelos aleatórios*. E os que possuem ambos os tipos de efeito são os *modelos mistos*. Um exemplo simples e comum de modelo misto é o modelo de análise de variância para o delineamento de blocos completos casualizados (DBC), em que o efeito de tratamentos é fixo e o de blocos é aleatório, uma vez que a função destes é de controle ambiental, com seus níveis representando uma amostra do ambiente.

Modelos de efeitos mistos podem acomodar heterogeneidade de variâncias relacionada a fatores experimentais, bem como estruturas de correlação relacionadas a medidas repetidas, dependência temporal e/ou espacial. Podem ser especialmente úteis para acomodar dependência genética entre indivíduos por meio de uma matriz de parentesco.

Por ocasião da análise conjunta de experimentos conduzidos em ambientes distintos, pode haver variabilidade muito distinta entre os ambientes, o que traria alguma dificuldade para a análise conjunta. Não obstante, um modelo misto com efeito aleatório de local é capaz de acomodar essa condição de heterocedasticidade.

20.1 Formulação, estimação e inferência

Considere o modelo linear especificado na forma matricial:

$$\boldsymbol{y} = \boldsymbol{X\beta} + \boldsymbol{Zu} + \boldsymbol{\epsilon}$$

em que $\boldsymbol{y}$ é o vetor de observações da variável resposta, $\boldsymbol{X}$ é a matriz de delineamento dos fatores de efeito fixo, $\boldsymbol{\beta}$ é o vetor de parâmetros dos efeitos fixos, $\boldsymbol{Z}$ é a matriz de delineamento dos fatores de efeito aleatório, $\boldsymbol{u}$ é o vetor de efeitos aleatórios desconhecidos, $\boldsymbol{\epsilon}$ é o vetor de erros aleatórios.

O vetor $\boldsymbol{u}$ é assumido ter distribuição normal de média zero e matriz de covariância $\boldsymbol{G}$; $\boldsymbol{\epsilon}$ é assumido ter distribuição normal de média zero e matriz de covariância $\boldsymbol{\Sigma}$; $\boldsymbol{u}$ e $\boldsymbol{\epsilon}$ são supostos serem independentes.

As matrizes $\boldsymbol{G}$ e $\boldsymbol{\Sigma}$ permitem, ao menos teoricamente, que o modelo capture qualquer tipo de estrutura de heterocedasticidade e/ou de dependência nos dados $\boldsymbol{y}$; diferentemente do modelo linear clássico $\boldsymbol{y} = \boldsymbol{X\beta} + \boldsymbol{\epsilon}$, em que se assume variância constante e ausência de correlação em $\boldsymbol{\epsilon}$. Alguns tipos comuns de estrutura de covariância para $\boldsymbol{G}$ são: não estruturada (mais complexa), simetria composta, autorregressiva e espacial. O leitor pode consultar a seção 11.8.2, onde são mostrados alguns desses tipos.

Considere, por exemplo, o modelo de ANOVA do DBC, como visto anteriormente:

$$y_{ij} = \mu + \tau_i + b_j + \epsilon_{ij}$$

Considerando-o um modelo fixo, isto é, com ambos tratamentos e blocos de efeitos fixos, e com $\epsilon_{ij} \sim N(0, \sigma^2)$, tem-se:

$$Var(y_{ij}) = Var(\epsilon_{ij}) = \sigma^2$$

Mas considerando efeito fixo de tratamento e efeito aleatório de blocos, com $b_j \sim N(0, \sigma_b^2)$ e $\epsilon_{ij} \sim N(0, \sigma^2)$, sendo ambos independentes e identicamente distribuídos,

$$Var(y_{ij}) = Var(b_j + \epsilon_{ij}) = Var(b_j) + Var(\epsilon_{ij}) = \sigma_b^2 + \sigma^2$$

e que a covariância entre duas observações (i e i') num mesmo bloco j é

$$Cov(y_{ij}, y_{i'j}) = Cov(b_j + \epsilon_{ij}, b_j + \epsilon_{i'j}) = Cov(b_j, b_j) = \sigma_b^2$$

Já a covariância entre parcelas de blocos distintos (j e j') é:

$$Cov(y_{ij}, y_{ij'}) = Cov(b_j + \epsilon_{ij}, b_{j'} + \epsilon_{ij'}) = 0$$

Esses resultados significam que o modelo misto mais simples de DBC, com blocos de efeito aleatório, já permite capturar a correlação entre parcelas de um mesmo bloco, conhecida por *coeficiente de correlação intraclasse*, dado por

$$\rho = \frac{\sigma_b^2}{\sigma_b^2 + \sigma^2}$$

que também representa a proporção da variância total devida à *classe* (bloco, no caso).

Pode-se ainda entender σ_b^2 como a variância *entre* blocos e σ^2 como a variância *dentro* de blocos.

Nota: no caso de um fator genético de efeito aleatório, sendo σ_g^2 a variância genética, uma espécie de variante de ρ é conhecida como *herdabilidade no sentido amplo* (h^2), e indica a proporção da variação *fenotípica* que é devida à variação dos valores genéticos:

$$h^2 = \frac{\sigma_g^2}{\sigma_g^2 + \sigma^2/r}$$

sendo r o número de repetições de cada nível do fator genético.

Estimação

A estimação de efeitos fixos é feita por meio de uma solução de mínimos quadrados generalizados (GLS), que leva em conta as matrizes $\boldsymbol{G}$ e $\boldsymbol{\Sigma}$:

$$\hat{\boldsymbol{\beta}} = (\boldsymbol{X}'\hat{\boldsymbol{V}}^{-1}\boldsymbol{X})^{-1}\boldsymbol{X}'\hat{\boldsymbol{V}}^{-1}\boldsymbol{y}$$

em que

$$\hat{\boldsymbol{V}} = \boldsymbol{Z}\hat{\boldsymbol{G}}\boldsymbol{Z}' + \hat{\boldsymbol{\Sigma}}$$

é a matriz de covariâncias de $\boldsymbol{y}$. $\boldsymbol{G}$ e $\boldsymbol{\Sigma}$, por sua vez, são estimadas assumindo uma distribuição de probabilidades (normal, usualmente), por métodos baseados em verossimilhança ordinária (ML) ou restrita (REML), sendo esta última mais indicada por fornecer estimativas não viesadas dos componentes de (co)variância. Nesse ponto, vale indicar uma revisita à seção 4.7.

Por suas propriedades estatísticas de qualidade, o estimador $\hat{\boldsymbol{\beta}}$ é chamado de 'BLUE' (*best linear unbiased estimator*). Os efeitos aleatórios $\hat{\boldsymbol{u}}$ também são obtidos pelo método GLS:

$$\hat{\boldsymbol{u}} = \hat{\boldsymbol{G}}\boldsymbol{Z}'\hat{\boldsymbol{V}}^{-1}(\boldsymbol{y} - \boldsymbol{X}\hat{\boldsymbol{\beta}})$$

E, de forma análoga, $\hat{\boldsymbol{u}}$ é chamado 'BLUP' (do inglês, *best linear unbiased predictor*). Em estatística genética, o 'BLUP' tem grande utilidade e relevância, em particular enquanto ferramenta de seleção de genótipos.

Inferência

A hipótese de nulidade associada aos efeitos fixos do modelo misto é:

$$H_0 : \boldsymbol{L}\boldsymbol{\beta} = 0$$

que implica, no modelo de DBC exemplificado, em

$$H_0 : \tau_i = 0 \;\; \forall \;\; i$$

E, diferentemente do modelo linear clássico, o teste F não envolve o cálculo de somas de quadrados, sendo a estatística de teste obtida por:

$$F = \frac{\hat{\boldsymbol{\beta}}'\boldsymbol{L}'[\boldsymbol{L}(\boldsymbol{X}'\hat{\boldsymbol{V}}^{-1}\boldsymbol{X})^{-}\boldsymbol{L}']^{-}\boldsymbol{L}\hat{\boldsymbol{\beta}}}{rank(\boldsymbol{L})}$$

em que $\boldsymbol{L}$ é uma matriz que define a hipótese linear em teste a partir da distribuição F com graus de liberdade do numerador igual a $rank(\boldsymbol{L})$ e graus de liberdade do resíduo para o denominador.

A estatística t-Student pode ser utilizada para testar hipóteses específicas com relação aos parâmetros $\boldsymbol{\beta}$, também do tipo $H_0 : \boldsymbol{L}\boldsymbol{\beta} = 0$, podendo $\boldsymbol{L}$ ser definida para testar contrastes específicos entre médias de tratamentos. Para isso, calcula-se a variância do contraste

$$Var(\boldsymbol{L}\hat{\boldsymbol{\beta}}) = \boldsymbol{L}(\boldsymbol{X}'\hat{\boldsymbol{V}}^{-1}\boldsymbol{X})^{-}\boldsymbol{L}'$$

pois, tendo-se obtido a estimativa de máxima verossimilhança $\hat{\boldsymbol{\beta}}$, então

$$\hat{\boldsymbol{\beta}}_{ML} \sim Normal(\boldsymbol{\beta}, [\boldsymbol{X}'\hat{\boldsymbol{V}}^{-1}\boldsymbol{X}]^{-})$$

o que permite construir também intervalos de confiança usando a distribuição amostral t.

Inferências para efeitos fixos são mais comuns. Mas, a depender do estudo, há maior ou menor interesse em inferências sobre os componentes $\sigma_{\cdot}^2$ de variância, isto é, no teste de

$$H_0 : \sigma_{\cdot}^2 = 0$$

e, para isso, uma aproximação assintótica é feita pela distribuição normal, em que a log-verossimilhança restrita é utilizada para estimar os componentes de variância em *escala logarítmica*, que fornece aproximação mais acurada (Pinheiro & Bates, 2000, p. 82).

Implementações em R

Dois pacotes amplamente utilizados para ajuste de modelos mistos no `R` são *nlme* (Pinheiro et al., 2018) e *lme4* (Bates et al., 2015). O primeiro permite o ajuste de modelos lineares e não lineares. O segundo permite também o ajuste de modelos lineares generalizados mistos. Para isto, a função `glmmPQL()` do pacote *MASS* (Venables & Ripley, 2002) pode também ser utilizada e é de uso similar ao pacote *nlme*.

Vale mencionar também o pacote *mgcv* (Wood, 2017), bastante útil para o ajuste de *modelos aditivos generalizados* (*GAM* - *generalized additive models*, do inglês), que consistem basicamente de uma extensão dos MLGs que permite capturar efeitos lineares ou não lineares complexos por meio de funções de suavização, como *splines*.

Procedimentos de comparações múltiplas de médias e testes de contrastes de efeitos fixos podem ser realizados com os pacotes *emmeans* (Lenth, 2019) e *multcomp* (Hothorn et al., 2008).

20.2 Exemplo de aplicação

Os dados gotas.csv (Cap. 7) foram obtidos de um experimento conduzido em delineamento de blocos completos casualizados, com 4 repetições, para comparação de 5 tecnologias de pulverização de defensivos agrícolas sobre a cultura da soja. A variável resposta (resp) é a densidade de gotas por cm^2, medida por meio de cartões hidrossensíveis presos em folhas do terço médio das plantas.

```
> gotas <- read.csv("https://raw.githubusercontent.com/arsilva87/
    statsbook/main/datasets/gotas.csv", colClasses=c("factor", "factor"
    , "numeric"))

> str(gotas)
'data.frame':   20 obs. of  3 variables:
 $ trat : Factor w/ 5 levels "T1","T2","T3",..: 1 2 3 4 5
 $ bloco: Factor w/ 4 levels "1","2","3","4": 1 1 1 1 2
 $ resp : num  422.8 52.1 810.3 92.4 25.6 ...
```

Façamos o ajuste do modelo considerando blocos de efeito aleatório. Observe que a parte aleatória do modelo é declarada separadamente. O método de estimação é o de máxima verossimilhança restrita (REML). Com isso são computadas as estatísticas de qualidade de ajuste como o AIC.

Os componentes de variância (são apresentados os desvios padrão) estimados são: $\hat{\sigma}_b = 28.2997$ para blocos e $\hat{\sigma} = 135.2798$ para o resíduo. Nesta modelagem, a soma destes equivale ao desvio padrão residual do modelo linear clássico, já que não inserimos nenhuma estrutura de covariância. Isso significa que ainda estamos assumindo homogeneidade de variâncias entre os tratamentos. Note que os efeitos destes possuem a mesma estimativa de erro padrão (*Std.Error*), sendo

$$
\begin{aligned}
SE(\hat{\tau}_i) &= \sqrt{Var(\hat{\mu}_i - \hat{\mu}_1)} \\
&= \sqrt{Var(\hat{\mu}_i) + Var(\hat{\mu}_1) - 2Cov(\hat{\mu}_i, \hat{\mu}_1)} \\
&= \sqrt{\frac{2(\hat{\sigma}_b^2 + \hat{\sigma}^2)}{r} - \frac{2\hat{\sigma}_b^2}{r}} = \sqrt{\frac{2\hat{\sigma}^2}{r}}
\end{aligned}
$$

sendo r o número de repetições.

```
> library(nlme)
> lme.gotas <- lme(resp ~ trat, random = ~1|bloco, data = gotas)
> summary(lme.gotas)
Linear mixed-effects model fit by REML
 Data: gotas
       AIC    BIC   logLik
  211.3136 216.27 -98.6568

Random effects:
 Formula: ~1 | bloco
        (Intercept) Residual
StdDev:     28.2997 135.2798

Fixed effects: resp ~ trat
```

```
                Value Std.Error DF   t-value p-value
(Intercept)  318.5550  69.10406 12  4.609787  0.0006
tratT2      -201.9075  95.65723 12 -2.110740  0.0565
tratT3       463.3475  95.65723 12  4.843831  0.0004
tratT4      -215.7700  95.65723 12 -2.255658  0.0436
tratT5      -279.1000  95.65723 12 -2.917709  0.0129
 Correlation:
       (Intr) tratT2 tratT3 tratT4
tratT2 -0.692
tratT3 -0.692  0.500
tratT4 -0.692  0.500  0.500
tratT5 -0.692  0.500  0.500  0.500

Standardized Within-Group Residuals:
       Min         Q1         Med         Q3        Max
-1.7043001 -0.3208952 -0.00200771  0.2893374  2.7135553

Number of Observations: 20
Number of Groups: 4
```

Observe também como foi declarado o componente aleatório `1|bloco`, com o valor 1 denotando que não há nenhuma covariável na estrutura aleatória devida a blocos, de forma que 1 significa que cada bloco tem seu próprio intercepto aleatório, com variância σ_b^2. Assim, a variância $Var(y_{ij}) = \sigma_b^2 + \sigma^2$.

Não obstante, é possível definir efeitos lineares de uma ou mais covariáveis para cada nível do fator aleatório. Por exemplo, digamos que houvesse a covariável altura de plantas x. Então a parte aleatória do modelo poderia ser declarada por `x|bloco`, o que resultaria em coeficientes angulares (β_1) aleatórios para cada bloco, e um componente de variância associado a essa covariável. Teríamos então $Var(y_{ij}) = \sigma_b^2 + \sigma_x^2 + \sigma^2$, sendo σ_b^2 a variância associada aos interceptos e σ_x^2 a variância associada aos coeficientes angulares. Para mais detalhes sobre a sintaxe de modelos mistos, consulte Bates et al. (2015).

A seguir, as matrizes[1] do modelo para a parte fixa, $\boldsymbol{X}$, e aleatória, $\boldsymbol{Z}$. Observe como o intercepto (μ) está presente em $\boldsymbol{X}$. Já as colunas de $\boldsymbol{Z}$ são referentes apenas aos efeitos aleatórios de blocos, isto é, sem o intercepto. Isto porque o modelo misto é definido de forma que os efeitos aleatórios (b_j, nesse caso) tenham média zero. Então removemos o intercepto com `-1`.

```
> X <- model.matrix( ~ trat, data = gotas)
> X
   (Intercept) tratT2 tratT3 tratT4 tratT5
```

[1]As matrizes foram representadas como matrizes esparsas com o pacote *Matrix*, função homônima.

```
1           1 . . . .
2           1 1 . . .
3           1 . 1 . .
4           1 . . 1 .
5           1 . . . 1
6           1 . . . .
7           1 1 . . .
8           1 . 1 . .
9           1 . . 1 .
10          1 . . . 1
11          1 . . . .
12          1 1 . . .
13          1 . 1 . .
14          1 . . 1 .
15          1 . . . 1
16          1 . . . .
17          1 1 . . .
18          1 . 1 . .
19          1 . . 1 .
20          1 . . . 1
```

```
> Z <- model.matrix( ~ -1 + bloco, data = gotas)
> Z
   bloco1 bloco2 bloco3 bloco4
1       1      .      .      .
2       1      .      .      .
3       1      .      .      .
4       1      .      .      .
5       1      .      .      .
6       .      1      .      .
7       .      1      .      .
8       .      1      .      .
9       .      1      .      .
10      .      1      .      .
11      .      .      1      .
12      .      .      1      .
13      .      .      1      .
14      .      .      1      .
15      .      .      1      .
16      .      .      .      1
17      .      .      .      1
18      .      .      .      1
19      .      .      .      1
20      .      .      .      1
```

Agora vejamos as estimativas (BLUE) $\hat{\mu}$, $\hat{\tau}_i$ (2 a 5, pois $\tau_1 = 0$) e os valores aleatórios preditos (BLUP) $\hat{b}_j$.

```
> fixef(lme.gotas)
(Intercept)      tratT2      tratT3      tratT4      tratT5
   318.5550   -201.9075    463.3475   -215.7700   -279.1000

> ranef(lme.gotas)
  (Intercept)
1    1.573921
2   -9.455196
3   -8.477128
4   16.358402
```

Os componentes de variância são:

```
> VarCorr(lme.gotas)
bloco = pdLogChol(1)
            Variance   StdDev
(Intercept)   800.8731  28.2997
Residual    18300.6118 135.2798
```

com os quais se pode construir as matrizes $\hat{\boldsymbol{G}}$

```
> var.b <- as.numeric(VarCorr(lme.gotas)[1, "Variance"])
> G <- diag(ncol(Z)) * var.b
> G
         [,1]     [,2]     [,3]     [,4]
[1,] 800.8731   0.0000   0.0000   0.0000
[2,]   0.0000 800.8731   0.0000   0.0000
[3,]   0.0000   0.0000 800.8731   0.0000
[4,]   0.0000   0.0000   0.0000 800.8731
```

e $\hat{\boldsymbol{\Sigma}}$ (para as 6 primeiras observações)

```
> var.r <- as.numeric(VarCorr(lme.gotas)[2, "Variance"])
> n <- nrow(gotas)
> Sigma <- diag(n) * var.r
> Sigma[1:6, 1:6]
         [,1]     [,2]     [,3]     [,4]     [,5]     [,6]
[1,] 18300.61     0.00     0.00     0.00     0.00     0.00
[2,]     0.00 18300.61     0.00     0.00     0.00     0.00
[3,]     0.00     0.00 18300.61     0.00     0.00     0.00
[4,]     0.00     0.00     0.00 18300.61     0.00     0.00
[5,]     0.00     0.00     0.00     0.00 18300.61     0.00
[6,]     0.00     0.00     0.00     0.00     0.00 18300.61
```

Finalmente, observe na matriz $\hat{V}$ as variâncias das primeiras seis observações.

```
> V <- Z %*% G %*% t(Z) + Sigma
> V[1:6, 1:6]
         1        2        3        4        5        6
1 19101.48   800.87   800.87   800.87   800.87     0.00
```

```
2   800.87 19101.48   800.87   800.87   800.87     0.00
3   800.87   800.87 19101.48   800.87   800.87     0.00
4   800.87   800.87   800.87 19101.48   800.87     0.00
5   800.87   800.87   800.87   800.87 19101.48     0.00
6     0.00     0.00     0.00     0.00     0.00 19101.48
```

Mas $\hat{V}$ tem dimensão $n \times n$ e é bloco-diagonal, isto é, a diagonal principal é dada por $\hat{\sigma}_b^2 + \hat{\sigma}^2$ e, dentro de um bloco mas fora da diagonal principal, tem-se $\hat{\sigma}_b^2$. As outras células são todas nulas, representando a covariância entre observações de parcelas de blocos diferentes. Veja uma representação da estrutura completa de $\hat{V}$ a seguir.

```
> library(Matrix)
> Matrix(abs(V) > 0, sparse = TRUE)
20 x 20 sparse Matrix of class "lsCMatrix"

1  | | | | | . . . . . . . . . . . . . . .
2  | | | | | . . . . . . . . . . . . . . .
3  | | | | | . . . . . . . . . . . . . . .
4  | | | | | . . . . . . . . . . . . . . .
5  | | | | | . . . . . . . . . . . . . . .
6  . . . . . | | | | | . . . . . . . . . .
7  . . . . . | | | | | . . . . . . . . . .
8  . . . . . | | | | | . . . . . . . . . .
9  . . . . . | | | | | . . . . . . . . . .
10 . . . . . | | | | | . . . . . . . . . .
11 . . . . . . . . . . | | | | | . . . . .
12 . . . . . . . . . . | | | | | . . . . .
13 . . . . . . . . . . | | | | | . . . . .
14 . . . . . . . . . . | | | | | . . . . .
15 . . . . . . . . . . | | | | | . . . . .
16 . . . . . . . . . . . . . . . | | | | |
17 . . . . . . . . . . . . . . . | | | | |
18 . . . . . . . . . . . . . . . | | | | |
19 . . . . . . . . . . . . . . . | | | | |
20 . . . . . . . . . . . . . . . | | | | |
```

A sequência apresentada para a obtenção de $\hat{\boldsymbol{V}}$ está implementada no pacote *mgcv*, na função `extract.lme.cov()`.

A matriz de covariâncias das estimativas de efeito fixo ($\hat{\boldsymbol{\beta}}$) é

```
> var_beta <- solve(t(X) %*% solve(V) %*% X)
> var_beta
            (Intercept) tratT2  tratT3  tratT4  tratT5
(Intercept)      4775.4 -4575.1 -4575.1 -4575.1 -4575.1
tratT2          -4575.1  9150.3  4575.1  4575.1  4575.1
tratT3          -4575.1  4575.1  9150.3  4575.1  4575.1
```

```
tratT4            -4575.1  4575.1  4575.1  9150.3  4575.1
tratT5            -4575.1  4575.1  4575.1  4575.1  9150.3
# = vcov(lme.gotas)
```

Com esta, poderíamos testar, por exemplo, o contraste $C_1 = \mu_3 - \frac{1}{2}(\mu_4 + \mu_5)$, fazendo

```
# coeficientes do contraste
> L <- c(0, 0, 1, -0.5, -0.5)

# efeitos fixos do modelo
> B <- fixef(lme.gotas)

# estimativa do contraste
> C1 <- L %*% B
> C1
         [,1]
[1,] 710.7825

# erro padrao do contraste
> ep_C1 <- sqrt( t(L) %*% var_beta %*% L )
> ep_C1
         [,1]
[1,] 82.84159

# estatistica do teste t
> t_C1 <- C1/ep_C1
> t_C1
        [,1]
[1,] 8.58002

# p-valor (bilateral)
> pt(t_C1, df = 16, lower.tail = FALSE) * 2
             [,1]
[1,] 2.210756e-07
```

Mas, claro, esses comandos para testes de contrastes são mostrados para fins didáticos. Uma opção prática para testes de contrastes é a função `contrast()` do pacote *emmeans*.

```
> library(emmeans)
> medias <- lsmeans(lme.gotas, specs = "trat")
> contrast(medias, list(C1 = c(0, 0, 1, -0.5, -0.5)))
 contrast estimate   SE df t.ratio p.value
 C1            711 82.8 12 8.580   <.0001
```

Estendendo o modelo

No modelo ajustado há falhas nas pressuposições, de normalidade, homocedasticidade e provavelmente de aditividade entre blocos e tratamentos. Observe a considerável diferença de variância (v) entre tratamentos.

```
> aggregate(resp ~ trat, data = gotas,
  FUN = function(y)  c(v = var(y), m = mean(y)))
  trat     resp.v      resp.m
1   T1  9854.5062   318.5550
2   T2  6746.3168   116.6475
3   T3 78319.5998   781.9025
4   T4   501.1975   102.7850
5   T5    85.8023    39.4550
```

Observe (Figura 20.1) também heterocedasticidade através da dispersão dos resíduos de Pearson,

$$r_{ij}^{(P)} = \frac{\hat{\epsilon}_{ij}}{\sqrt{\hat{\sigma}_b^2 + \hat{\sigma}^2}}$$

em função dos valores ajustados $\hat{y}_{ij}$, executando

```
> plot(lme.gotas)
```

Vejamos então como incorporar **heterocedasticidade** ao modelo misto. O valor 1 atribuído em `varIdent()` é um coeficiente (peso) para o erro padrão do tratamento T1. O resultado da otimização dos coeficientes é apresentado a seguir, representando a razão entre o erro padrão dos demais níveis em relação ao primeiro. Note que essa forma de incorporar diferenças entre as variâncias não é determinada pela relação entre variâncias e médias dos tratamentos, diferentemente do que vimos com os MLG.

```
> lme.var <- update(lme.gotas, weights = varIdent(1, form = ~1|trat))
> summary(lme.var)
Linear mixed-effects model fit by REML
 Data: gotas
       AIC      BIC    logLik
  191.1825 198.9711 -84.59126

Random effects:
 Formula: ~1 | bloco
        (Intercept) Residual
StdDev:     8.08537 104.6088

Variance function:
 Structure: Different standard deviations per stratum
```

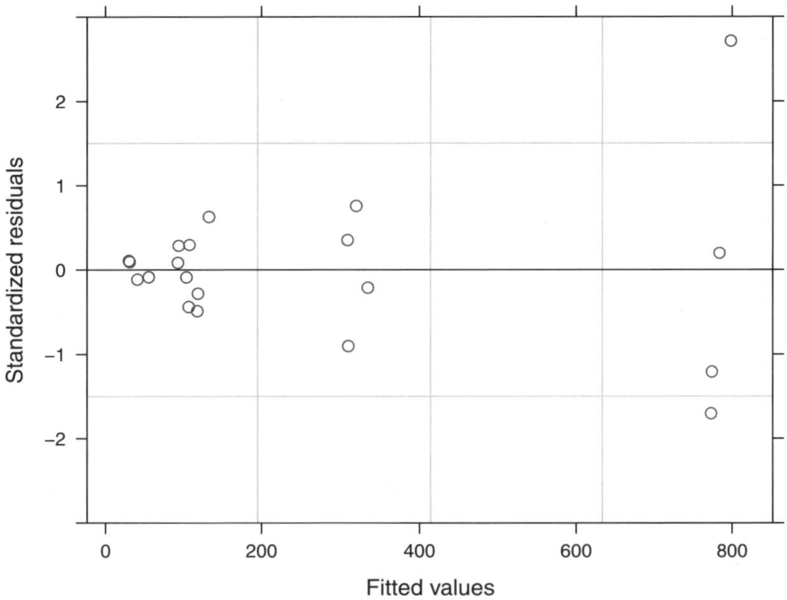

Figura 20.1: Resíduos de Pearson em função dos valores ajustados pelo modelo misto básico, com efeito fixo de tratamentos e aleatório de blocos.

```
 Formula: ~1 | trat
 Parameter estimates:
        T1         T2         T3         T4         T5
1.00000000 0.75478317 2.68477709 0.20271202 0.04172154
Fixed effects: resp ~ trat
                Value Std.Error DF   t-value p-value
(Intercept)  318.5550  52.46041 12  6.072293  0.0001
tratT2      -201.9075  65.53093 12 -3.081102  0.0095
tratT3       463.3475 149.85035 12  3.092068  0.0093
tratT4      -215.7700  53.36825 12 -4.043041  0.0016
tratT5      -279.1000  52.34992 12 -5.331431  0.0002
 Correlation:
       (Intr) tratT2 tratT3 tratT4
tratT2 -0.796
tratT3 -0.348  0.279
tratT4 -0.977  0.782  0.342
tratT5 -0.996  0.797  0.349  0.979

Standardized Within-Group Residuals:
        Min          Q1         Med          Q3         Max
-1.28652448 -0.69293523  0.03509938  0.35156740  1.35467487
```

```

Number of Observations: 20
Number of Groups: 4
```

Note o efeito dessa nova modelagem (com os pesos c_i) sobre as estimativas de erro padrão dos tratamentos:

$$
\begin{aligned}
SE(\hat{\mu}_1) &= \sqrt{\frac{\hat{\sigma}_b^2 + \hat{\sigma}^2}{r}} \\
SE(\hat{\tau}_i) &= \sqrt{\frac{(c_i\hat{\sigma})^2}{r} + \frac{\hat{\sigma}^2}{r}}
\end{aligned}
$$

Veja que há redução do AIC, com diferença significativa de verossimilhança ($p < 0.0001$), o que significa melhoria no ajuste do modelo. Para mais detalhes e mais opções de funções de variância, veja a documentação de `help(varClasses)` ou consulte Pinheiro & Bates (2000).

```
> anova(lme.gotas, lme.var)
          Model df      AIC      BIC    logLik   Test
lme.gotas     1  7 211.3136 216.2699 -98.65680
lme.var       2 11 191.1825 198.9711 -84.59126 1 vs 2
          L.Ratio p-value
lme.gotas
lme.var   28.13107  <.0001
```

Agora vejamos a nova matriz $\hat{\boldsymbol{V}}$, que também é bloco-diagonal, mas agora acomodando heterogeneidade de variâncias dos tratamentos. A seguir a parte relativa às 6 primeiras observações, sendo as 5 primeiras de um mesmo bloco.

```
> library(mgcv)
> extract.lme.cov(lme.var)[1:6, 1:6]
         [,1]     [,2]     [,3]   [,4]  [,5]     [,6]
[1,] 11008.38    65.37    65.37  65.37 65.37     0.00
[2,]    65.37  6299.58    65.37  65.37 65.37     0.00
[3,]    65.37    65.37 78942.88  65.37 65.37     0.00
[4,]    65.37    65.37    65.37 515.05 65.37     0.00
[5,]    65.37    65.37    65.37  65.37 84.42     0.00
[6,]     0.00     0.00     0.00   0.00  0.00 11008.38
```

Continuando o diagnóstico do modelo, podemos verificar também a dispersão dos resíduos de Pearson, agora sem tendência (Figura 20.2).

É possível também incorporar uma estrutura de **correlação** dentro dos níveis do fator aleatório (blocos). Embora seja de maior apelo para modelar depen-

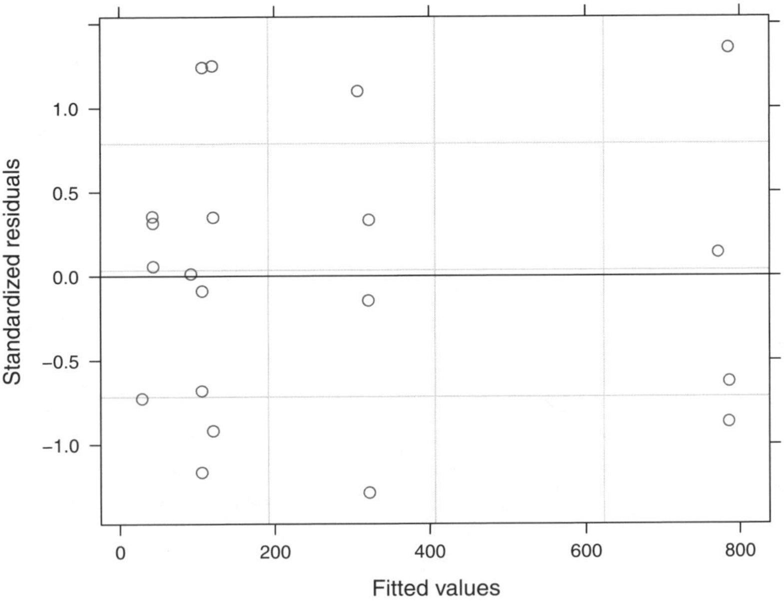

Figura 20.2: Resíduos de Pearson em função dos valores ajustados pelo modelo misto básico, com efeito fixo de tratamentos e aleatório de blocos, acomodando heterocedasticidade devida a tratamentos.

dência temporal, por simplicidade, utilizaremos para exemplificar a estrutura autorregressiva de primeira ordem (AR1), em que

$$Cor(y_{ij}, y_{i'j}) = \phi^k$$

sendo ϕ o parâmetro AR1 de correlação e k o *lag* de distância entre as parcelas de um mesmo bloco j. Por exemplo, ao supor $\phi = 0.8$ para $k = 1$, estamos considerando correlação de 0.8 entre duas parcelas vizinhas quaisquer de um mesmo bloco. Já a correlação entre parcelas com distância ($k = 2$) seria de $0.8^2 = 0.64$, e assim sucessivamente. Para mais detalhes e mais opções de estruturas de correlação, veja a documentação `help(corClasses)` ou consulte Pinheiro & Bates (2000). Vejamos como fica a estrutura de correlação assumida:

```
> mc <- corAR1(0.8, form = ~1|bloco)
> mci <- Initialize(mc, data = gotas)
> corMatrix(mci, data = gotas)
$`1`
       [,1]  [,2] [,3]  [,4]   [,5]
[1,] 1.0000 0.800 0.64 0.512 0.4096
```

```
[2,] 0.8000 1.000 0.80 0.640 0.5120
[3,] 0.6400 0.800 1.00 0.800 0.6400
[4,] 0.5120 0.640 0.80 1.000 0.8000
[5,] 0.4096 0.512 0.64 0.800 1.0000
# ...(output truncado)
```

O *output* foi truncado, já que a mesma matriz se repete para os outros três blocos.

A seguir, com a atualização do modelo, obtivemos $\hat{\phi} = -0.2313$.

```
> lme.cor <- update(lme.var, correlation = mc)
> lme.cor
Linear mixed-effects model fit by REML
  Data: gotas
  Log-restricted-likelihood: -84.40048
  Fixed: resp ~ trat
 (Intercept)      tratT2     tratT3     tratT4     tratT5
    318.5550   -201.9075   463.3475   -215.770  -279.1000

Random effects:
 Formula: ~1 | bloco
        (Intercept) Residual
StdDev:    9.262941 102.1699

Correlation Structure: AR(1)
 Formula: ~1 | bloco
 Parameter estimate(s):
       Phi
-0.2313479
Variance function:
 Structure: Different standard deviations per stratum
 Formula: ~1 | trat
 Parameter estimates:
        T1          T2          T3          T4           T5
1.0000e+00 8.1624e-01 2.8617e+00 1.9891e-01 9.01648e-08
Number of Observations: 20
Number of Groups: 4
```

Vamos dar uma olhada na matriz $\hat{\boldsymbol{V}}$ do modelo incorporando correlação. O *output* a seguir é para as seis primeiras observações.

```
> extract.lme.cov(lme.cor)[1:6, 1:6]
         [,1]     [,2]     [,3]     [,4] [,5]     [,6]
[1,] 10524.48 -1885.40  1684.66    60.09 85.8     0.00
[2,] -1885.40  7040.60 -5555.29   176.51 85.8     0.00
[3,]  1684.66 -5555.29 85575.02 -1288.89 85.8     0.00
[4,]    60.09   176.51 -1288.89   498.82 85.8     0.00
[5,]    85.80    85.80    85.80    85.80 85.8     0.00
```

```
[6,]       0.00      0.00      0.00      0.00  0.0 10524.48
```

Observe, no entanto, que a estrutura de correlação não era de fato necessária, não promovendo melhora significativa ($p = 0.5368$) no ajuste do modelo anterior (`lme.var`).

```
> anova(lme.gotas, lme.var, lme.cor)
           Model df      AIC      BIC    logLik   Test
lme.gotas      1  7 211.3136 216.2699 -98.65680
lme.var        2 11 191.1825 198.9711 -84.59126 1 vs 2
lme.cor        3 12 192.8010 201.2976 -84.40048 2 vs 3
            L.Ratio p-value
lme.gotas
lme.var   28.131071  <.0001
lme.cor    0.381566  0.5368
```

Construa gráficos do tipo quantil-quantil normal para os resíduos de Pearson do modelo inicial e do modelo final e observe as diferenças no grau de ajuste. Veja também as diferenças nas comparações de médias. Observe como, por exemplo, a diferença ($p = 0.0006$) entre T4 e T5 é detectada com o modelo que acomoda a heterocedasticidade. Mas com o modelo inicial, essa diferença não é significativa ($p = 0.9609$). Entenda esses resultados observando os erros padrão (SE) dos tratamentos estimados por ambos os modelos.

```
> lsmeans(lme.gotas, pairwise ~ trat)  # modelo inicial
$lsmeans
 trat lsmean   SE df lower.CL upper.CL
 T1    318.6 69.1  3     98.6      538
 T2    116.6 69.1  3   -103.3      337
 T3    781.9 69.1  3    562.0     1002
 T4    102.8 69.1  3   -117.1      323
 T5     39.5 69.1  3   -180.5      259

d.f. method: containment
Confidence level used: 0.95

$contrasts
 contrast estimate   SE df t.ratio p.value
 T1 - T2     201.9 95.7 12   2.111  0.2766
 T1 - T3    -463.3 95.7 12  -4.844  0.0030
 T1 - T4     215.8 95.7 12   2.256  0.2245
 T1 - T5     279.1 95.7 12   2.918  0.0787
 T2 - T3    -665.3 95.7 12  -6.955  0.0001
 T2 - T4      13.9 95.7 12   0.145  0.9999
 T2 - T5      77.2 95.7 12   0.807  0.9235
 T3 - T4     679.1 95.7 12   7.099  0.0001
 T3 - T5     742.4 95.7 12   7.762  <.0001
```

```
 T4 - T5      63.3 95.7 12  0.662  0.9609

P value adjustment: tukey method for comparing a family of 5 estimates

# ---------------------------------------------------
> lsmeans(lme.var, pairwise ~ trat) # modelo final
$lsmeans
 trat lsmean     SE df lower.CL upper.CL
 T1    318.6  52.46  3   151.60    485.5
 T2    116.6  39.68  3    -9.65    242.9
 T3    781.9 140.48  3   334.82   1229.0
 T4    102.8  11.35  3    66.67    138.9
 T5     39.5   4.59  3    24.83     54.1

d.f. method: containment
Confidence level used: 0.95

$contrasts
 contrast estimate    SE df t.ratio p.value
 T1 - T2     201.9  65.5 12   3.081  0.0599
 T1 - T3    -463.3 149.9 12  -3.092  0.0588
 T1 - T4     215.8  53.4 12   4.043  0.0115
 T1 - T5     279.1  52.3 12   5.331  0.0014
 T2 - T3    -665.3 145.9 12  -4.561  0.0048
 T2 - T4      13.9  40.9 12   0.339  0.9967
 T2 - T5      77.2  39.5 12   1.952  0.3433
 T3 - T4     679.1 140.8 12   4.822  0.0031
 T3 - T5     742.4 140.4 12   5.286  0.0015
 T4 - T5      63.3  10.8 12   5.850  0.0006

P value adjustment: tukey method for comparing a family of 5 estimates
```

20.3 Uma análise de medidas repetidas

Tem-se dados experimentais longitudinais quando as unidades experimentais são medidas repetidamente ao longo do tempo, causando, geralmente, uma dependência (correlação temporal) nas observações feitas na mesma unidade experimental. Há certa similaridade com o conhecido esquema experimental de *parcelas subdivididas no tempo* (*split-plot in time*), mas este não fornece dados longitudinais, e sim transversais, pois em cada tempo uma subparcela distinta é mensurada. Mas, se todas as subparcelas são avaliadas ao longo do tempo, então tem-se um caso de *medidas repetidas*. Sob a condição de *esfericidade* (simetria composta da matriz de covariância), ambas as análises conduzem a resultados equivalentes.

Medidas repetidas constituem um tipo geral de estudos, em que há um fator delineado *dentro*[2] das unidades amostrais (ou experimentais), cujos níveis mudam em cada medição (Figura 20.3). Esse fator pode representar, por exemplo, o tempo, o espaço ou tratamentos de forma geral. Assim, dados longitudinais podem ser entendidos como um caso especial de medidas repetidas.

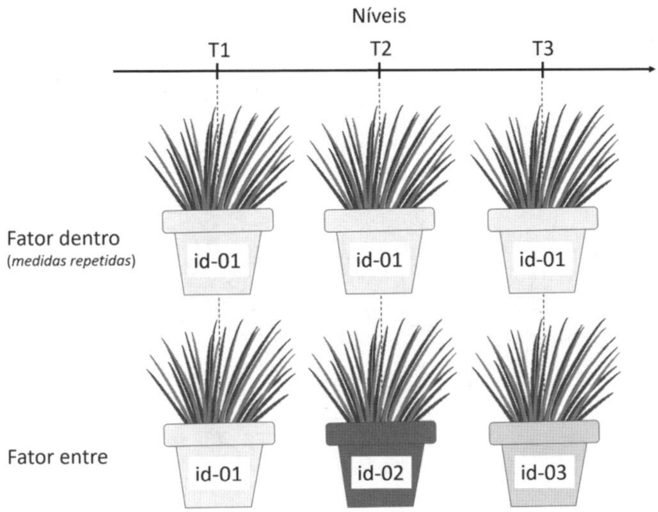

Figura 20.3: Ilustração de um estudo de medidas repetidas (fator dentro, com 3 níveis) *vs.* um estudo de fator entre (com 3 níveis), em que cada unidade experimental é representada por um vaso.

Também não confundamos dados longitudinais com *série temporal*[3]. Esta última consiste de uma única unidade amostral sendo avaliada ao longo do tempo (em geral, em mais de 20 instantes).

Tomemos como exemplo o conjunto de dados 'dinsularis.csv' (vide Cap. 7). Três tratamentos herbicidas foram comparados quanto ao controle de *D. insularis* em um DIC, cujas unidades experimentais são vasos cultivados com a planta daninha. Cada unidade foi avaliada em quatro tempos, de 7 a 28 dias após a aplicação.

```
> amargoso <- read.csv("https://raw.githubusercontent.com/arsilva87/
    statsbook/main/datasets/dinsularis.csv")

> str(amargoso)
'data.frame':   48 obs. of  4 variables:
```

[2]O termo em inglês para esse tipo de estudo é *repeated measures* ou *within-subject design*.

[3]São exemplos de modelos de séries temporais: médias móveis (MA), autorregressivo (AR), autoregressivo integrado de médias móveis (ARIMA).

```
 $ Tempo    : int  7 14 21 28 7 14 21 28 7 14 ...
 $ Trat     : Factor w/ 3 levels "CH","QG","QGC": 2 2 2 ...
 $ Vaso     : Factor w/ 12 levels "id-01","id-02",..: 1 1 1
 $ Controle: int  10 60 50 85 10 45 45 75 25 50 ...
```

Ao que parece (Figura 20.4), um modelo com efeito linear de tempo deveria capturar a variação das doze unidades experimentais sob efeito dos tratamentos.

```
> library(ggplot2)
> ggplot(amargoso,
+     aes(x=Tempo, y=Controle, colour=Trat, lty=Trat)) +
+     geom_line() + geom_point() + facet_wrap(~Vaso) +
+     xlab("Tempo (dias)") + ylab("Controle (%)")
```

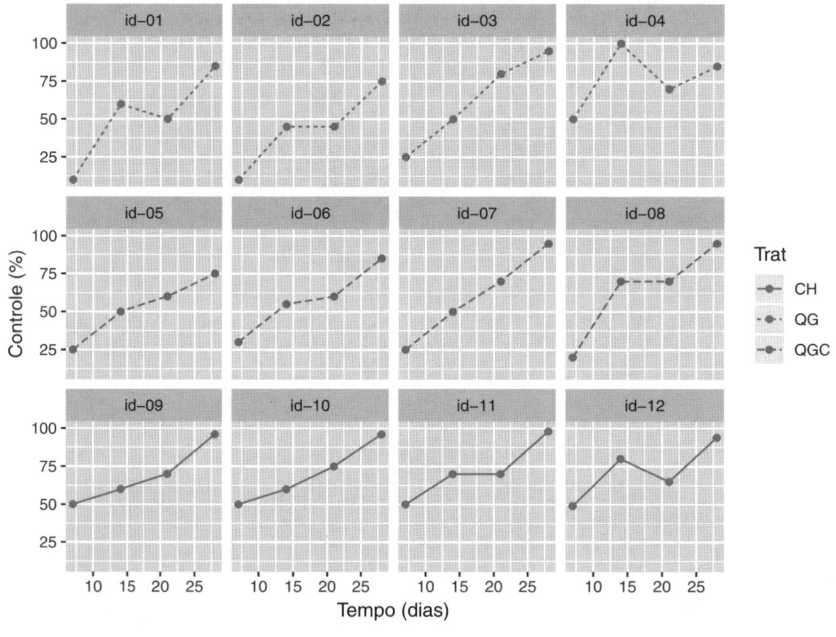

Figura 20.4: Controle (%) de capim-amargoso em 12 unidades experimentais ao longo do tempo (dias após aplicação) sob efeito de três tratamentos herbicidas.

Vamos iniciar a análise rearranjando os dados de forma a considerar as observações de cada tempo como uma variável resposta, o que nos permitirá executar uma *análise de perfis*.

```
> drep <- with(amargoso,
+     data.frame(split(Controle, Tempo), Vaso=levels(Vaso),
+     Trat = rep(unique(Trat), each = 4)))
> drep
   X7 X14 X21 X28  Vaso Trat
```

```
1  10  60  50  85 id-01   QG
2  10  45  45  75 id-02   QG
3  25  50  80  95 id-03   QG
4  50 100  70  85 id-04   QG
5  25  50  60  75 id-05  QGC
6  30  55  60  85 id-06  QGC
7  25  50  70  95 id-07  QGC
8  20  70  70  95 id-08  QGC
9  50  60  70  96 id-09   CH
10 50  60  75  96 id-10   CH
11 50  70  70  98 id-11   CH
12 49  80  65  94 id-12   CH
```

Os resíduos do modelo linear multivariado de ANOVA produzem a matriz de correlação temporal:

```
> mod.mrep<- lm(cbind(X7, X14, X21, X28) ~ Trat, data=drep)
> cov2cor(SSD(mod.mrep)$SSD)
         X7     X14     X21     X28
X7  1.00000 0.70357 0.56294 0.13871
X14 0.70357 1.00000 0.24939 0.15517
X21 0.56294 0.24939 1.00000 0.74557
X28 0.13871 0.15517 0.74557 1.00000
```

onde são encontradas correlações de diferentes magnitudes. Deixando de lado a análise de perfis, que por si seria uma provável solução de análise desses dados, a presença de correlação nos faz considerar dois pontos: 1) não seria apropriado ajustar um modelo para dados transversais, pois este desprezaria a dependência temporal; 2) poderíamos ajustar um modelo de ANOVA de medidas repetidas, desde que seja razoável admitir a condição de *esfericidade* para a matriz de correlação temporal.

Levando o ponto "2" a cabo, seria indicado aplicar o *teste de Mauchly* para esfericidade. Como visto no Cap. 11, esfericidade significa admitir que as variáveis resposta (os tempos X7 a X28, nesse caso) possuem a mesma variância (σ^2) e que a correlação entre quaisquer dois pares de variáveis é a mesma (ρ). Então a hipótese de nulidade do teste equivale a assumir a estrutura de *simetria composta* para a matriz de covariâncias temporal, isto é,

$$\boldsymbol{S} = \sigma_v^2 \begin{bmatrix} 1 & \rho & \rho & \rho \\ \rho & 1 & \rho & \rho \\ \rho & \rho & 1 & \rho \\ \rho & \rho & \rho & 1 \end{bmatrix}$$

Para isso, vamos inicializar uma matriz de correlação com a estrutura de simetria composta, assumindo $\rho = 0.5$.

```
> sc <- corCompSymm(0.5, form = ~1|Vaso)
> isc <- Initialize(sc, data = amargoso)
> corMatrix(isc)[[1]]
     [,1] [,2] [,3] [,4]
[1,]  1.0  0.5  0.5  0.5
[2,]  0.5  1.0  0.5  0.5
[3,]  0.5  0.5  1.0  0.5
[4,]  0.5  0.5  0.5  1.0
```

E, para o teste de Mauchly,

```
> mauchly.test(mod.mrep, Sigma = corMatrix(isc)[[1]])

        Mauchly's test of sphericity

data:  SSD matrix from lm(formula=cbind(X7, X14, X21, X28) ~ Trat, data
    = drep)
W = 0.079856, p-value = 0.03095
```

que dá evidências para rejeitar ($p = 0.0309$) a hipótese de esfericidade. Mas dê novamente uma conferida na matriz de correlação obtida com o modelo multivariado. Notou certo padrão? X7 tem correlação mais forte com seu vizinho X14 do que com X21 ou X28, nesta ordem; X14 está mais correlacionado com X7 e X21 do que com X28; X28 é mais correlacionado com X21 do que com X14 ou X7, nesta ordem. Algo semelhante à estrutura AR1 vista na seção anterior. Essa observação serve para endossar o resultado do teste de Mauchly. Quando isso ocorre, o teste F da ANOVA de medidas repetidas é apenas aproximado, e os valores-p associados são ajustados através de correções feitas nos graus de liberdade, multiplicando-os por coeficientes obtidos pelo método Greenhouse-Geisser ou pelo método Huynh-Feldt. O pacote *ez* (Lawrence, 2016) é uma opção para tal.

Não obstante, um modelo misto com efeito aleatório das unidades experimentais é, provavelmente, uma alternativa preferível e certamente mais robusta. Inicialmente, vejamos o ajuste do modelo misto básico, que já consiste em assumir simetria composta para as observações de cada unidade experimental (Vaso).

```
> lme.am <- lme(Controle ~ Trat/Tempo, random = ~1|Vaso, data =
   amargoso)
> lme.am
Linear mixed-effects model fit by REML
  Data: amargoso
  Log-restricted-likelihood: -179.7261
  Fixed: Controle ~ Trat/Tempo
  (Intercept)          TratQG          TratQGC  TratCH:Tempo
```

```
    35.500000     -22.375000     -26.125000         2.017857
 TratQG:Tempo TratQGC:Tempo
     2.589286      2.803571

Random effects:
 Formula: ~1 | Vaso
        (Intercept) Residual
StdDev:     6.56419 11.28598

Number of Observations: 48
Number of Groups: 12
```

cuja matriz de covariâncias $\hat{\boldsymbol{V}}$ é:

```
> V.am <- extract.lme.cov(lme.am)
> V.am[1:6, 1:6]
[1,] 170.5  43.1  43.1  43.1    .     .
[2,]  43.1 170.5  43.1  43.1    .     .
[3,]  43.1  43.1 170.5  43.1    .     .
[4,]  43.1  43.1  43.1 170.5    .     .
[5,]    .     .     .     .   170.5  43.1
[6,]    .     .     .     .    43.1 170.5
```

com o que se pode identificar a correlação intraclasse (ou entre tempos, nesse caso):

$$\hat{\rho} = \frac{\hat{\sigma}_v^2}{\hat{\sigma}_v^2 + \hat{\sigma}^2} = \frac{43.1}{170.5} = 0.2537$$

Mas já sabemos que tal estrutura para a matriz de correlação não deve ser assumida. Então façamos agora uma atualização desse modelo misto considerando a opção superparametrizada, isto é, a matriz de covariâncias *não estruturada* (mas de variâncias homogêneas, σ_v^2):

$$\boldsymbol{S} = \sigma_v^2 \begin{bmatrix} 1 & \rho_{7|14} & \rho_{7|21} & \rho_{7|28} \\ \rho_{7|14} & 1 & \rho_{14|21} & \rho_{14|28} \\ \rho_{7|21} & \rho_{14|21} & 1 & \rho_{21|28} \\ \rho_{7|28} & \rho_{14|28} & \rho_{21|28} & 1 \end{bmatrix}$$

```
> ne <- corSymm(form = ~1|Vaso)
> lme2.am <- update(lme.am, correlation = ne)
> lme2.am
Linear mixed-effects model fit by REML
  Data: amargoso
  Log-restricted-likelihood: -173.3219
  Fixed: Controle ~ Trat/Tempo
```

```
  (Intercept)        TratQG         TratQGC  TratCH:Tempo
    53.387188    -54.066921     -51.559121      1.423510
 TratQG:Tempo TratQGC:Tempo
     3.371389      3.226764

Random effects:
 Formula: ~1 | Vaso
        (Intercept) Residual
StdDev:    6.756274  13.2127

Correlation Structure: General
 Formula: ~1 | Vaso
 Parameter estimate(s):
 Correlation:
  1      2      3
2  0.372
3  0.390 -0.233
4 -0.593 -0.535  0.476
Number of Observations: 48
Number of Groups: 12
```

A matriz de covariâncias das observações (6 primeiras) é:

```
> V2.am <- extract.lme.cov(lme2.am)
> V2.am[1:6, 1:6]
[1,] 220.2 110.6 113.7 -57.9     .     .
[2,] 110.6 220.2   4.9 -47.7     .     .
[3,] 113.7   4.9 220.2 128.7     .     .
[4,] -57.9 -47.7 128.7 220.2     .     .
[5,]     .     .     .     . 220.2 110.6
[6,]     .     .     .     . 110.6 220.2
```

Vejamos a seguir a comparação dos dois modelos. Realmente a forma não estruturada para a matriz de covariâncias temporal está mais bem ajustada ($p = 0.0462$) aos dados do que a estrutura que assume esfericidade.

```
> anova(lme.am, lme2.am)
        Model df      AIC      BIC    logLik   Test
lme.am      1  8 375.4522 389.3535 -179.7261
lme2.am     2 14 374.6438 398.9712 -173.3219 1 vs 2
         L.Ratio p-value
lme.am
lme2.am 12.80836  0.0462
```

É significativo ($p < 0.0001$) o efeito (fixo) linear de tempo aninhado a tratamentos,

```
> anova(lme2.am)
            numDF denDF  F-value p-value
```

```
(Intercept)     1    33 821.2102  <.0001
Trat            2     9  13.4122   0.002
Trat:Tempo      3    33  37.6688  <.0001
```

cujos coeficientes de regressão são:

```
> fixef(update(lme2.am, fixed = ~ -1 + Trat/Tempo))
       TratCH          TratQG         TratQGC
    53.387184       -0.679725        1.828072
  TratCH:Tempo   TratQG:Tempo TratQGC:Tempo
     1.423510        3.371389        3.226764
```

com o que se observa (Figura 20.5) menor efeito do tempo sobre a resposta do herbicida CH.

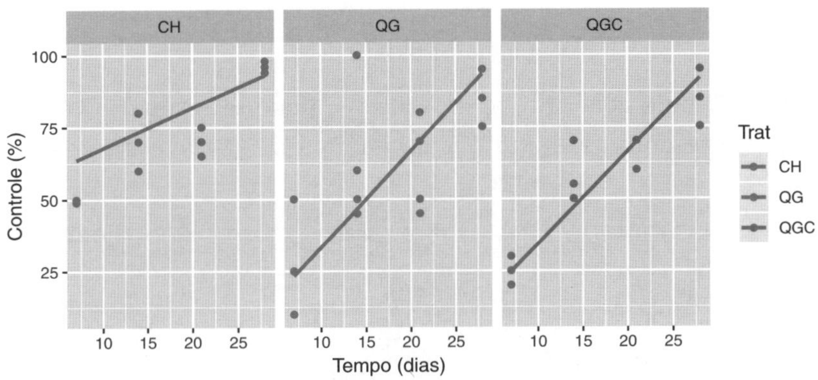

Figura 20.5: Ajuste do modelo `lme2.am`, para efeito linear de tempo sobre o controle (%) de capim-amargoso sob efeito de três tratamentos herbicidas.

Mas observe que os modelos apresentados na Figura 20.5 são referentes apenas aos coeficientes de regressão associados aos efeitos fixos. O efeito aleatório `1|Vaso` implica em interceptos distintos para cada vaso, de modo que, para cada vaso, tem-se a regressão

$$\hat{y}_{k(i)} = (\hat{\beta}_{0(i)} + \hat{v}_{k(i)}) + \hat{\beta}_{1(i)}t$$

sendo $\hat{v}_{k(i)}$ o efeito aleatório do vaso k referente ao tratamento i.

20.4 Um exemplo com variância genética

Dezesseis genótipos de pimenteiras ornamentais do gênero *Capsicum* foram avaliados em experimento inteiramente casualizado com 4 repetições. No banco de germoplasma há mais genótipos, de modo que os 16 representam uma amostra aleatória.

```
> pimenta <- read.csv('https://raw.githubusercontent.com/arsilva87/
    statsbook/main/datasets/pimenta.csv')
> str(pimenta)
'data.frame':   64 obs. of  6 variables:
 $ genotipo    : int  1 1 1 1 2 2 2 2 3 3 ...
 $ repet       : int  1 2 3 4 1 2 3 4 1 2 ...
 $ altura      : num  19 16 17 16 22 23 22.5 23 23 24 ...
 $ nfrutos     : int  42 44 34 37 45 45 22 30 121 108 ...
 $ largura     : num  1.69 2.2 1.64 1.2 1.41 1.47 3.04 ...
 $ comprimento: num  2.5 2.87 2.49 2.09 2.1 2.15 3.16 ...
```

Com o modelo misto,

$$y_{ij} = \mu + g_i + \epsilon_{ij}$$

com efeito aleatório de genótipo, $g_i \sim N(0, \sigma_g^2)$, pode-se estimar o componente de variância σ_g^2, representando a variância genética da variável resposta altura de plantas.

```
> lme.pim <- lme(altura ~ 1, random = ~1|genotipo, data = pimenta)
> lme.pim
Linear mixed-effects model fit by REML
  Data: pimenta
  Log-restricted-likelihood: -191.6403
  Fixed: altura ~ 1
(Intercept)
   26.39844

Random effects:
 Formula: ~1 | genotipo
        (Intercept) Residual
StdDev:     10.2903 3.121039

Number of Observations: 64
Number of Groups: 16
```

obtendo-se $\hat{\sigma}_g^2 = 10.29^2 = 105.89$.

```
> VarCorr(lme.pim)
genotipo = pdLogChol(1)
              Variance    StdDev
(Intercept) 105.890234 10.290298
Residual      9.740885  3.121039
```

Observe na Figura 20.6 a variabilidade genotípica; o genótipo 9 destaca-se com alto valor genotípico.

```
> plot(ranef(lme.pim), abline = c(v = 0))
```

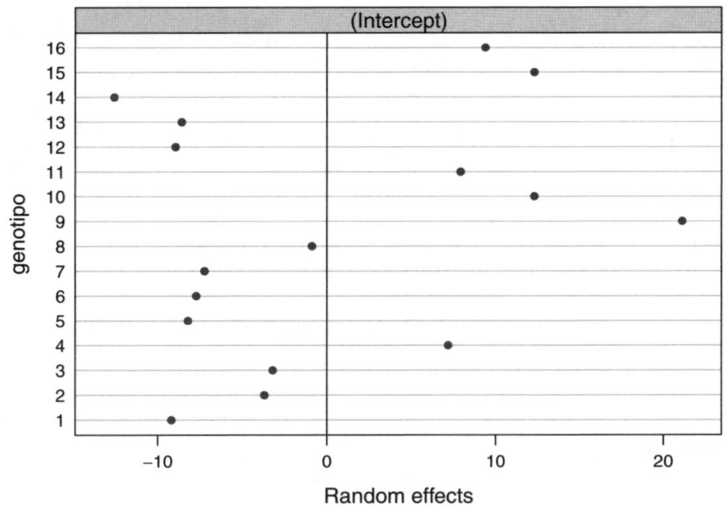

Figura 20.6: Efeitos aleatórios (BLUP) associados à altura de plantas de 16 genótipos de pimenta.

Inferências sobre a variância genética podem ser feitas a partir de um intervalo de confiança. Para isso é preciso extrair a matriz de covariâncias dos componentes de variância. Aliás, as estimativas obtidas são para os componentes $\sigma_.$ (desvio padrão):

```
> cov.sd <- lme.pim$apVar
> cov.sd
                      reStruct.genotipo        lSigma
reStruct.genotipo          0.0348893248 -0.0002392601
lSigma                    -0.0002392601  0.0104164793
attr(,"Pars")
reStruct.genotipo                lSigma
         2.331202              1.138166
attr(,"natural")
[1] TRUE
```

Mas é preciso lembrar que esta matriz é obtida em **escala log-natural**, de modo a melhorar a aproximação feita pela distribuição normal. Assim, tem-se

$$Var(\log \hat{\sigma}_g) = 0.03488$$
$$Var(\log \hat{\sigma}) = 0.0104$$
$$Cov(\log \hat{\sigma}_g, \log \hat{\sigma}) = -0.000239$$

De forma similar são apresentadas as estimativas $\log \hat{\sigma} = 1.1381$ e $\log \hat{\sigma}_g = 2.3312$. Observe as variâncias:

```
> log.sd <- attr(lme.pim$apVar, "Pars")
> exp(log.sd)^2
reStruct.genotipo              lSigma
       105.890234            9.740885
```

Então, o intervalo de $(1-\alpha)100\%$ de confiança para o componente $\sigma.$ é obtido por:

$$\exp\left(\hat{\sigma}. \pm z_{(1-\alpha/2)}\sqrt{Var(\log \hat{\sigma}.)}\right)$$

sendo $z_{(1-\alpha/2)}$ um quantil da distribuição normal padrão. Tem-se:

```
> z <- qnorm(0.975)
> exp(log.sd - z * sqrt(diag(cov.sd)))
reStruct.genotipo              lSigma
         7.135669            2.555198

> exp(log.sd + z * sqrt(diag(cov.sd)))
reStruct.genotipo              lSigma
        14.839566            3.812184
```

que é o que é feito internamente pela função `intervals()`:

```
> intervals(lme.pim, which = "var-cov")
Approximate 95% confidence intervals

 Random Effects:
  Level: genotipo
                    lower     est.    upper
sd((Intercept)) 7.135669 10.2903 14.83957

 Within-group standard error:
   lower     est.    upper
2.555198 3.121039 3.812184
```

Mas, se desejarmos as estimativas de variância do componente de variância $\sigma_.^2$, é preciso aplicar o método delta (vide Cap. 5):

$$\hat{Var}(\hat{\sigma}_.^2) = \left(\frac{\partial f}{\partial \log \hat{\sigma}.}\right)^2 Var(\log \hat{\sigma}.)$$

sendo $f = \exp(\log \hat{\sigma}.)^2$. Vejamos:

```
> library(car)
> deltaMethod(log.sd, "exp(reStruct.genotipo)^2", cov.sd)
                           Estimate       SE   2.5 %  97.5 %
```

```
exp(reStruct.genotipo)^2 105.8902 39.5578 28.3583 183.422

> deltaMethod(log.sd, "exp(lSigma)^2", cov.sd)
                Estimate      SE    2.5 %  97.5 %
exp(lSigma)^2 9.740885 1.98833 5.84382 13.6379
```

percebendo então:

$$\hat{Var}(\hat{\sigma}_g^2) = 39.5578^2 = 1564.82$$
$$\hat{Var}(\hat{\sigma}^2) = 1.9883^2 = 3.95$$

Um cuidado aqui é necessário: os intervalos de confiança obtidos pelo método delta são simétricos, baseados na distribuição normal. Essa propriedade (simetria) é, no entanto, esperada apenas na escala log dos componentes de variância. Assim, os intervalos de confiança pelo método delta, nesse caso, devem ser evitados.

Tão interessante quanto o procedimento anterior seria obter a estimativa de herdabilidade no sentido amplo

$$\hat{h}^2 = \frac{\hat{\sigma}_g^2}{\hat{\sigma}_g^2 + \hat{\sigma}^2/4} = \frac{105.89}{105.89 + 9.74/4} = 0.977$$

e uma estimativa de desvio padrão (SE) associada a h^2 ou mesmo um intervalo de 95% confiança. Isto também pode ser feito pelo método delta:

```
> r <- 4    # n rep.
> dm <- deltaMethod(log.sd,
+    "exp(reStruct.genotipo)^2/(exp(reStruct.genotipo)^2 +     exp(lSigma)^2/r)", cov.sd)

> c(dm)
$Estimate
[1] 0.9775194

$SE
[1] 0.009404197

$`2.5 %`
[1] 0.9590875

$`97.5 %`
[1] 0.9959513
```

isto é, a estimativa de variância de h^2 provém do produto:

$$\hat{V}ar(\hat{h}^2) = \boldsymbol{d}'\boldsymbol{\Psi}\boldsymbol{d}$$

sendo

$$\boldsymbol{d}' = \begin{bmatrix} \frac{\partial f}{\partial \log \hat{\sigma}_g} & \frac{\partial f}{\partial \log \hat{\sigma}} \end{bmatrix}$$

$$\boldsymbol{\Psi} = \begin{bmatrix} Var(\log \hat{\sigma}_g) & Cov(\log \hat{\sigma}_g, \log \hat{\sigma}) \\ Cov(\log \hat{\sigma}_g, \log \hat{\sigma}) & Var(\log \hat{\sigma}) \end{bmatrix}$$

e a função a ser diferenciada:

$$f = \frac{\exp(\log \hat{\sigma}_g)^2}{\exp(\log \hat{\sigma}_g)^2 + \exp(\log \hat{\sigma})^2/r}$$

20.5 Modelo linear generalizado misto

Nesta seção faremos apenas uma introdução aos MLGM, exemplificando seu uso sem entrar em detalhes sobre a teoria. Por enquanto, basta saber que o mesmo conceito de *quasi*-verossimilhança apresentado no capítulo anterior é utilizado para estimação dos parâmetros. Isso porque, assumindo outra distribuição que não a normal num modelo misto, as funções de verossimilhança ou verossimilhança restrita não possuem forma fechada, de solução analítica inviável.

Aplicar *quasi*-verossimilhança implica numa modelagem robusta, quer dizer, menos restritiva, não necessitando assumir uma distribuição de probabilidades num MLG, apenas assumindo uma função que relaciona a média e a variância. E isso, como vimos, é suficiente para estimar os parâmetros $\boldsymbol{\beta}$ da parte fixa do modelo. Na verdade, na ocasião, apenas modelos fixos estavam sob consideração.

Ocorre que, com um modelo misto, um termo de *penalização* que leva em conta os efeitos aleatórios $\boldsymbol{u}$ e a matriz $\boldsymbol{G}$ é incluído na função de *quasi*-verossimilhança, resultando assim na *função de quasi-verossimilhança penalizada* (PQL, de *Penalized Quasi-Likelihood*). Para mais detalhes, consulte McCulloch & Searle (2001).

A função `glmmPQL()` do pacote *MASS* será utilizada para ajustar o modelo do exemplo anterior, com os dados 'gotas', agora considerando função de ligação e relação média-variância da Gamma. Note que o termo de efeito aleatório (bloco) é declarado como com a `lme()`, numa fórmula com uma covariável antes da barra vertical; neste caso, apenas o intercepto está sendo utilizado como de efeito aleatório. Perceba a similaridade da saída do MLG normal. Mas atente-se que, tal qual no MLG, no MLGM são estimados os parâmetros dos efeitos fixos relacionados ao preditor linear $\eta = g(\mu)$, não a variável resposta. Assim, considerando a função de ligação inversa da Gamma, tem-se, por exemplo, as seguintes estimativas de média para os tratamento 1 e 3:

$$\begin{aligned}\hat{\mu}_1 &= \frac{1}{0.003139} &\approx 318.6\\ \hat{\mu}_3 &= \frac{1}{0.003139+(-0.00186)} &\approx 781.9\end{aligned}$$

```
> library(MASS)
> glmm.gotas <- glmmPQL(resp ~ trat, random = ~1|bloco, correlation =
    mc, data = gotas, family = Gamma)
iteration 1

> summary(glmm.gotas)
Linear mixed-effects model fit by maximum likelihood
 Data: gotas
  AIC BIC logLik
   NA  NA     NA

Random effects:
 Formula: ~1 | bloco
        (Intercept)  Residual
StdDev: 4.545265e-06 0.3514815

Correlation Structure: AR(1)
 Formula: ~1 | bloco
 Parameter estimate(s):
         Phi
-0.0003292146
Variance function:
 Structure: fixed weights
 Formula: ~invwt
Fixed effects: resp ~ trat
                  Value   Std.Error DF   t-value p-value
(Intercept)  0.003139175 0.000637032 12  4.927816  0.0003
tratT2       0.005433662 0.001852782 12  2.932705  0.0125
tratT3      -0.001860244 0.000687865 12 -2.704371  0.0192
tratT4       0.006589871 0.002074522 12  3.176572  0.0080
tratT5       0.022206155 0.005182575 12  4.284773  0.0011
 Correlation:
       (Intr) tratT2 tratT3 tratT4
tratT2 -0.344
tratT3 -0.926  0.319
tratT4 -0.307  0.106  0.284
tratT5 -0.123  0.042  0.114  0.037

Standardized Within-Group Residuals:
       Min          Q1          Med          Q3          Max
```

```
-2.47965435 -0.46821079 -0.07686669  0.68709433  1.67926480

Number of Observations: 20
Number of Groups: 4
```

A implementação se utiliza da mesma `lme()` que usamos anteriormente, o que nos permite inserir no modelo estruturas de correlação, exatamente da mesma forma que fizemos com a `lme()`. Já a parte de estrutura de heterocedasticidade como fizemos com o argumento **`weights`** só tem significado com a distribuição normal. Com outras distribuições, esse argumento pode ainda ser utilizado, mas não da mesma forma. Não obstante, pode-se perceber pelas estimativas de `Std.Error` dos efeitos de tratamento que a heterocedasticidade é capturada (ao menos levada em conta) por essa modelagem.

Algumas limitações de performance da modelagem PQL em MLGs mistos são apontadas por Bolker et al. (2008), principalmente relacionadas à estimação de parâmetros nas distribuições Poisson e binomial, bem como alternativas para inferências com MLGM.

Outro detalhe importante é que a estimação feita por PQL não fornece AIC, BIC e logLik. Mas há na literatura variantes dessas estatísticas relacionadas a modelos *quasi*.

20.6 *Jupyter notebook*

Faça a leitura do *QR code* a seguir para executar em nuvem os comandos apresentados neste capítulo com um *Jupyter notebook*[4] com kernel do software R.

20.7 Exercícios

1. Os dados 'sensorial.csv' (Cap. 7) são de um experimento de análise sensorial de três variedades de mandioca. Dezessete avaliadores fizeram prova das três variedades e deram nota de intensidade de sabor amargor. Ajuste um

[4]Esse notebook pode demorar um pouco mais para carregar, dado o número de dependências. Se for o caso, por favor aguarde; e, se necessário, recarregue a página da web.

modelo misto para análise de medidas repetidas. Analise graficamente a dispersão dos resíduos de Pearson em função dos valores ajustados $\hat{y}$. Se necessário, faça atualização do modelo para melhoria do ajuste.

2. Ajuste um modelo linear misto que capture apropriadamente a dependência espacial entre Camadas (0-20 e 20-40 cm) de solo do conjunto de dados 'camadassolo.csv' (vide Cap. 7) para os dados de resistência mecânica à penetração (RP, em MPa). *Sugestão:* crie uma coluna indexando os 42 pontos amostrais. Faça análises de diagnóstico do ajuste do modelo, por meio de AIC e análise de resíduos de Pearson. Por fim, utilize o modelo ajustado para comparar as camadas.

3. Ajuste um modelo misto aos dados 'splitplot.txt' (vide Cap. 7) com efeitos fixos dos fatores sistema, cultivar e interação, e efeito aleatório de blocos e parcelas dentro de blocos. Em seguida obtenha as correlações intraclasse para parcelas dentro de um mesmo bloco e a correlação intraclasse para subparcelas de uma mesma parcela.

4. Com os dados 'pimenta.csv' (vide Cap. 7), ajuste um modelo linear misto para a variável resposta número de frutos por planta ('nfrutos'), considerando genótipo de efeito aleatório. Analise graficamente a dispersão dos resíduos de Pearson. Se necessário, insira no modelo uma estrutura para capturar heterocedasticidade associada aos genótipos. Por fim, calcule uma estimativa de herdabilidade no sentido amplo.

5. Com o objeto contendo o modelo ajustado na questão anterior, use a função `intervals()` do pacote *nlme* para obter um intervalo de 95% de confiança para σ_g.

6. Com os mesmos dados da questão 4, utilize a função `glmmPQL()` do pacote *MASS* para ajustar um modelo linear generalizado misto de *quasi*-verossimilhança com função de ligação identidade e função de variância $V(\mu) = \mu^2$.

Referências

[1] Aitkin, M. A., Nelson, W. C., Reinfurt, K. H. (1968). Test for correlation matrices. Biometrika, 55, 327-334.

[2] Bates, D., Maechler, M., Bolker, B., Walker, S. (2015). Fitting linear mixed-effects models using lme4. Journal of Statistical Software, 67(1), 1-48.

[3] Barbin, D. (2019). Componentes de variância, teoria e aplicações. Piracicaba: FEALQ. 144p.

[4] Beckett, S., Jee, J., Ncube, T., Pompilus, S., Washington, Q., Singh, A., Pal, N. (2014). Zero-inflated Poisson (ZIP) distribution: Parameter estimation and applications to model data from natural calamities. Involve, 7(6), 751-767.

[5] Bolker, B. M., Brooks, M. E., Clark, C. J., Geange, S. W., Poulsen, J. R., Stevens, M. H. H., White, J. S. S. (2009). Generalized linear mixed models: A practical guide for ecology and evolution. Trends in Ecology & Evolution, 24(3), 127–135.

[6] Box, G. E. P. (1949). A general distribution theory for a class of likelihood criteria. Biometrika, 36, 317-346.

[7] Busscher, W. J. (1990). Adjustment of flat-tipped penetrometer resistance data to a common water content. Transactions of the ASAE, Saint Joseph, 3, 519-524.

[8] Campos, H. (1984). Estatística aplicada à experimentação com cana-de-açúcar. Piracicaba: FEALQ. 292p.

[9] Canty, A., Ripley, B. (2017). boot: Bootstrap R (S-Plus) functions. R package version 1.3-20. `https://cran.r-project.org/package=boot`

[10] Casella, G., Berger, R. L. (2002). Statistical inference. 2a ed. Austrália: Duxbury, Thomson Learning.

[11] Cecon, P. R., Silva, A. R., Nascimento, M., Ferreira, A. (2012). Métodos estatísticos. Viçosa: Editora UFV, 229p.

[12] Cribari-Neto, F., Zeileis, A. (2010). Beta regression in R. Journal of Statistical Software, 34(2), 1-24.

[13] Dexter, A. R. (2004). Soil physical quality part I. Theory, effects of soil texture, density, and organic matter, and effects on root growth. Geoderma, 120, 201-214.

[14] Efron, B. (1979). Bootstrap methods: Another look at the jackknife. Ann. Statist. 7, 1-26.

[15] Epskamp, S. et al (2012). qgraph: Network visualizations of relationships in psychometric data. Journal of Statistical Software, 48(4).

[16] Federer, W. T. (1956). Augmented designs. Hawaiian Planter's Record, 55, 191-208.

[17] Ferrari, S. L. P., Cribari-Neto, F. (2004). Beta regression for modelling rates and proportions. Journal of Applied Statistics, 31(7), 799–815.

[18] Ferreira, E. B., Cavalcanti, P. P., Nogueira, D. A. (2018). ExpDes: Experimental designs. R package version 1.2.0. `https://CRAN.R-project.org/package=ExpDes`

[19] Fisher, R. A. (1935). The logic of inductive inference. Journal of the Royal Statistical Society Series A, 98, 39-54.

[20] Friedman, J., Hastie, T., Tibshirani, R. (2010). Regularization paths for generalized linear models via coordinate descent. Journal of Statistical Software, 33(1), 1-22.

[21] Genuchten, M. T. van. (1980). A closed form equation for predicting the hydraulic conductivity of unsaturated soils. Soil Science Society of America Journal, 44, 892-898.

[22] Genz, A. et al. (2019). mvtnorm: Multivariate normal and t distributions. R package version 1.0-10. `http://CRAN.R-project.org/package=mvtnorm`

[23] Gilbert, P., Varadhan, R. (2016). numDeriv: Accurate numerical derivatives. R package version 2016.8-1. `https://CRAN.R-project.org/package=numDeriv`

[24] Hartinee, A., Hanafi, M. M., Shukor, J., Mahmud, T. M. (2010). Model comparisons for assessment of NPK requirement of upland rice for maximum yield. Malaysian Journal of Soil Science, 14, 15-25.

[25] Hinde, J., Demétrio, C. G. B. (1998). Overdispersion: Models and estimation. Computational Statistics & Data Analysis, 27(2), 151–170.

[26] Hoerl, A. E., Kennard, R. W. (1970). Ridge regression: Biased estimation for nonorthogonal problems. Technometrics, 12(1), 55–67.

[27] Hothorn, T., Bretz, F., Westfall, P. (2008). Simultaneous inference in general parametric models. Biometrical Journal, 50(3), 346-363.

[28] Jackman, S. (2008). pscl: Classes and methods for R developed in the Political Science Computational Laboratory, Stanford University. Department of Political Science, Stanford Uni-versity, Stanford, California. R package version 0.95. `http://CRAN.R-project.org/package=pscl`

[29] Jelihovschi, E. G., Faria, J. C., Allaman, I. B. (2014). ScottKnott: A package for performing the Scott-Knott clustering algorithm in R. Trends in Applied and Computational Mathematics, 15, 3-17.

[30] Kenward, M. K., Roger, J. H. (1997). Small sample inference for fixed effects from restricted maximum likelihood. Biometrics, 53, 983-997.

[31] Lawrence, M. A. (2016). ez: Easy analysis and visualization of factorial experiments. R package version 4.4-0. `https://CRAN.R-project.org/package=ez`

[32] Lenth, R. (2019). emmeans: Estimated marginal means, aka least-squares means. R package version 1.3.3. `https://CRAN.R-project.org/package=emmeans`

[33] Lessman, K., Atkins, R. (1963). Optimum plot size and relative efficiency of lattice designs of grain sorghum yield test. Crop Science, 3, 477-481.

[34] Lima, R. P. et al. (2013). Atributos químicos de um Neossolo Regolítico distrófico em função das doses e tempos de aplicação de vinhaça. Agro@mbiente On-line, 7, 261-268.

[35] Mauchly, J. W. (1940). Significance test for sphericity of a normal n-variate distribution. The Annals of Mathematical Statistics, 11, 204-209.

[36] McCullagh P., Nelder, J. A. (1989). Generalized linear models. London: Chapman & Hall.

[37] McCulloch, C. E., Searle, A. F. M. (2001). Generalized, linear and mixed models. New York: John Wiley & Sons.

[38] McHugh M. L. (2013). The chi-square test of independence. Biochemia Medica, 23, 143-149.

[39] Meier, V. D., Lessman, K. J. (1971). Estimation of optimum field plot shape and size for testing yield in *Crambe abyssinia* Hochst. Crop Sci., 11, 648-650.

[40] Mendiburu, F. (2017). agricolae: Statistical procedures for agricultural research. R package version 1.2-6. `https://CRAN.R-project.org/package=agricolae`

[41] Mitscherlich, E. A. (1909). The law of the minimum and the law of diminishing soil productivity (InGer-man). Landwirtschafliche Jahrbuecher, 38, 537-552.

[42] Montgomery, D. C, Runger, G. C. (2008). Estatística aplicada e probabilidade para engenheiros. 2a ed. Rio de Janeiro: LTC.

[43] Moral, R. A., Hinde. J., Demétrio, C. G. B. (2017). Half-normal plots and overdispersed models in R: the hnp package. Journal of Statistical Software, 81(10), 1-23.

[44] Mullahy, J. (1986). Specification and testing of some modified count data models. Journalof Econometrics, 33, 341-365.

[45] Nelder, J. A., Lee, Y. (1991). Generalized linear models for the analysis of taguchi-type experiments. Applied Stochastic Models and Data Analysis, 7(1), 107–120.

[46] Nelder, J., Lee, Y., Bergman, B., Hynén, A., Huele, A., Engel, J. (1998). Joint modeling of mean and dispersion. Technometrics, 40(2), 168-175.

[47] Nelder, J. A., Pregibon, D. (1987). An extended quasi-likelihood function. Biometrika, 74, 221-232.

[48] Neyman, J., Pearson, E. (1928). On the use and interpretation of certain test criteria for purposes of statistical inference: Part I. Biometrika, 20A(1/2), 175-240.

[49] Nogueira, M. C. S., Pimentel-Gomes, F. (1978). Delineamento em blocos casualizados completos aumentados. Anais da Escola Superior de Agricultura Luiz de Queiroz, 35, 225-242.

[50] Owen, A. B. (2001). Empirical likelihood. London: Chapman and Hall.

[51] Patterson, H. D., Thompson, R. (1971). Recovery of inter-block information when block sizes are unequal. Biometrika, 58, 545-554.

[52] Pinheiro, J.C., Bates, D.M. (2000). Mixed-effects models in S and S-PLUS. New York: Springer.

[53] Pinheiro, J., Bates, D., DebRoy, S., Sarkar, D., R Core Team (2018). nlme: Linear and nonlinear mixed effects models. R package version 3.1-137. https://CRAN.R-project.org/package=nlme

[54] Pimentel-Gomes, F. (1953). The use of Mitscherlich's regression law in the analysis of experiments with fertilizers. Biometrics, 9, 498-516.

[55] Pimentel-Gomes, F. (1991). O índice de variação: um substituto vantajoso do coeficiente de variação. Piracicaba: Ipef. 4p. (Circular técnica, 178).

[56] Pimentel-Gomes, F. (2009). Curso de estatística experimental. 15a ed. Piracicaba: FEALQ, 451p.

[57] Rao, C. R. (1948). Large sample tests of statistical hypotheses concerning several parameters with application to problems of estimation. Proceedings of the Cambridge Philosophical Society, 44(1), 50-57.

[58] Rao C. R. (2005). Score Test: Historical review and recent developments. In: Balakrishnan N., Nagaraja H.N., Kannan N. (eds). Advances in ranking and selection, multiple comparisons, and reliability. Statistics for industry and technology. Birkhäuser Boston. https://doi.org/10.1007/0-8176-4422-9_1

[59] Rigby, R. A., Stasinopoulos, D. M. (2005). Generalized additive models for location, scale and shape (with discussion). Appl. Statist., 54, part 3, 507-554.

[60] Santana, H. A., Rezende, B. R., Santos, W. V., Silva, A. R. (2018). Models for prediction of individual leaf area of forage legumes. Revista Ceres, 65, 204-209.

[61] Schloerke, B. et al. (2018). GGally: Extension to ggplot2. R package version 1.4.0. https://CRAN.R-project.org/package=GGally

[62] Scott, A., Knott, M. (1974). Cluster-analysis method for grouping means in analysis of variance. Biometrics, Washington D.C., 30(3), 507-512.

[63] Silva, A. R. (2021). biotools: Tools for biometry and applied statistics in agricultural science. R package version 4.1. https://cran.r-project.org/package=biotools

[64] Silva, A. R. (2020). On testing for seed sample heterogeneity with the exact probability distribution of the germination count range. Seed Science Research, 30(1), 59-63.

[65] Silva, A. R. (2020b). seedwater: Models for drying and soaking kinetics of seeds. R package version 2.0. https://cran.r-project.org/package=seedwater

[66] Silva, A. R., Lima, R. P. (2020). soilphysics: Soil physical analysis. R package version 4.0. https://cran.r-project.org/package=soilphysics

[67] Silva, A. R. et al. (2018). Modeling the three phases of the soaking kinetics of seeds. Agronomy Journal, 110, 164-170.

[68] Silva, A. R., Nascimento, M., Cecon, P. R., Sapucay, M. J. L. C., Rêgo, E. R., Barbosa, L. A. (2013). Path analysis in multicollinearity for fruit traits of pepper. Idesia (Arica), 31(2), 55-60.

[69] Silverman, B. W. (1986). Density estimation. London: Chapman & Hall.

[70] Soetaert, K. (2017). plot3D: Plotting multi-dimensional data. R package version 1.1.1. https://CRAN.R-project.org/package=plot3D

[71] Tibshirani, R., Leisch, F. (2017). bootstrap: Functions for the book An introduction to the bootstrap. R package version 2017.2. https://CRAN.R-project.org/package=bootstrap

[72] Tweedie, M. C. K. (1984). An index which distinguishes between some important exponential families. Statistics: applications and new directions. Proceedings of the Indian Statistical Institute Golden Jubilee International Conference (Eds. J. K. Ghosh and J. Roy), 579–604. Calcutta: Indian Statistical Institute.

[73] Vieira, S, Hoffmann, R. (1999). Estatística experimental. 2a ed. São Paulo: Atlas, 185p.

[74] Vuong, Q. H. (1989). Likelihood ratio tests for model selection and non-nested hypotheses. Econometrica, 57, 307-333.

[75] Wald, A. (1943). Tests of statistical hypotheses concerning several parameters when the number of observations is large. Transactions of the American Mathematical Soceity, 54(3), 426-482.

[76] Wedderburn, R. (1974). Quasi-likelihood functions, generalized linear models, and the Gauss-Newton method. Biometrika, 61(3), 439-447.

[77] Wilks, S. S. (1938). The large-sample distribution of the likelihood ratio for testing composite hypotheses. Ann. Math. Statist., 9, 60-62

[78] Wei, T., Simko, V. (2017). R package corrplot: Visualization of a correlation matrix (Version 0.84). `https://github.com/taiyun/corrplot`

[79] Weisberg, S. (2005). Applied linear regression. 3rd ed. New Jersey: John Wiley and Sons, 310p.

[80] Wood, S. N. (2017). Generalized additive models: An introduction with R (2nd edition). New York: Chapman and Hall/CRC.

[81] Zeileis, A., Kleiber, C., Jackman, S. (2008). Regression models for count data in R. Journal of Statistical Software, 27(8), 1-25.

[82] Zimmerman, D. W. (2012). Correcting two-sample z and t tests for correlation: An alternative to one-sample tests on difference Scores. Psicológica, 33, 391-418.

[83] Zhou, M. (2018). emplik: Empirical likelihood ratio for censored/truncated data. R package version 1.0-4.3. `https://CRAN.R-project.org/package=emplik`

Apêndice A

Pacotes do R

A seguir os pacotes do R utilizados em exemplos ao longo do livro, com identificação da versão.

GGally	corrplot	qgraph	plot3D	ggplot2	
1.4.0	0.84	1.6.1	1.1.1	3.1.1	
biotools	mvtnorm	Matrix	readxl	soilphysics	
4.1	1.0.10	1.2.15	1.3.1	4.0	
ExpDes	multcomp	emmeans	ScottKnott	agricolae	
1.2.0	1.4.13	1.3.3	1.2.7	1.2.6	
car	nlme	mgcv	MASS	pscl	hnp
3.0.2	3.1.137	1.8.27	7.3.51.5	1.5.2	1.2.6

Apêndice B

Leitura reduzida

Uma sugestão de leitura reduzida, para os já iniciados em estatística e, eventualmente, já usuários do R, é o programa a seguir. Nos capítulos mencionados, vale a pena resolver todos os exercícios aproveitando-se dos *Jupyter notebooks* disponibilizados.

Capítulo	Seções
3	3.3, 3.4, 3.5, 3.6
4	todas
5	todas
6	todas
10	10.4, 10.5
11	11.6, 11.7, 11.8, 11.9
12	12.2, 12.3, 12.4, 12.5
13	todas
14	14.2, 14.7, 14.8, 14.9
16	todas
17	17.5
19	todas
20	todas

Apêndice C

Extra: cena da capa

THE LIKELIHUB

Num dia tão bom quanto qualquer outro, na hora marcada por um relógio de Dali, imaginei um encontro amistoso e informal entre personagens peculiares. O ambiente parecia ser o interior de um *pub* inglês da era vitoriana. O piso é de carpete com arabescos, o lambril é de mogno, assim como o bar. Pelas janelas quadriculadas, vê-se um campo experimental com placas indicando o tratamento e a repetição em cada parcela. – Será que estão cultivado cevada? Deve ser no interior do país. – A mobília é antiga, mas de bom gosto, assim como a decoração: quadros de símbolos nacionais e culturais, logotipos conhecidos e molduras pendurados nas paredes. Perto da escada para o *deck* há uma pintura a óleo de Jacques Bernoulli. No *deck*, um peixe num quadro evoca uma lembrança à Siméon Poisson; já o desenho de uma caixa em outro sugere que alguém pode estar se referindo a George Box; bem, certamente não esqueceram de homenagear uma mulher num dos quadros – é a Gertrude Cox ali? A pintura do reverendo Thomas Bayes é, *a priori*, testemunha da cena a seguir.

Num bistrô ao fundo:

– [...] e então, senhores, esta é a forma da qual vos falei – diz De Moivre.

– Deixe-me ver... parece um sino! – observa Laplace.

– Será que dá para calcular a integral disso? – questiona Gauss.

Enquanto isso, no deck:

– Ok ok... mas quais foram as hipóteses que você formulou sobre esse problema? – pergunta Jerzy Neyman.

– Bem, eu apenas disse a eles que deveríamos analisar a distribuição dos dados dos aviões que foram atingidos, mas que conseguiram retornar à base, simples assim. – responde Abraham Wald.

– Inteligente! – comenta Egon Pearson, depois de tomar um gole de *ale*.

– Realmente, Wald, você fez um *escore* aí! Uma solução que o Prof. Mahalanobis certamente apreciaria – solta C.R. Rao.

Numa mesa perto da escada:

– Will, você viu que publicamos um artigo sobre você? – pergunta Karl Pearson.

– *Cheers*! Só espero que dessa vez tenham usado o meu verdadeiro nome. Vocês sabem, às vezes a diretoria da Guinness não nos dá nenhum *grau de liberdade* neste aspecto. – responde William Gosset. – E o senhor, *Sir*, como tem passado? – pergunta para Fisher.

– Estive viajando muito, trabalhando muito. Agora estou pensando em me mudar para a Austrália – responde Ronald Fisher. – Humm... o chá deste lugar é maravilhoso! Ao menos com isso você tem que concordar, Karl.

– É, as pessoas são mesmo variáveis aleatórias. Acontece que entre algumas a correlação é baixa, ou negativa. - pensa William, de si para si.

No balcão:

– É isso! Um *outlier*. A *análise exploratória de dados* pode ser fantástica! – exclama John Tukey.

Numa cadeira ao lado, Bradley Efron:

– *Hey* John, você pode me emprestar esse seu *canivete*? Tem algo preso aqui na minha *bota*. Devo ter pisado em algum tipo de *armadilha* por aí.

***

Índice Remissivo

GRÁFICA PAYM
Tel. [11] 4392-3344
paym@graficapaym.com.br